本格スキルが
自然と身に付く

Excel
シゴトのドリル

リブロワークス 著

技術評論社

本書の使い方

本書には40問のドリルがあります。すべてのドリルの1ページ目が問題ページ、続く3ページが解説ページという構成をしています。まずは、問題ページを読んで実際に問題を解いてみましょう。そのあと解説ページで正しい操作を確認してください。わからなかったり、少し難しいと感じたりした場合は、解説ページを確認しながら練習するのもよいでしょう。

練習ファイル

このドリルで利用する練習ファイルの名前です。

タイトル

このドリルで学べることのまとめです。本書では必ず初めから練習する必要はないので、目次でタイトルを確認し、必要なドリルから取り組みましょう。

問題ページ

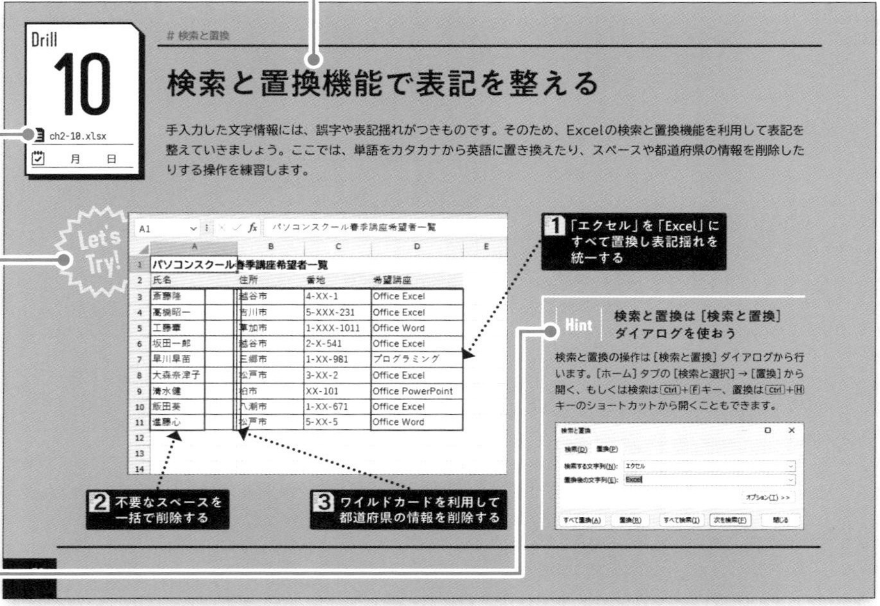

Drill 10

ch2-10.xlsx

月 日

検索と置換

検索と置換機能で表記を整える

手入力した文字情報には、誤字や表記揺れがつきものです。そのため、Excelの検索と置換機能を利用して表記を整えていきましょう。ここでは、単語をカタカナから英語に置き換えたり、スペースや都道府県の情報を削除したりする操作を練習します。

Let's Try!

A1 パソコンスクール春季講座希望者一覧

	A	B	C	D
1	パソコンスクール春季講座希望者一覧			
2	氏名	住所	番地	希望講座
3	斎藤隆	越谷市	4-XX-1	Office Excel
4	高橋昭一	吉川市	5-XXX-231	Office Excel
5	工藤幸	草加市	1-XXX-1011	Office Word
6	坂田一郎	越谷市	2-X-541	Office Excel
7	早川早苗	三郷市	1-XX-981	プログラミング
8	大森奈津子	松戸市	3-XX-2	Office Excel
9	清水健	柏市	XX-101	Office PowerPoint
10	飯田葵	八潮市	1-XX-671	Office Excel
11	進藤心	松戸市	5-XX-5	Office Word

1 「エクセル」を「Excel」にすべて置換し表記揺れを統一する

2 不要なスペースを一括で削除する

3 ワイルドカードを利用して都道府県の情報を削除する

Hint 検索と置換は［検索と置換］ダイアログを使おう

検索と置換の操作は［検索と置換］ダイアログから行います。［ホーム］タブの［検索と選択］→［置換］から開く、もしくは検索はCtrl+Fキー、置換はCtrl+Hキーのショートカットから開くこともできます。

Let's Try!

このドリルの問題です。Stepの見出しは問題文となっていて、問題を解いたあとの画面とあわせて表示されています。問題文と画面を確認して、問題を解きましょう。基本的に1つのドリルにStep（問題）は3〜5程度あります。

Hint

問題を解くためのヒントです。

解説ページ

解説

解説の見出しは問題ページのStepと対応しています。下の文章は、簡単にそのStepでの操作や知識についてまとめています。

操作説明

操作画面とその手順です。手順を１つずつ解説しているので、問題を解いたあとに確認しましょう。

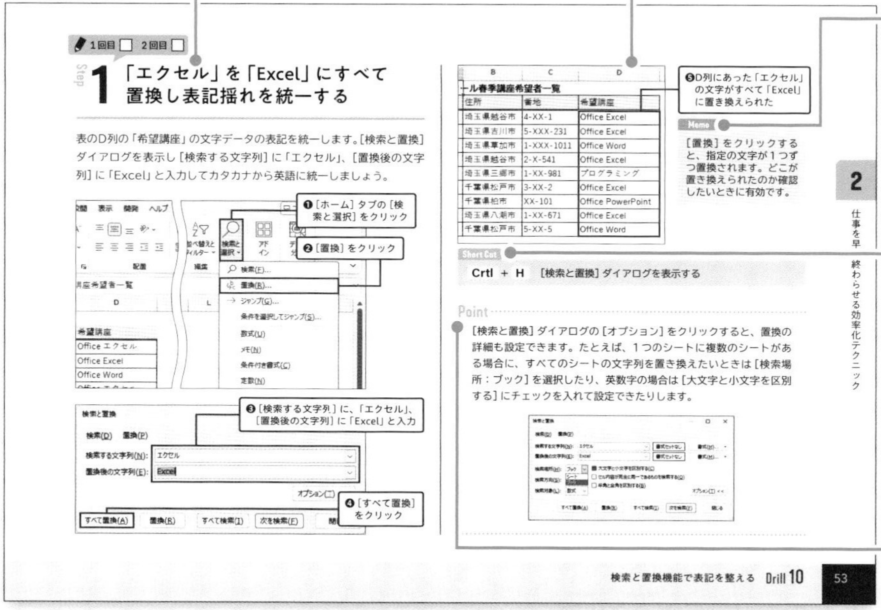

1回目 □　2回目 □

Step 1 「エクセル」を「Excel」にすべて置換し表記揺れを統一する

表のD列の「希望講座」の文字データの表記を統一します。[検索と置換] ダイアログを表示し [検索する文字列] に「エクセル」、[置換後の文字列] に「Excel」と入力してカタカナから英語に統一しましょう。

ール春季講座希望者一覧

住所	番地	希望講座
埼玉県越谷市	4-XX-1	Office Excel
埼玉県吉川市	5-XXX-231	Office Excel
埼玉県草加市	1-XXX-1011	Office Word
埼玉県越谷市	2-X-541	Office Excel
埼玉県三郷市	1-XX-981	プログラミング
千葉県松戸市	3-XX-2	Office Excel
千葉県柏市	XX-101	Office PowerPoint
埼玉県八潮市	1-XX-671	Office Excel
千葉県松戸市	5-XX-5	Office Word

Memo

[置換] をクリックすると、指定の文字が１つずつ置換されます。どこが置き換えられたのか確認したいときに有効です。

Short Cut

Crtl ＋ H　[検索と置換] ダイアログを表示する

Point

[検索と置換] ダイアログの [オプション] をクリックすると、置換の詳細も設定できます。たとえば、１つのシートに複数のシートがある場合に、すべてのシートの文字列を置き換えたいときは [検索場所：ブック] を選択したり、英数字の場合は [大文字と小文字を区別する] にチェックを入れて設定できたりします。

2　仕事を早く終わらせる効率化テクニック

検索と置換機能で表記を整える Drill 10　53

Memo

操作の補足説明です。あわせて覚えておきたい操作や知識を説明しています。

Short Cut

そのページの操作と対応するショートカットを説明しています。ショートカットをマスターすると操作は格段に速くなります。あわせて確認しておきましょう。

Point

そのページの操作に関する、重要な知識や別の操作方法について解説しています。

練習ファイルの使い方

本書で利用する練習ファイルは、下記のURLのサポートページからダウンロードできます。ダウンロードしたファイルを指定の場所に展開して、ファイルを利用しましょう。

■ ダウンロード用リンク

https://gihyo.jp/book/2024/978-4-297-14253-7/support/

まずは、Webブラウザーのアドレス欄に上記のURLを入力して、練習ファイルをダウンロードしましょう。

❶ダウンロードされたファイルを選択し、…→［すべて展開］をクリック

Memo

インターネットからダウンロードしたファイルは、初期設定ではパソコンの「ダウンロード」フォルダに保存されます。ファイルは圧縮された状態なので、以降の手順で「展開」しましょう。

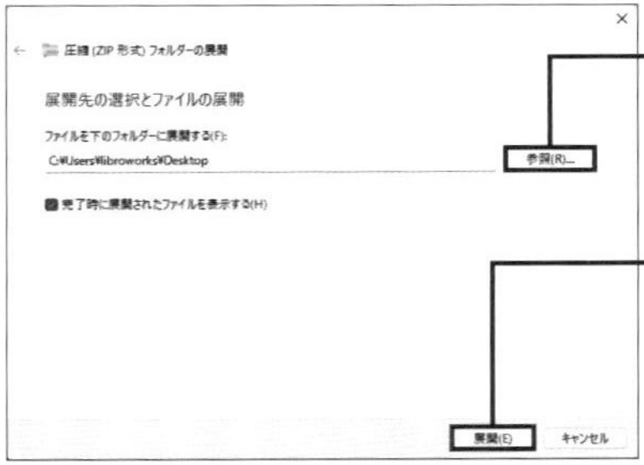

❷［参照］をクリックし、展開先に「デスクトップ」を選択

❸［展開］をクリックすると、ファイルが展開されるので、ダブルクリックして開く

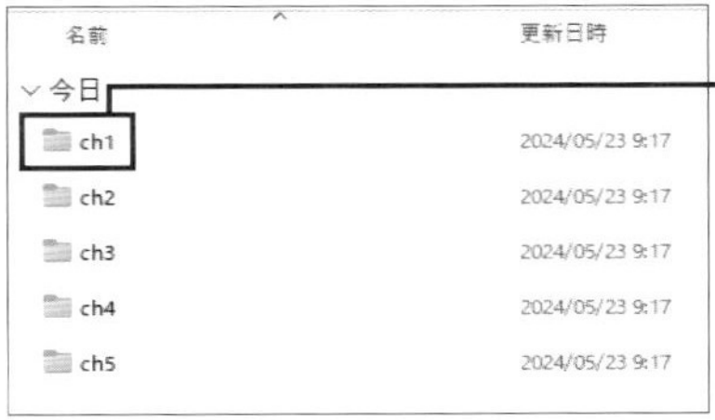

❹章ごとにフォルダ分けされているので、「ch1」をダブルクリック

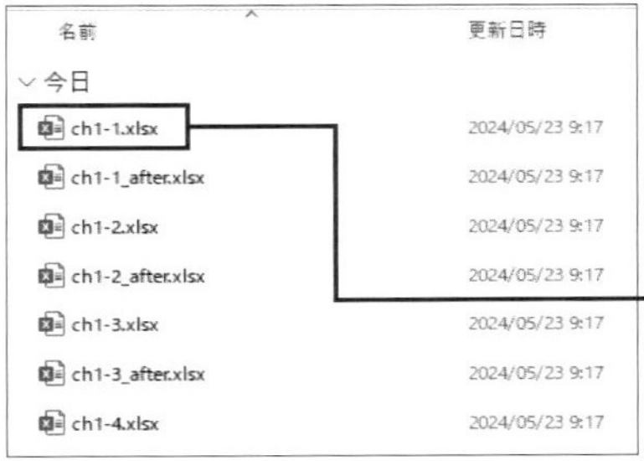

本書では、練習用ファイルを「ch○-□.xlsx」とし、解答が入力された確認用ファイルを「ch○-□_after.xlsx」としています。

❺「ch1-1.xlsx」をダブルクリック

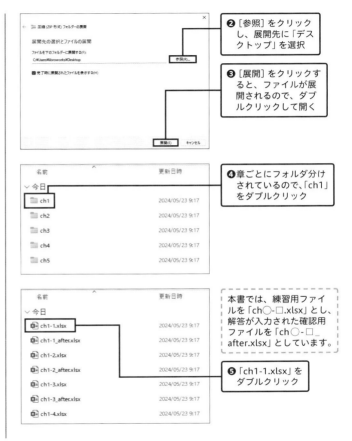

Memo

インターネットからファイルをダウンロードした際に、そのファイルが安全かどうか確認するメッセージが表示される場合があります。練習ファイルは安全なので、編集を有効にしましょう。

❻ファイルが開き、保護ビューが表示されるので、[編集を有効にする]をクリック

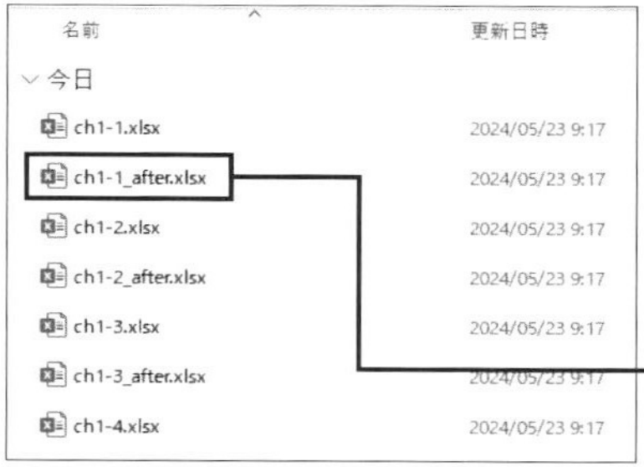

❼問題ページで問題を確認し、練習ファイルを実際に操作して問題を解く。解説ページを確認してもよい。

❽必要があれば、「ch1-1_after.xlsx」を開き、操作が正しく行えているか確認する

Memo

ドリルの問題が、シート内の操作ではなく、パソコンごとのExcel環境の設定などの場合、インターネットからダウンロードする「after」ファイルにはその設定が反映されていない場合もあります。

ご注意

本書に記載された内容は、情報の提供のみを目的としています。したがって、本書を用いた運用は、必ずお客様自身の責任と判断によって行ってください。これらの情報の運用の結果について、技術評論社および著者はいかなる責任も負いません。

■ソフトウェアに関する記述は、特に断りのない限り、2024年4月現在での最新バージョンをもとにしています。ソフトウェアはバージョンアップされる場合があり、本書での説明とは機能内容や画面図などが異なってしまうこともあり得ます。あらかじめご了承ください。

■本書は、Windows 11およびMicrosoft 365版のExcelの画面で解説を行っています。これ以外のバージョンでは、画面や操作手順が異なる場合があります。

以上の注意事項をご承諾いただいた上で、本書をご利用願います。これらの注意事項をお読みいただかずに、お問い合わせいただいても、技術評論社は対応しかねます。あらかじめご承知おきください。

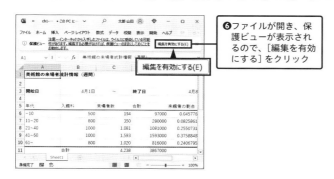

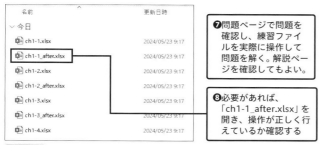

Contents

2章 仕事を早く終わらせる効率化テクニック

3章 業務で必ず役立つ！ 数式と関数の活用法

4章 データの分析と視覚化を実現する

5章 印刷とファイル管理の実践テクニック

Step 1 Excelの画面構成を確認する

まずは、Excelの画面構成を確認しましょう。下の画像は、Excelの新しいブックを開いたときの画面です。ここでは、はじめに覚えておきたい各部の名称とその機能を右ページの表にまとめています。なお、Excelウィンドウの大きさやパソコン画面の解像度などによって、表示される内容が少し異なることもありますが、機能自体は変わりません。

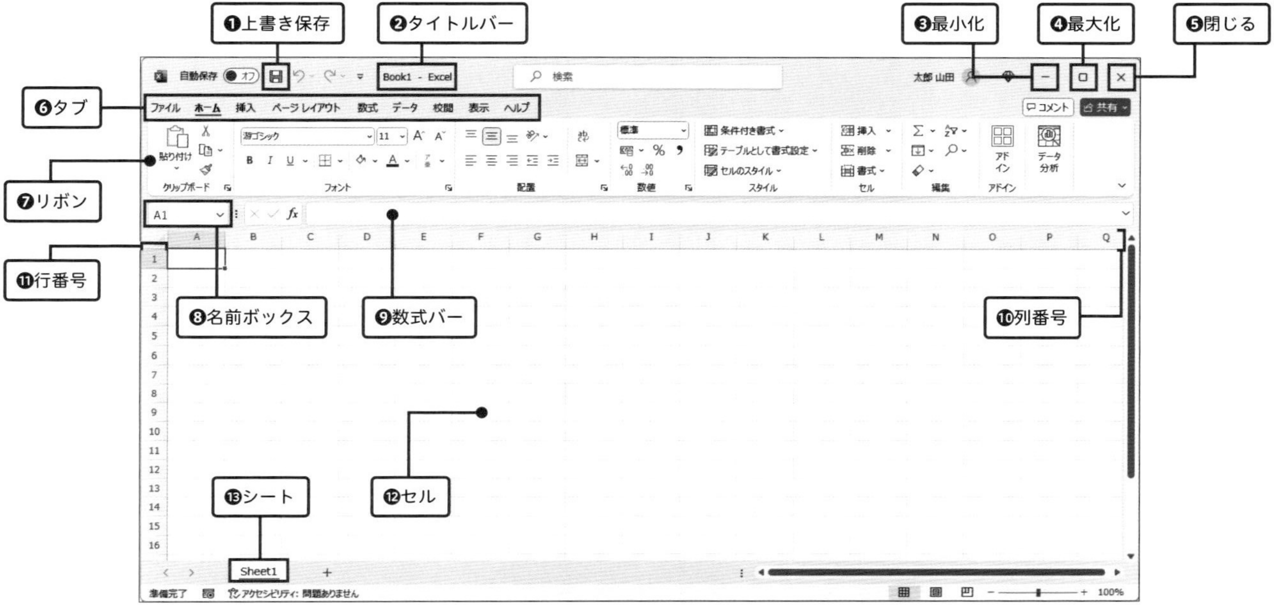

■ 名称ごとの機能

Excel画面の名称ごとの役割は下の表のとおりです。一度にすべてを覚えてなくとも、これからのドリルで実際に使うときに、このページを参照してもよいでしょう。

名称	機能
❶上書き保存	Excelファイルが上書き保存されます
❷タイトルバー	ファイルのタイトルが表示されます。新しいファイルは、「Book1.xlsx」と自動で名前が付けられます
❸最小化	ウィンドウが最小化されます。タスクバーのExcelアイコンをクリックすると再度ウィンドウが表示されます
❹最大化・元に戻す	[最大化]をクリックすると、ウィンドウがパソコンの画面全体の大きさに広がって表示されます。最大化をしたあとはアイコンの表示が[元に戻す]に変化し、クリックすると、もとのウィンドウサイズに戻ります
❺閉じる	Excelを終了してウィンドウを閉じます
❻タブ	タブをクリックするとリボンの表示項目が変化します。タブごとにまとまった操作が分類されています
❼リボン	さまなざまな機能のボタンが表示されます。たとえば[ホーム]タブのリボンでは、フォントの設定や表示形式などの設定が、[挿入]タブでは、図やグラフの挿入などの設定が表示されます
❽名前ボックス	アクティブセル(P.13)のセル番地が表示されます。セル範囲に名前を付けることもできます(P.69)
❾数式バー	アクティブセルに入力されているデータの内容が表示されます。セルに数式が入力されている場合は、セルには計算結果が表示され、数式バーには、数式が表示されます
❿列番号	列の番号を表すエリアです
⓫行番号	行の番号を表すエリアです
⓬セル	数字や文字を入力する最小範囲をセルといいます。複数のセルを指定する場合は、セル範囲といいます
⓭シート	セルのまとまりをシート(ワークシート)といいます。ファイル(ブック)には、複数のシートが追加できます

Step 2 Excelを起動する

Excelを起動し、新しいファイルを開きます。Excelを起動すると、はじめにスタート画面が開くので、ここから新しいファイルや過去のファイルを表示できます。

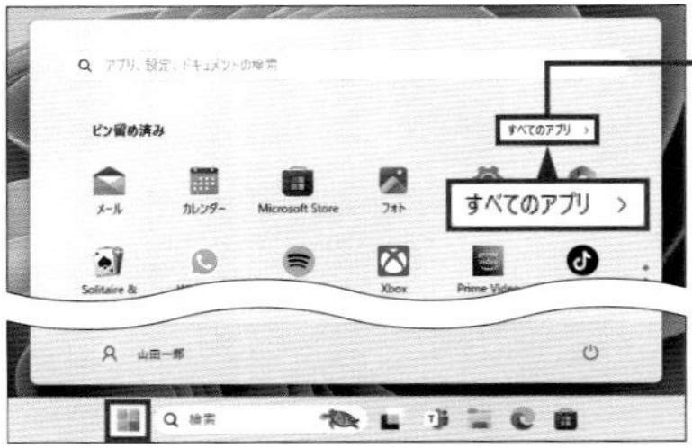

❶［スタート］→［すべてのアプリ］をクリック

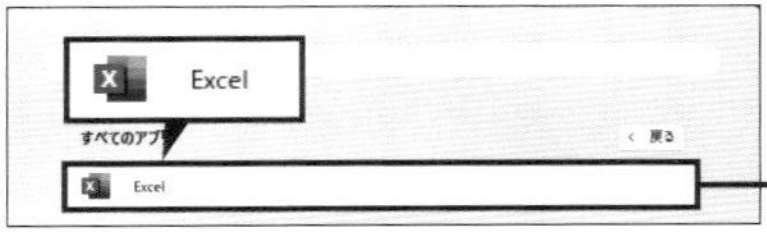

❷［Excel］をクリック

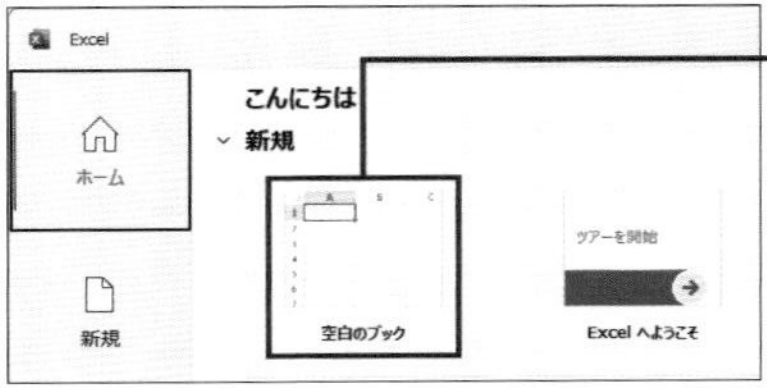

❸スタート画面が表示されるので、［空白のブック］をクリック

Memo

Excelでは、ファイルのことを「ブック」ともいいます。

❹新しいExcelブックが開いた

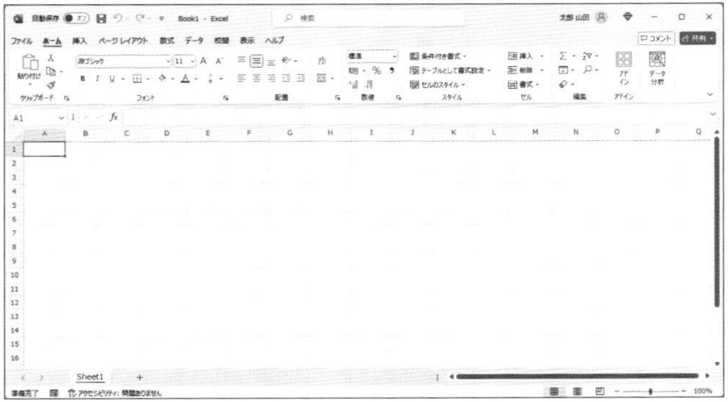

Memo

Excelを終了する場合は、画面右上の☒をクリックします。

Point

Excelのシートは、たくさんのセルのまとまりで構成されています。そのため、列のアルファベットと行の数字を組み合わせた「セル番地」を利用することで、個々のセルを指定します。たとえば、C列の2行目のセルは「セルC2」となります。

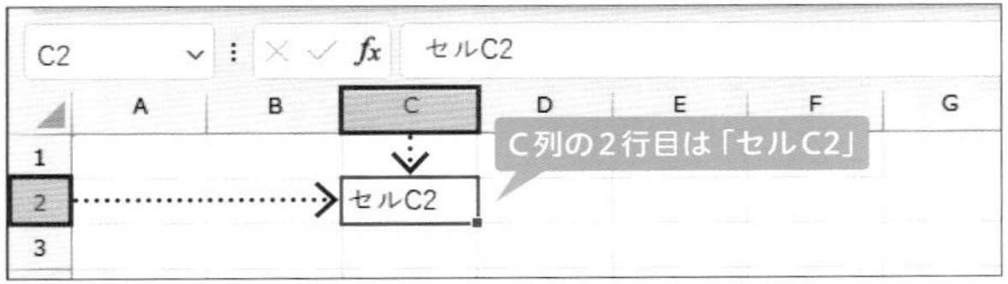

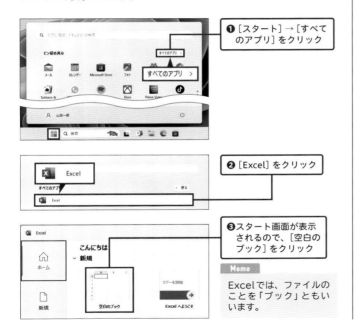

Step 3 文字や数字を入力する

続いて、セルに文字や数字を入力します。パソコンの文字入力と同様の操作ではありますが、Excelならではの入力した際の画面の変化などを改めて確認しておきましょう。

文字を入力する場合

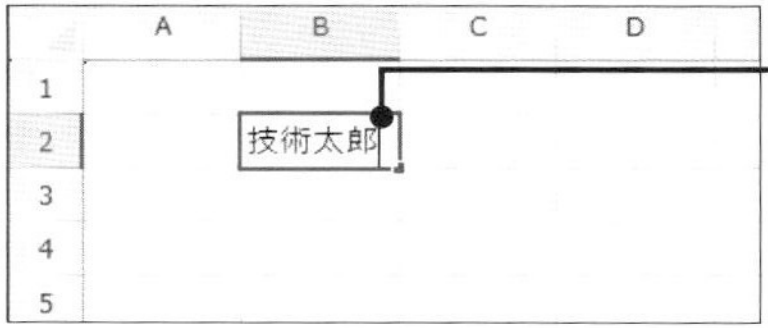

❶入力するセルをクリックし、文字を入力

Memo

現在選択しているセルは緑色の太字で囲まれ、アクティブセルと呼ばれます。

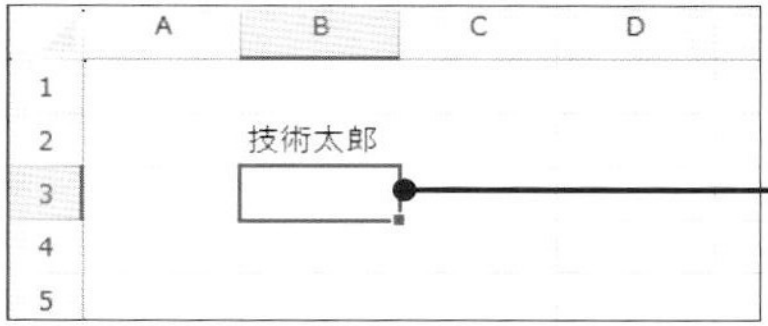

❷ Enter キーを押すと、入力が確定し、アクティブセルが1つ下に移動する

数字を入力する場合

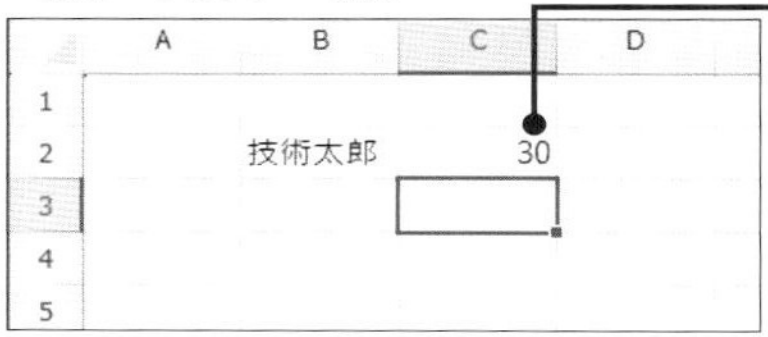

❶入力するセルをクリックして数字を入力し、Enter キーを押す

Memo

文字はセルの左寄り、数字は右寄りに表示されます。

Step 4 セル参照を利用する

Excelには、特定のセルやセル範囲を指定するための「セル参照」という方法があります。これにより、参照先のセルに入力された値を表示したり、数式（P.14）に利用したりすることができます。

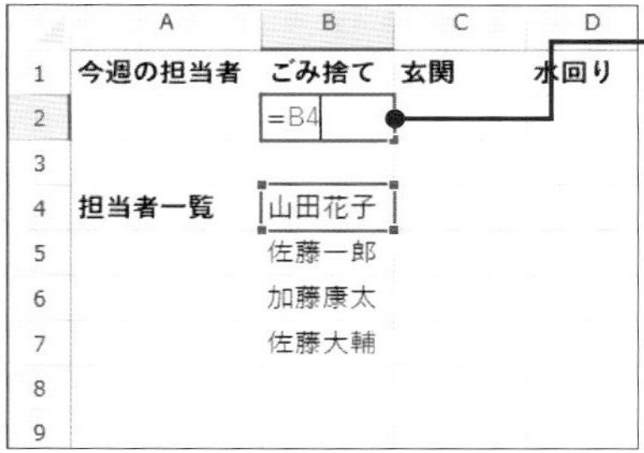

❶セルに「=B4」と入力

Memo

セル参照を利用する時は、セル番地の前に「=」をつけます。

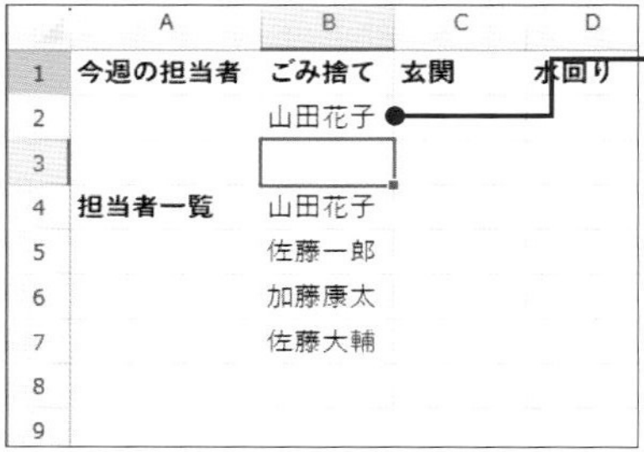

❷ Enter キーを押すと、セルB4の値が表示された

Memo

セル参照を利用すると、参照元のセル（ここではセルB4）の値を変更すると、参照先（セルB2）のセルの値も自動で更新されるので、便利です。

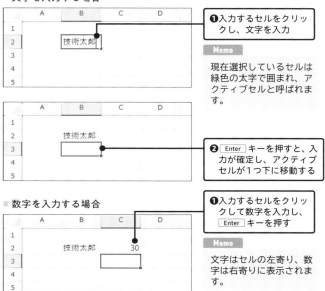

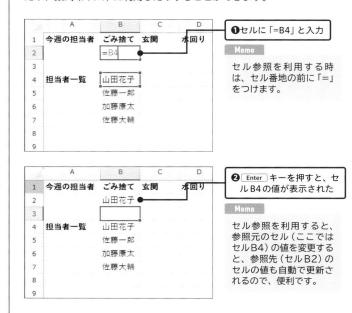

Step

5 数式を利用して計算する

ここでは、基本の四則演算（足し算、引き算、掛け算、割り算）の４つの計算式を入力して、計算結果を表示させせます。Excelの四則演算の数式では、算術演算子を使います。

まずは、2つの値を足し算する数式を入力します。

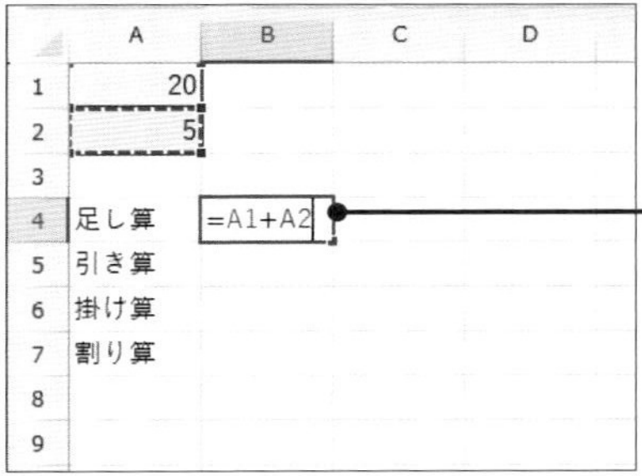

❶セルに「=A1+A2」と入力

Memo

Excelで数式を利用するときは、はじめに「＝」と入力します。

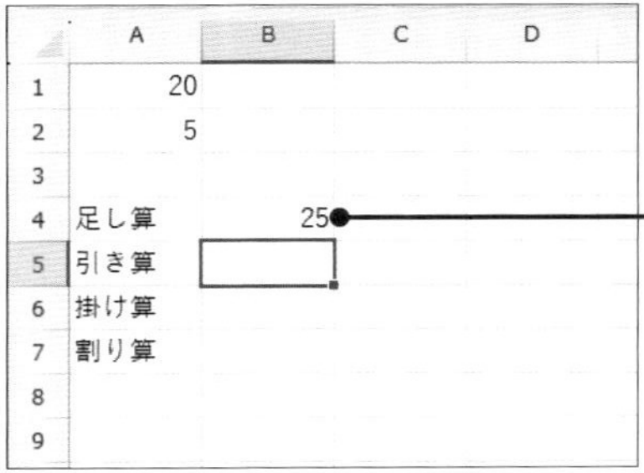

❷ Enter キーを押すと、計算結果が表示された

続いて、引き算、掛け算、割り算の数式も入力します。

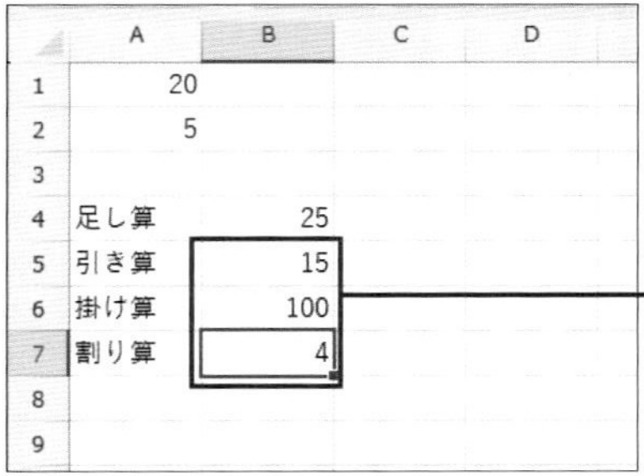

❸引き算には「=A1-A2」、掛け算には「=A1*A2」、割り算には「=A1/A2」とそれぞれ入力

❹ Enter キーを押すと、それぞれ計算結果が表示された

Point

Excelで利用する算術演算子は以下の表の通りです。また、Excelで数式を利用するときは、すべて半角英数字であることに注意しましょう。

四則演算	算術演算子	書式
足し算	＋（プラス）	=A1＋A2
引き算	－（マイナス）	=A1 － A2
掛け算	*（アスタリスク）	=A1*A2
割り算	/（スラッシュ）	=A1/A2

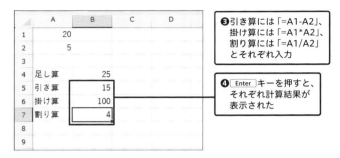

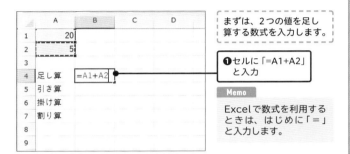

Step 6 Excelファイルを保存する

Excelファイルを作成したら、必ず保存しましょう。ここでは、新規ファイルの「名前を付けて保存」と既存のファイルの「上書き保存」の手順について確認します。

新規ファイルを保存する場合

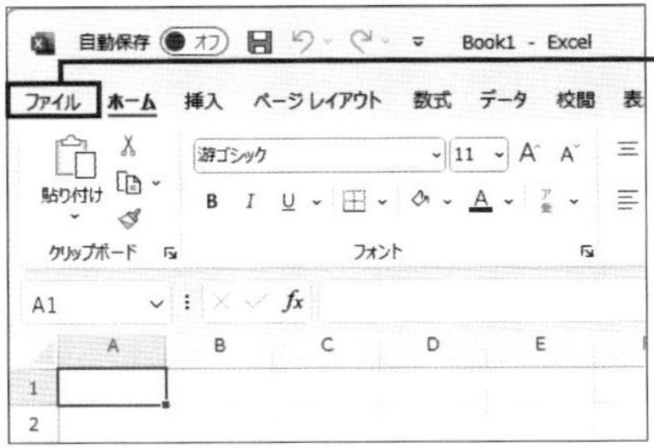

❶［ファイル］タブをクリック

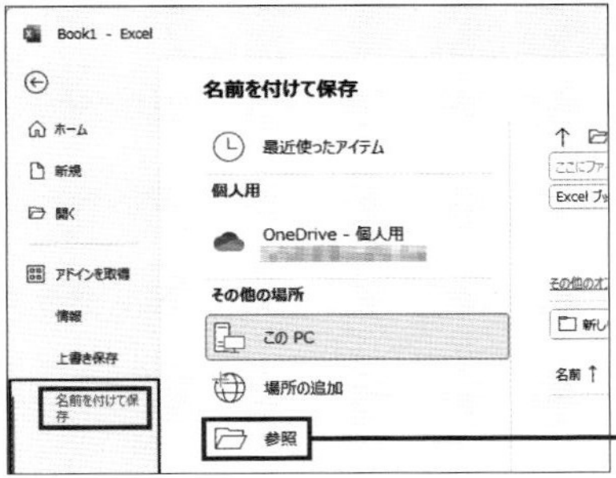

❷［名前を付けて保存］→［参照］をクリック

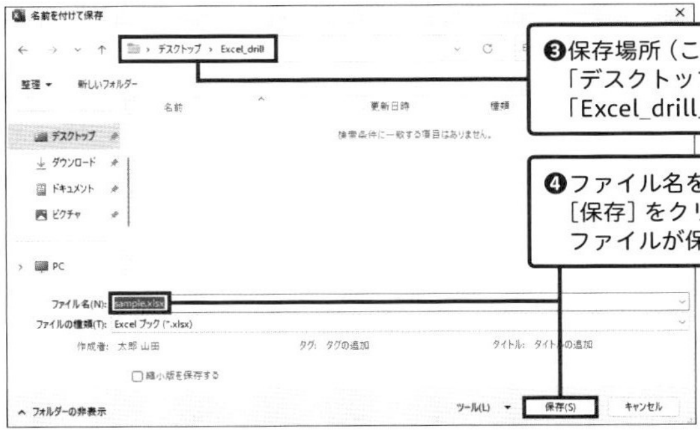

❸保存場所（ここでは、「デスクトップ」→「Excel_drill」）を選択

❹ファイル名を入力し、［保存］をクリックすると、ファイルが保存される

既存のファイルを保存する場合

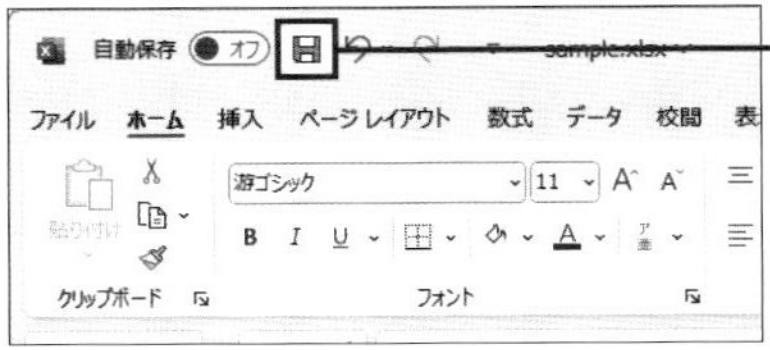

❶タイトルバーの🖫をクリックする

Memo

万一のトラブルに備えて、Excelファイルはこまめに上書き保存するようにしましょう。

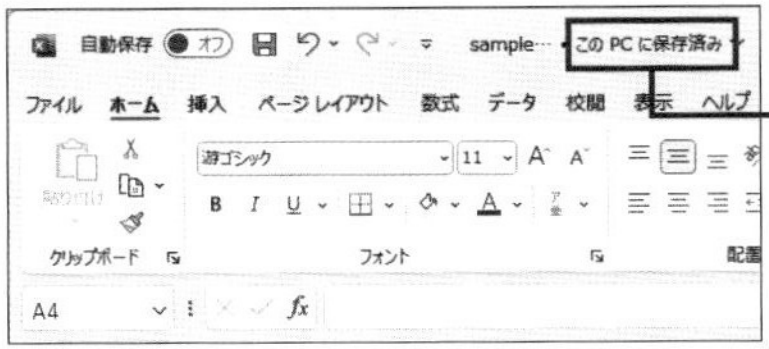

❷「このPCに保存済み」と表示され、上書き保存された

Short Cut

Crtl ＋ S　上書き保存する

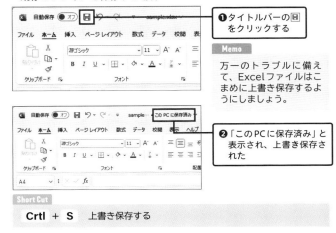

Drill
01
ch1-1.xlsx
月　日

表示形式

Excel の表示形式を理解する

まずは、Excelの表示形式について押さえておきましょう。ここでは、美術館の来場者統計資料の表示形式を変更します。適切な表示形式を設定すると、「その数値が何を示す情報なのか」がわかりやすくなります。ここでは、通貨や%、曜日を含めた日付表示などよく使う表示形式を練習していきます。

Let's Try!

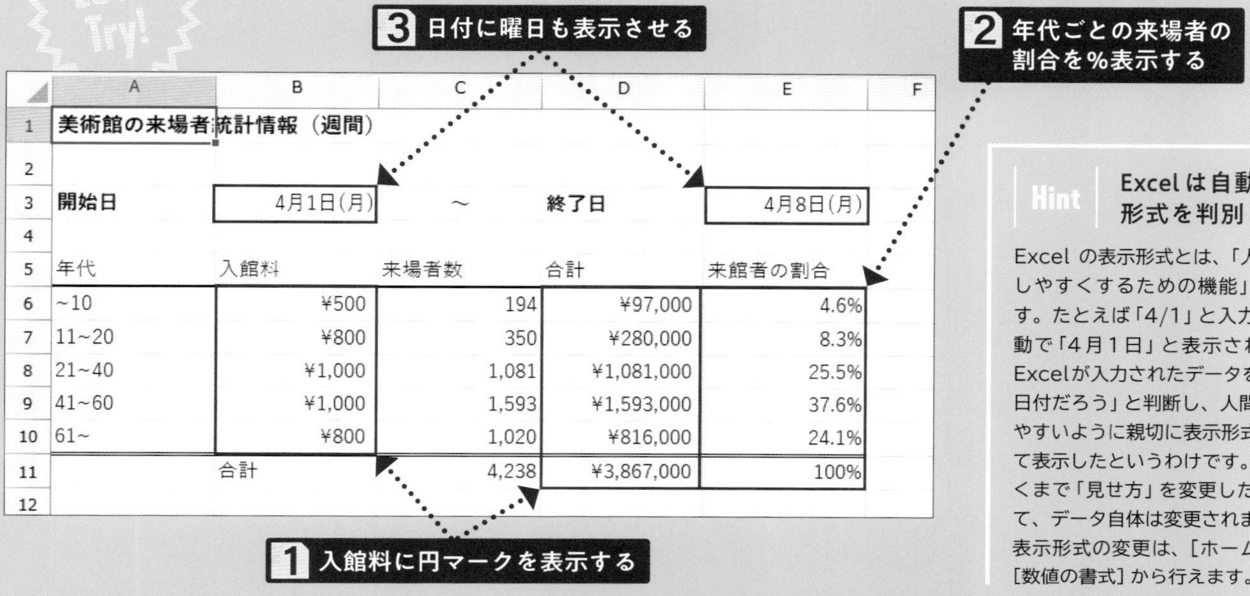

3 日付に曜日も表示させる
2 年代ごとの来場者の割合を%表示する
1 入館料に円マークを表示する

	A	B	C	D	E	F
1	美術館の来場者統計情報（週間）					
2						
3	開始日	4月1日(月)	～	終了日	4月8日(月)	
4						
5	年代	入館料	来場者数	合計	来館者の割合	
6	~10	¥500	194	¥97,000	4.6%	
7	11~20	¥800	350	¥280,000	8.3%	
8	21~40	¥1,000	1,081	¥1,081,000	25.5%	
9	41~60	¥1,000	1,593	¥1,593,000	37.6%	
10	61~	¥800	1,020	¥816,000	24.1%	
11		合計	4,238	¥3,867,000	100%	
12						

Hint　Excelは自動で表示形式を判別します

Excel の表示形式とは、「人間に理解しやすくするための機能」といえます。たとえば「4/1」と入力すると自動で「4月1日」と表示されるのは、Excelが入力されたデータを「4/1は日付だろう」と判断し、人間が理解しやすいように親切に表示形式を変更して表示したというわけです。ただ、あくまで「見せ方」を変更したのであって、データ自体は変更されません。表示形式の変更は、［ホーム］タブの［数値の書式］から行えます。

Step 1 入館料に円マークを表示する

ここでは、B列には1人あたりの入館料、D列にはその合計額が入力されています。「金額である」ことがすぐにわかるように表示形式を変更しましょう。

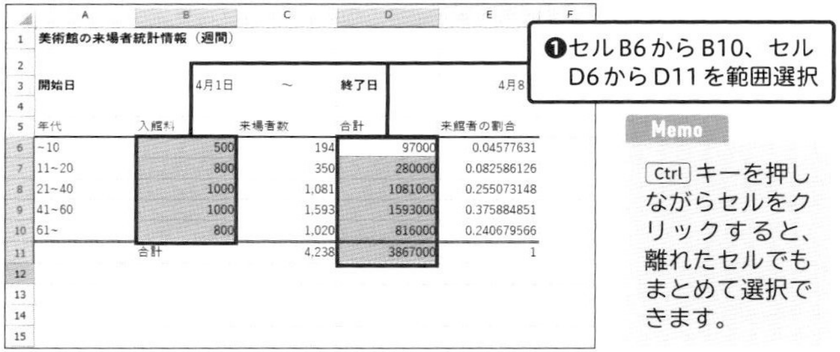

開始日	4月1日	〜	終了日	4月8日
年代	入館料	来場者数	合計	未館者の割合
~10	¥500	194	¥97,000	0.04577631
11~20	¥800	350	¥280,000	0.082586126
21~40	¥1,000	1,081	¥1,081,000	0.255073148
41~60	¥1,000	1,593	¥1,593,000	0.375884851
61~	¥800	1,020	¥816,000	0.240679566
合計		4,238	¥3,867,000	1

❸数字の先頭に「¥」と、3桁ごとに「,」が表示された

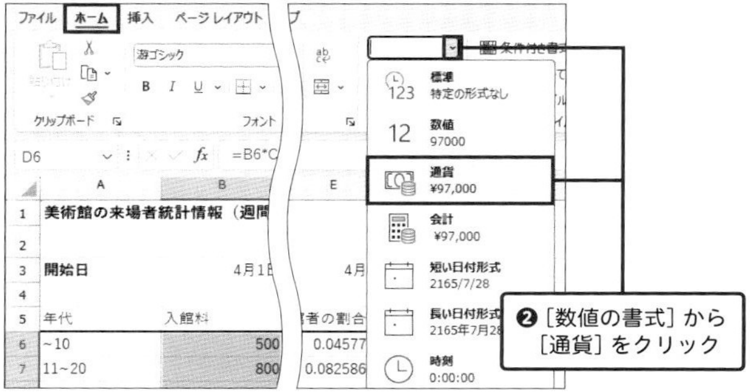

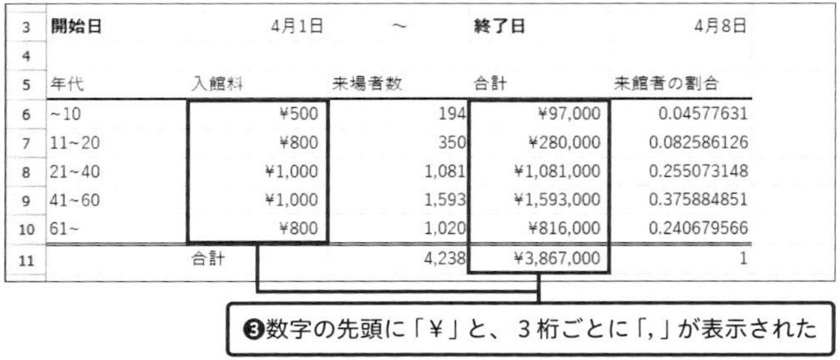

Memo

3桁ごとの「,」だけを設定したいときは、[ホーム]タブの ９ をクリックします。

Point

Hintで解説した通り、表示形式を変更しても実際の入力データが変更されたわけではありません。実際に入力されているデータは、セルを選択して、[数式バー]に表示された値を確認しましょう。

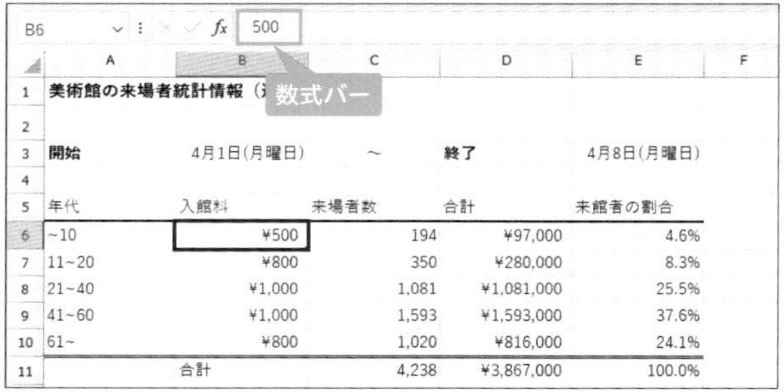

1回目 □　2回目 □

Step 2 年代ごとの来場者の割合を%表示する

E列には来館者の年代別の割合が表示されています。%表示にしてひと目で割合だとわかるようにしましょう。また、ここでは割合の数値に小数点以下1桁まで表示させます。

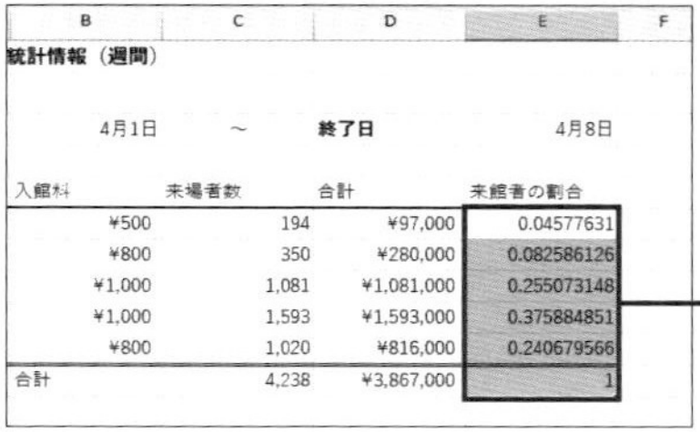

❶セルE6からE11を範囲選択

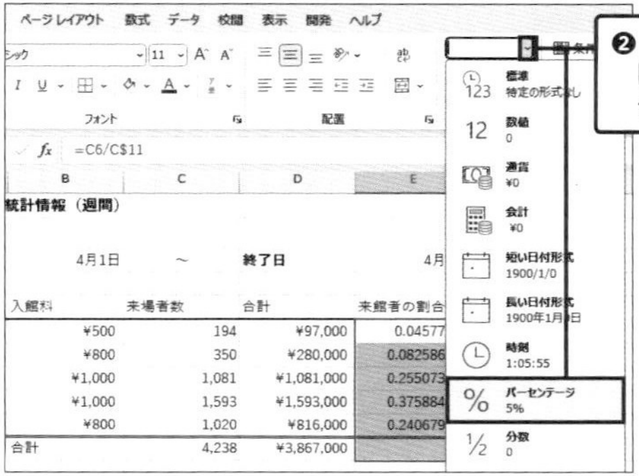

❷［数値の書式］から［パーセンテージ］をクリック

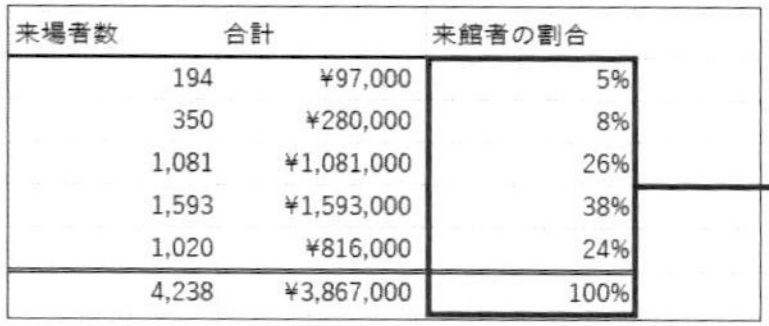

❸割合が%表示された

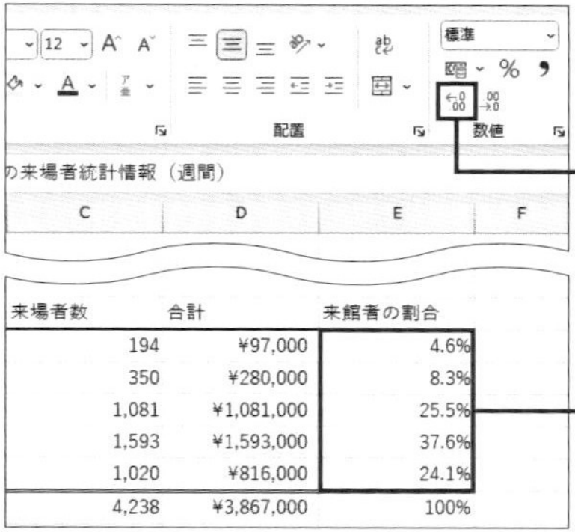

❹セルE6からE10を範囲選択

❺［小数点以下の表示桁数を増やす］をクリック

❻小数点以下の桁数が1桁増えて表示された

Memo

［小数点以下の表示桁数を増やす］を1回クリックすると、小数点以下の桁数が1つ増え、2回クリックするともう1桁増えます。必要な桁数分表示するよう調整しましょう。

Point

小数点以下の表示桁数を調整すると、数字を四捨五入して表示上の桁数をそろえます。実際のデータが変更されたわけではないですが、数字を丸めて表示しているため、計算結果が間違っているように見えることもあるので注意しましょう。

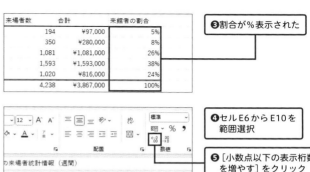

1回目 □ 2回目 □

Step 3 日付に曜日も表示させる

日付に曜日の情報を表示させたいこともあるでしょう。そのような場合は、表示形式の［ユーザー定義］の種類に曜日の表示形式、「m"月"d"日"(aaa)」と入力し、設定します。

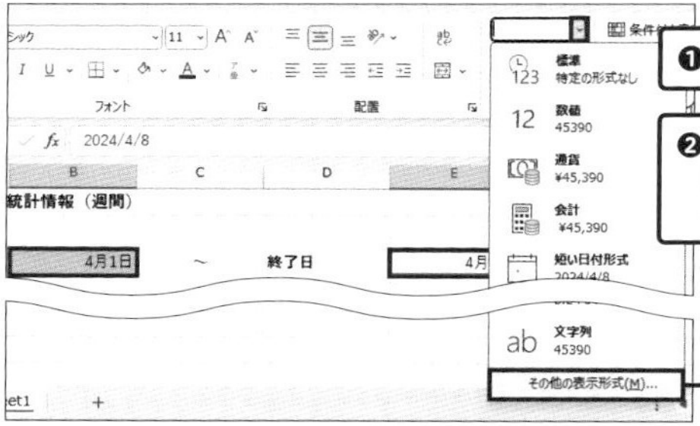

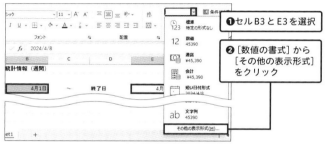

❶セルB3とE3を選択

❷［数値の書式］から［その他の表示形式］をクリック

❸［ユーザー定義］をクリックし、［種類］の入力欄に「m"月"d"日"(aaa)」と入力し、［OK］をクリック

Memo

(aaa)と入力すると(月)、(aaaa)と入力すると(月曜日)のように表示されます。日付の指定方法はさまざまですが、一度指定すると、［ユーザー定義］に登録されるのですべてを覚える必要はありません。

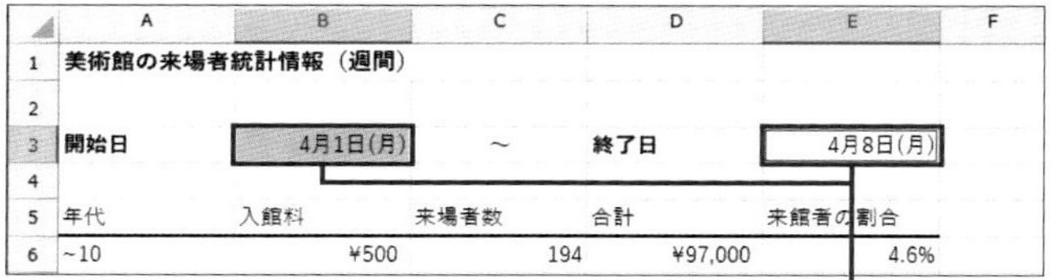

❹日付に曜日も表示された

Point

Excelでは、日付と時刻のデータは「シリアル値」で管理されています。「1900/1/1」を「1」とし、1日後の「1990/1/2」になると「2」になり、「2024/4/1」は「45383」となります。これは2024年4月1日は、1900年1月1日から45383日後ということです。内部的にはシリアル値で管理することで日付の計算などができるしくみになっているのです。

シリアル値は、［標準］の表示形式を選択すると表示されます。日常的な利用ではシリアル値を意識する必要はありませんが、意図せずにシリアル値が表示されてしまった場合、［日付］や［時刻］を選択すれば表示形式が戻るということは覚えておくとよいでしょう。

■ シリアル値

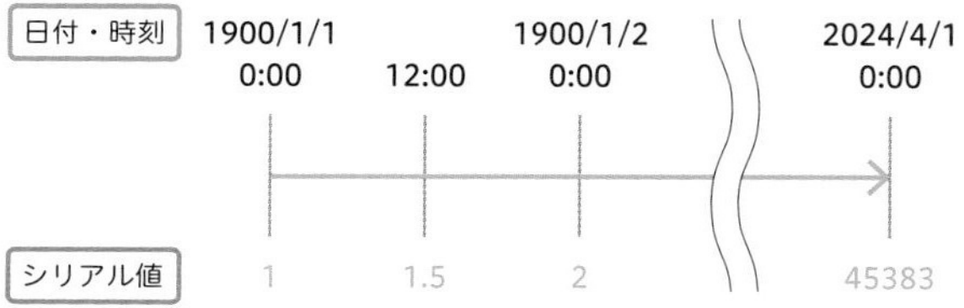

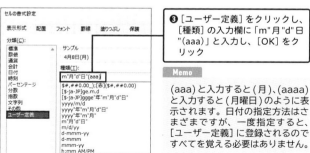

Drill

02

ch1-2.xlsx

月　日

基本の入力操作をマスターする

ここでは、基本の操作ではありますが意外と忘れがちなExcelの入力方法について練習します。具体的には、0始まりの数字と来年の日付の入力、セルの編集、コメントのつけ方です。よく使う機能だからこそ、しっかりとマスターして入力作業の時短につなげましょう。

Let's Try!

2 来年の日付を入力する

3 入力済みのセルを編集する

5 セルA4にコメントをつける

1 0から始まる数字を入力する

4 セル内の箇条書きを改行する

| Hint | 入力した情報がそのまま表示されるとは限らない

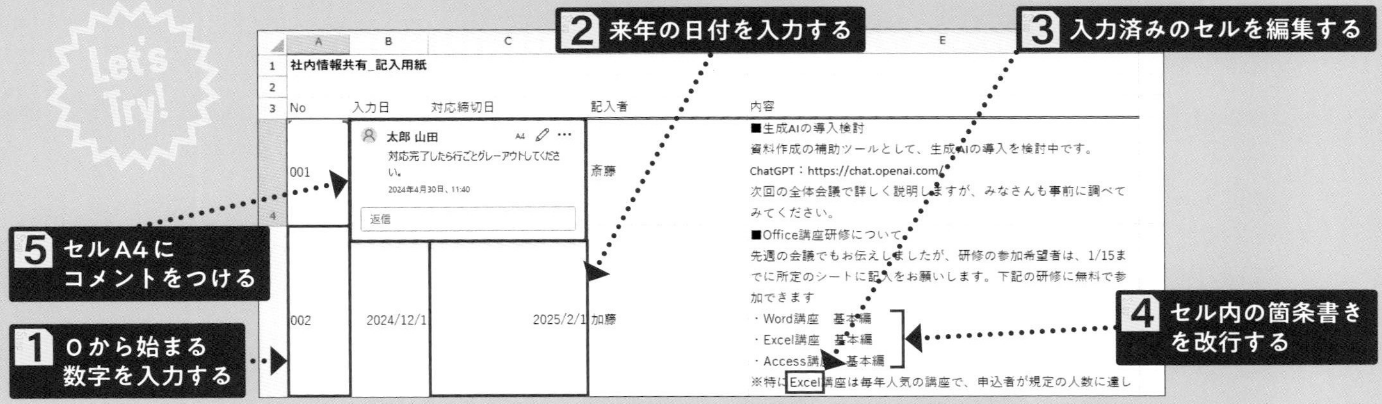

Excelは入力された値の形式を自動で判定する機能があり（P.16）、入力者の意図とは異なる形式で表示される場合があります。右の表のような値を入力する場合は注意が必要です。

入力値	入力者の意図	Excelが認識した値	表示される値
08012345678	電話番号	数値	8012345678
1-1	枝番付きの番号	日付	1月1日
1/4	分数	日付	1月4日
(1)	問題の番号	マイナスの値	-1

1回目 □ 2回目 □

Step 1 0から始まる数字を入力する

セルA5に「002」と入力すると「00」が消えて表示されてしまいます。このような場合は、先頭に「'（アポストロフィー）」をつけて入力すると、先頭の0も表示できるようになります。

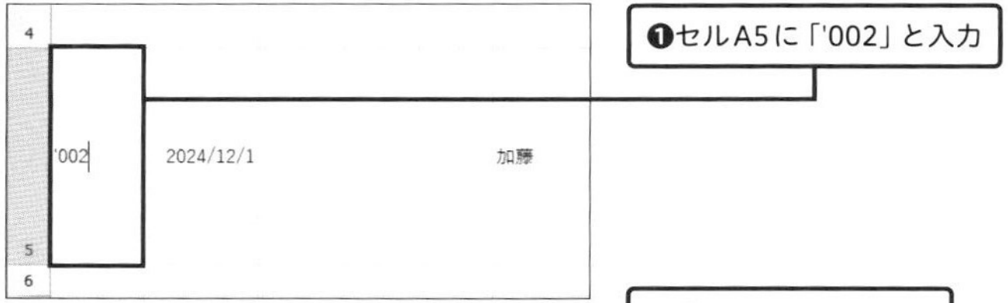

Memo

「0」から始まる数値の場合、セルの右上に警告アイコンが表示されます。これをクリックし、[エラーを無視する] を選択すると警告表示が消えます。

Point

セルの表示形式を [文字列] に設定してから「002」と入力する方法でも、同様に「0」から始まる数字を表示させることができます。この方法であれば、入力件数が多い場合に、入力する列全体の表示形式をまとめて設定できるので便利です。

1回目 □ 2回目 □

Step 2 来年の日付を入力する

年を指定せずに、月日のみを入力すると「今年の日付」として判断されます。年の入力を省略できる便利な機能ですが、来年以降の日付を入力したいときは、年を指定する必要がある点に注意しましょう。

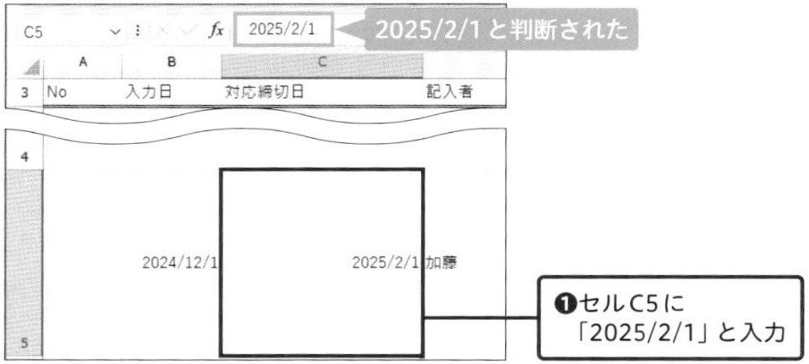

■「2/1」と入力した場合（2024年に入力したとき）

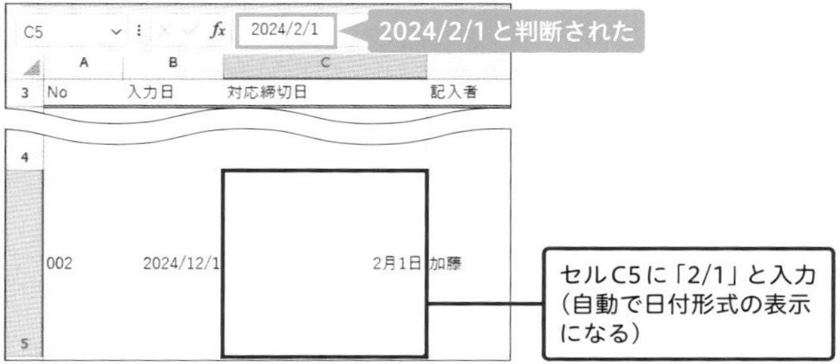

1回目 □　2回目 □

Step 3 入力済みのセルを編集する

セルを編集するときにダブルクリックしなくとも、F2 キーを押すだけで編集できるようになります。ここではセルE5を選択し F2 キーを押して「Word」から「Excel」に文字修正しましょう。

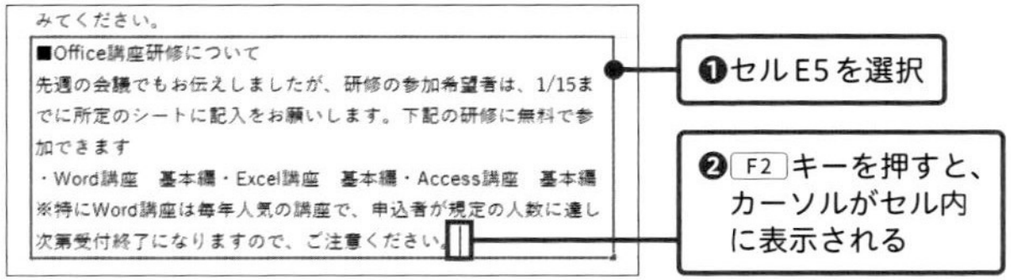

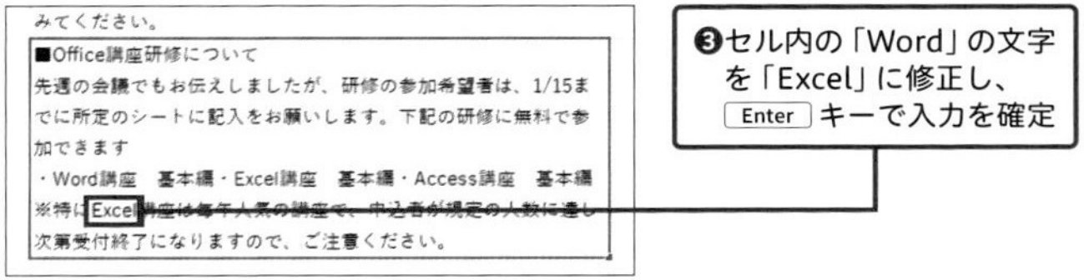

Point

F2 キーには、「入力モード」と「編集モード」を切り替える機能があります。「入力モード」の状態で方向キーを押すと、隣のセルにカーソルが移動します。F2 キーを押して「編集モード」に切り替えて、方向キーを押すと、カーソルをセル内で移動できるようになります。

1回目 □　2回目 □

Step 4 セル内の箇条書きを改行する

セルE5の自由記述欄に箇条書きの項目が入力されています。Alt + Enter キーを押すと、セル内で改行できるので、「Word講座」「Excel講座」「Access講座」がそれぞれ縦に並ぶよう調整しましょう。

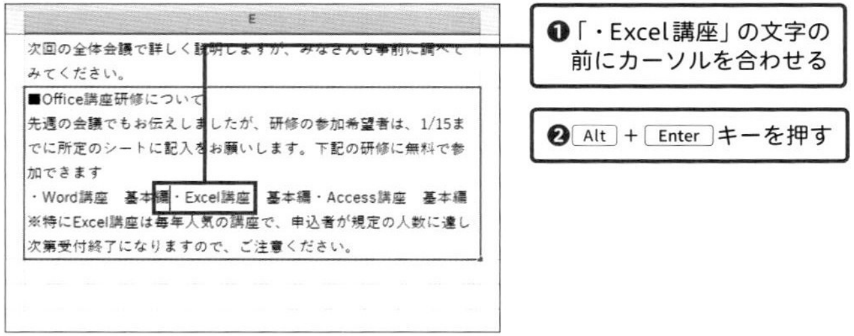

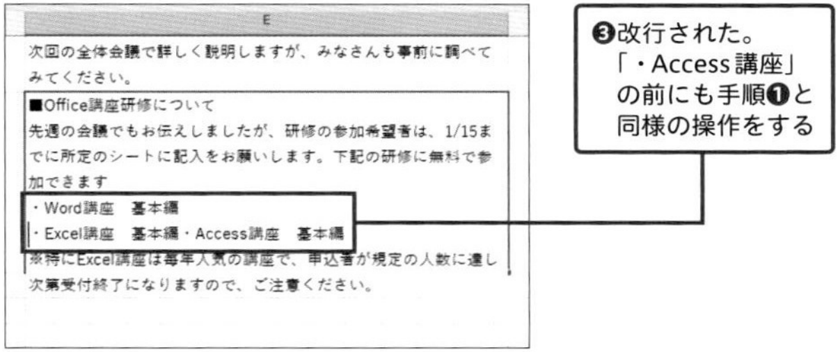

Short Cut

Alt + **Enter**　セル内で改行する

1回目 □ 2回目 □

Step 5 セルA4にコメントをつける

ファイルを複数名で共有する場合に、コメントで入力上の注意をつけることはよくあるので、ここで入力方法を練習しておきましょう。セルA4を選択し、[挿入] タブの [コメント] をクリックして入力します。

❶セルA4を選択し、[挿入] タブの [コメント] をクリック

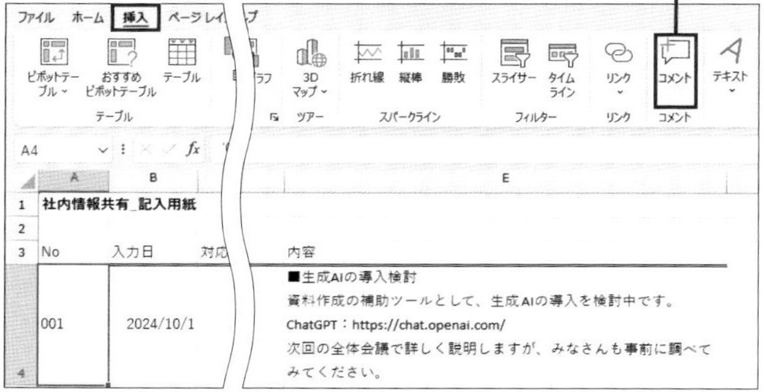

❷入力欄にコメントを入力し、[投稿] ボタンをクリック

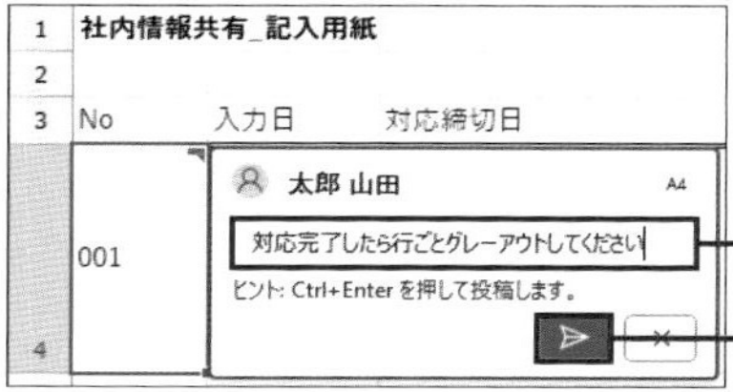

❸コメントが投稿された

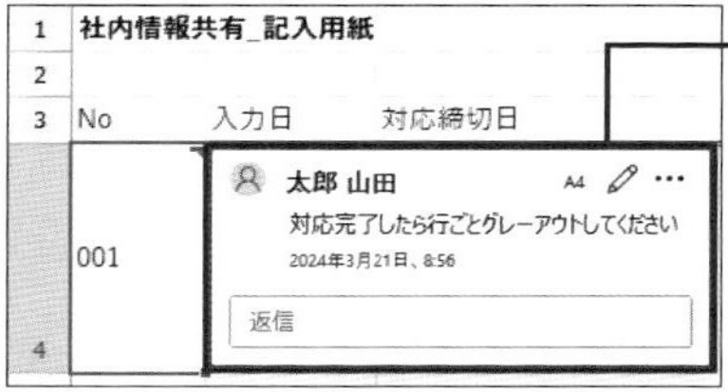

Memo

✎をクリックすると投稿したコメントをあとから編集できます。

コメントを削除する場合

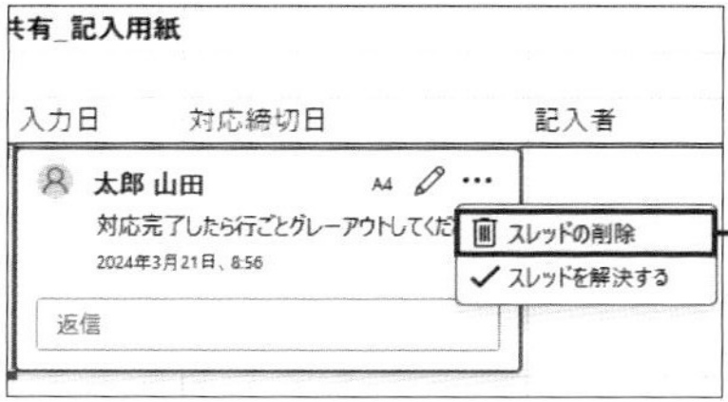

…→ [スレッドの削除] をクリックするとコメントが削除される

コメントを解決済みにする場合

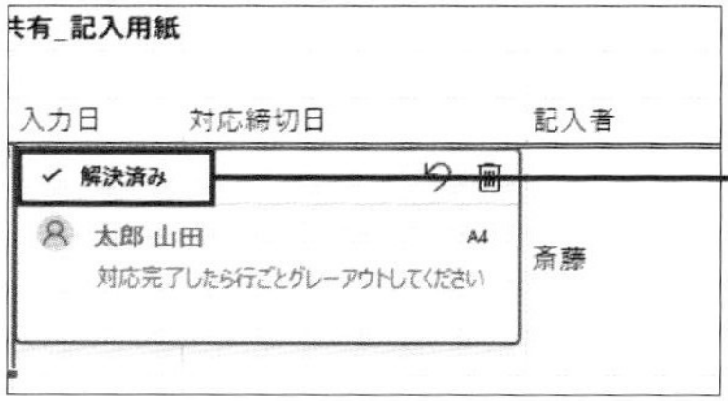

1つ上の画面の [スレッドを解決する] をクリックすると、コメントがグレーアウトされ、[解決済み] と表示される

Memo

コメントの返信機能で会話しているときなど、議論が解決したら [解決済み] にすると、どのコメントが解決済みかがわかりやすくなります。

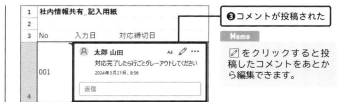

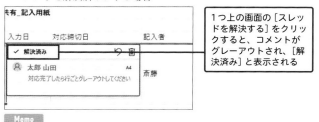

Drill
03

ch1-3.xlsx
月　日

入力を効率化する機能をマスターする

表の作成時、担当者名や取引先など同じ文言を繰り返し入力したいケースはよくあるでしょう。ここでは、書式設定の繰り返し操作や、文字を何度も入力せずに済むショートカットやオートコンプリートの機能を練習していきます。普段の操作に取り入れて、入力作業の効率化を目指しましょう。

Let's Try!

1 太字にする操作をショートカットで繰り返す

2 入力した担当者の名前を下のセルにコピーする

3 同列に入力済みの文字をプルダウンから選択する

	A	B	C	D	E	F	G
1	売上管理シート（宇都宮営業所　飲料部門）						
2							
3	年	売上	営業利益	前年比	取引先（最大）	営業所責任者	
4	2018	5,200,000	936,000		スーパーマーケット	林	
5	2019	5,300,000	954,000	101.9	スーパーマーケット	森	
6	2020	5,150,000	927,000	97.2	オンラインショップ	斉藤	
7	2021	6,700,000	1,206,000	130.1	オンラインショップ	斉藤	
8	2022	6,650,000	1,197,000	99.3	スーパーマーケット		
9	2023	6,800,000	1,224,000	102.3		斉藤 林 森	
10							

4 オートコンプリートを利用して入力する手間を省く

Hint Ctrl と Alt キーの役割を押さえよう！

多くのショートカットキーは Ctrl と Alt キーを組み合わせて利用します。Ctrl キーは、「Control：制御する」という意味を持つキーです。Ctrl ＋ C ではコピー、Ctrl ＋ V ではペーストのようにさまざまなアプリの機能を制御・操作できます。
Alt キーは、「Alternate:代替」の意味を持ち、Alt キーと１つ以上のキーを組み合わせることで、さまざまな機能を使えたり、メニューにアクセスできたりします。

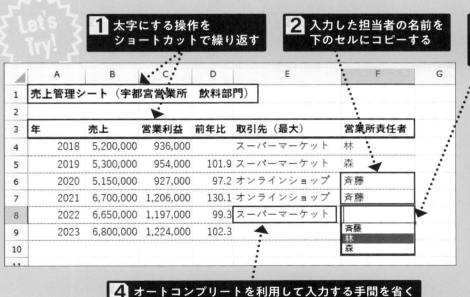

1回目 □ 2回目 □

Step 1 太字にする操作を ショートカットで繰り返す

F4 キーを使うと、直前に行った書式設定などの操作を繰り返すことができます。表タイトルを太字にして、続けて3行目にある表の項目の範囲を選択して F4 キーを押すと、3行目も太字にできます。

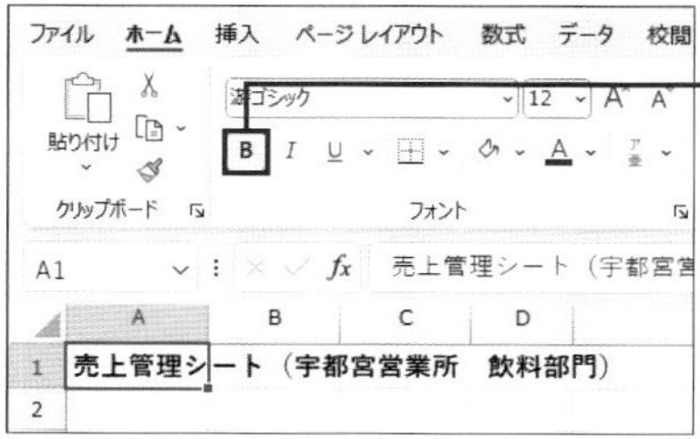

❶セルA1を選択して［ホーム］タブの［太字］をクリック

❷セルA3からF3を範囲選択して、F4 キーを押す

❸手順❷で選択した範囲にも太字の書式が反映された

Short Cut

F4 直前の操作を繰り返す

1回目 □ 2回目 □

Step 2 入力した担当者の名前を 下のセルにコピーする

表内で1つ上のセルに入力した内容とおなじものを入力したい場合、Ctrl + D キーを押しましょう。下のセルに上のセルがコピーされて表示されるので、入力の手間が減り便利です。

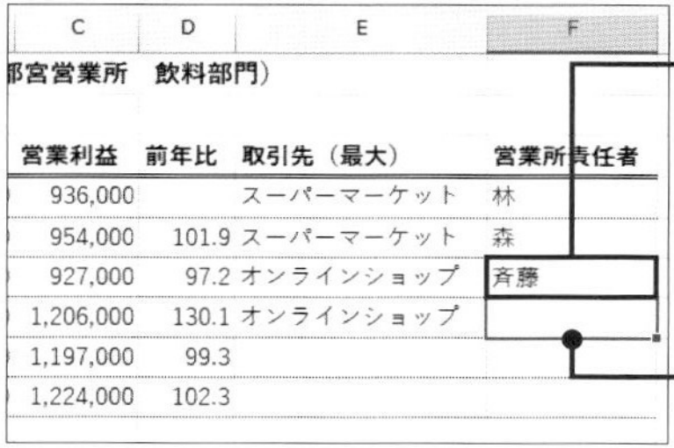

❶セルF6に「斉藤」と入力し、Enter キーを押す

❷セルF7がアクティブになる

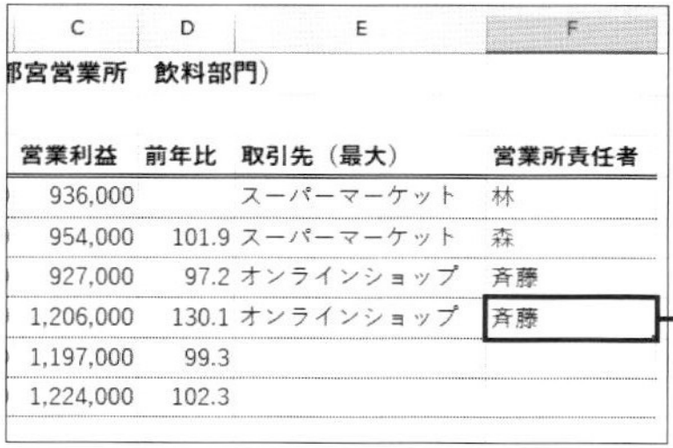

❸ Ctrl + D キーを押すと、セルF7に「斉藤」と表示された

Short Cut

Crtl + D 下のセルに上のセルの文字をコピーする

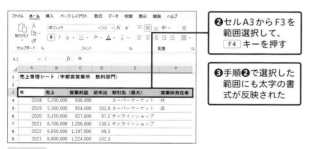

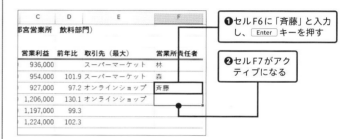

1回目 □　2回目 □

Step 3 同列に入力済みの文字をプルダウンから選択する

同じ列に入力済みの文字を再度入力する際に便利なショートカットとして、Alt + ↓ キーがあります。このショートカットにより、そのセルより上に入力された文字がプルダウンに表示されます。

前年比	取引先（最大）	営業所責任者
	スーパーマーケット	林
101.9	スーパーマーケット	森
97.2	オンラインショップ	斉藤
130.1	オンラインショップ	斉藤
99.3		
102.3		

❶セルF8を選択して、Alt + ↓ キーを押す

前年比	取引先（最大）	営業所責任者
	スーパーマーケット	林
101.9	スーパーマーケット	森
97.2	オンラインショップ	斉藤
130.1	オンラインショップ	斉藤
99.3		
102.3		斉藤 林 森

❷F列に入力済みの文字がプルダウンとして表示される

前年比	取引先（最大）	営業所責任者
	スーパーマーケット	林
101.9	スーパーマーケット	森
97.2	オンラインショップ	斉藤
130.1	オンラインショップ	斉藤
99.3		
102.3		斉藤 林 森

❸「林」をクリック（↓キーで「林」を選択して、Enter キーで確定してもよい）

前年比	取引先（最大）	営業所責任者
	スーパーマーケット	林
101.9	スーパーマーケット	森
97.2	オンラインショップ	斉藤
130.1	オンラインショップ	斉藤
99.3		林
102.3		

❹「林」と入力された

Short Cut

Alt + ↓　同じ列の入力済みのデータをプルダウンで表示する

Point

プルダウンに表示されるのは、同じ列のそれより上の文字データですが、列内に空白がある場合は、空白より上のデータは反映されないので注意しましょう。

	A	B	C
1	酒井		
2			
3	大原		
4	山中		
5			
6	大原 山中		

1回目 □ 2回目 □

Step 4 オートコンプリートを利用して入力する手間を省く

オートコンプリートとは、文字の入力途中で、同じ列にある文字列が入力候補として表示される機能です。セルE8に「す」と入力すると、「スーパーマーケット」と表示されるので、Enter キーで確定しましょう。

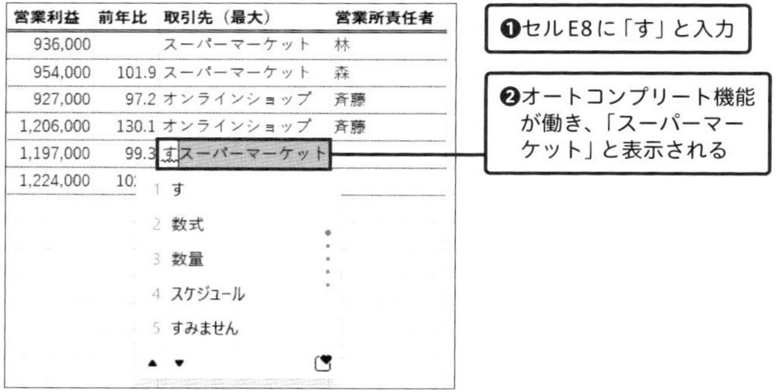

❶セルE8に「す」と入力
❷オートコンプリート機能が働き、「スーパーマーケット」と表示される

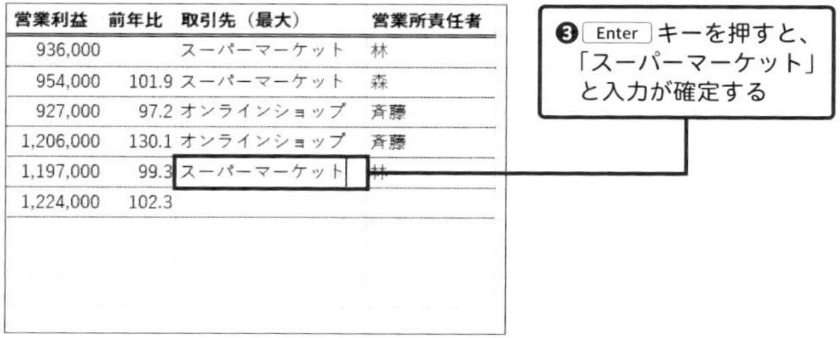

❸ Enter キーを押すと、「スーパーマーケット」と入力が確定する

オートコンプリートを利用しない場合

オートコンプリートで提案された候補を利用しない場合は、Delete キーでオートコンプリートの表示を消すこともできます。

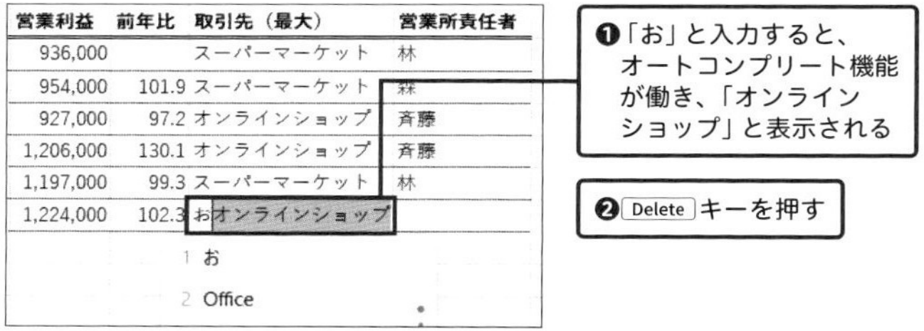

❶「お」と入力すると、オートコンプリート機能が働き、「オンラインショップ」と表示される
❷ Delete キーを押す

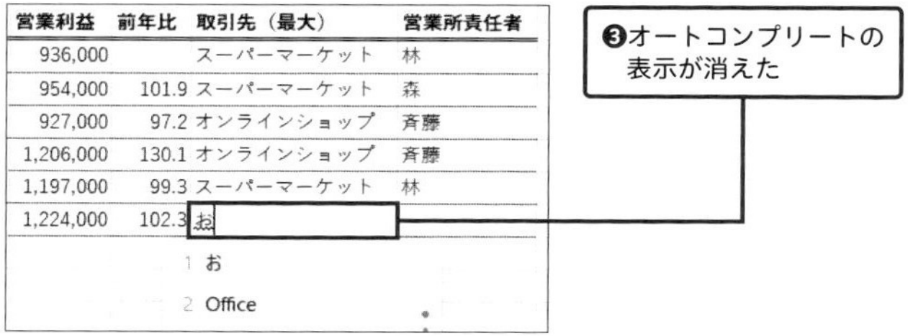

❸オートコンプリートの表示が消えた

Point

毎回オートコンプリートが表示されるのが煩わしい場合は、完全に表示をオフにすることもできます。[ファイル] タブ→([その他]→)[オプション]→[詳細設定]の[編集オプション]にある、[オートコンプリートを使用する]のチェックボックスを外し[OK]をクリックしましょう。

入力操作　#コピペ

コピペで効率的に入力作業を進める

ch1-4.xlsx

月　　日

コピペ（コピー＆ペースト、以降コピペ）は入力を効率化する基本的な機能で、さまざまな貼り付け方が選択できます。ここでは、数式が入ったセルをコピーする、表の幅を変えずにほかのシートに貼り付ける、表の書式だけをほかの表に貼り付けるといったよく利用するコピペを練習していきましょう。

Let's Try!

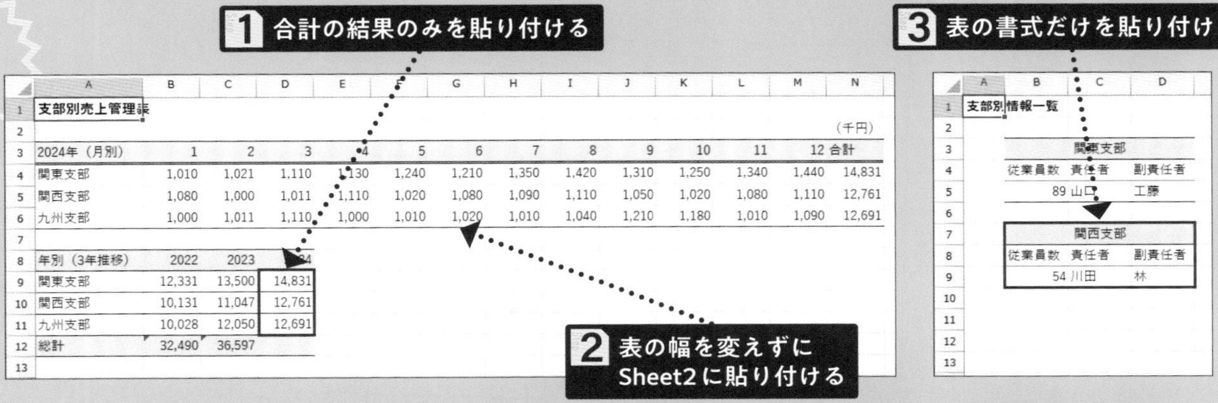
1 合計の結果のみを貼り付ける
2 表の幅を変えずに Sheet2 に貼り付ける
3 表の書式だけを貼り付ける

	A	B	C	D	E	F	G	H	I	J	K	L	M	N
1	支部別売上管理表													
2														（千円）
3	2024年（月別）	1	2	3	4	5	6	7	8	9	10	11	12	合計
4	関東支部	1,010	1,021	1,110	1,130	1,240	1,210	1,350	1,420	1,310	1,250	1,340	1,440	14,831
5	関西支部	1,080	1,000	1,011	1,110	1,020	1,080	1,090	1,110	1,050	1,020	1,080	1,110	12,761
6	九州支部	1,000	1,011	1,110	1,000	1,010	1,020	1,010	1,040	1,210	1,180	1,010	1,090	12,691
7														
8	年別（3年推移）	2022	2023	24										
9	関東支部	12,331	13,500	14,831										
10	関西支部	10,131	11,047	12,761										
11	九州支部	10,028	12,050	12,691										
12	総計	32,490	36,597											
13														

	A	B	C	D
1	支部別情報一覧			
2				
3			関東支部	
4		従業員数	責任者	副責任者
5		89	山口	工藤
6				
7			関西支部	
8		従業員数	責任者	副責任者
9		54	川田	林
10				
11				
12				
13				

Hint 「何を」コピーしたいのかで貼り付け方を選択しましょう

セルをコピペ（Ctrl＋C→Ctrl＋V）すると、値、書式、式のすべてがコピーされます。そのため、そのまま貼り付けると「値だけコピーしたかった」「書式は貼り付け先に合わせたかった」といった問題が発生します。そのため、まずCtrl＋Cキーでコピーし、次にペーストする範囲を選択して右クリックを押すと表示される［貼り付けのオプション］から最適な貼り付け方を選択するようにしましょう。

1回目 □ 2回目 □

Step 1 合計の結果のみを貼り付ける

ここでは、月別売上表の合計の値を、年別の管理表に貼り付けます。コピー元は数式が入力されていて、コピー先と表の書式も異なるので、[貼り付けのオプション] から [値] を選択して貼り付けましょう。

❶セルN4からN6を範囲選択し、Ctrl + C キーを押す

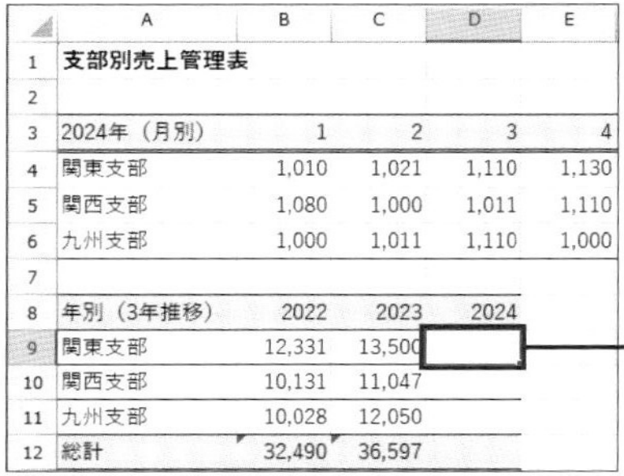

❷セルD9を選択して右クリック

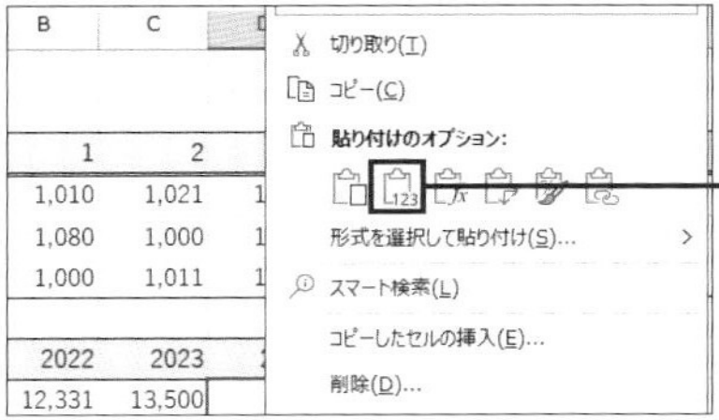

❸表示された [貼り付けのオプション] から [値] をクリック

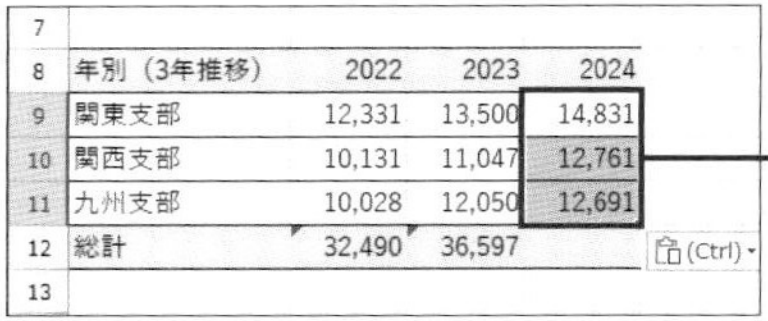

❹数式の結果の値のみが貼り付けられた

■ Ctrl + V キーで貼り付ける場合

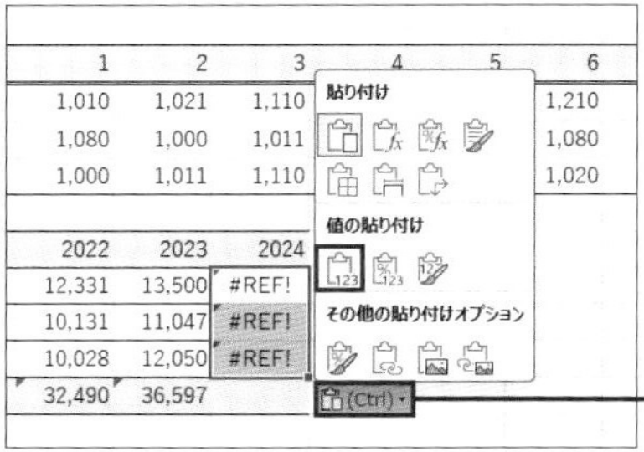

貼り付けると、表の右下に [貼り付けのオプション (Ctrl)] が表示される。クリックして表示されたメニューから [値] をクリックすると、値のみ貼り付けられる

Short Cut

Crtl ＋ C コピーする

Crtl ＋ V ペースト（貼り付け）する

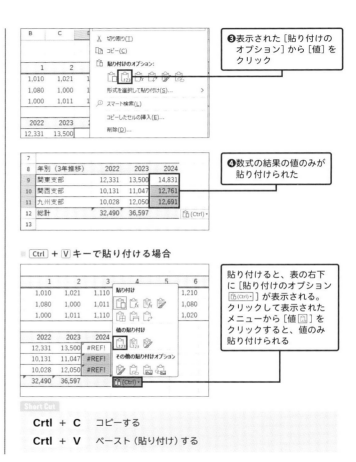

1回目 □ 2回目 □

Step 2 表の幅を変えずにSheet2に貼り付ける

通常のコピペでは、セルの幅はコピーされません。そのため、ここでは表全体をコピーし、ほかのシートの貼り付けるセルを選択し［元の列幅を保持］をクリックしてから貼り付けしましょう。

❶セルA1からN6を範囲選択し、Ctrl + C キーを押す

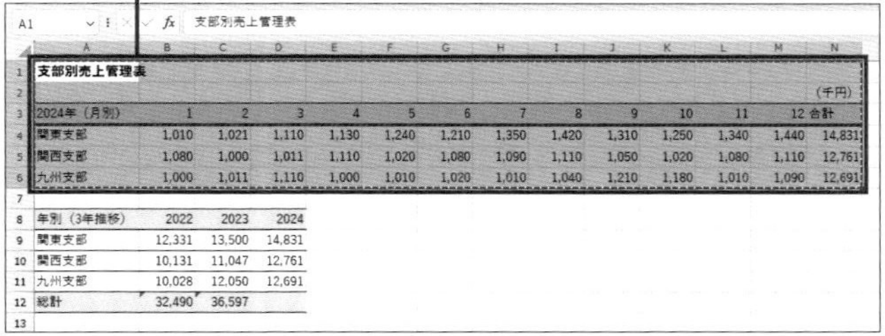

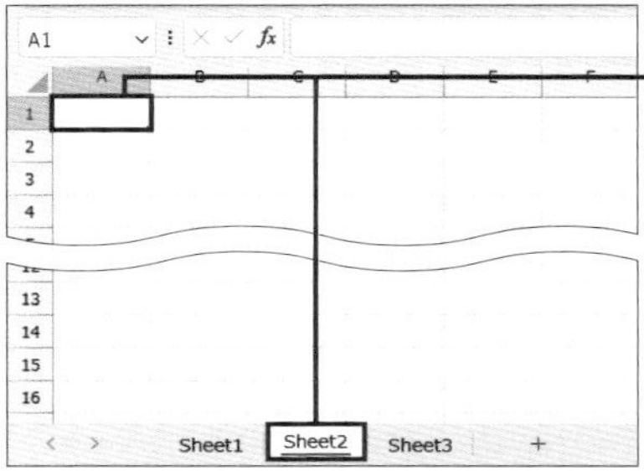

❷「Sheet2」を開き、セルA1を選択し、右クリック

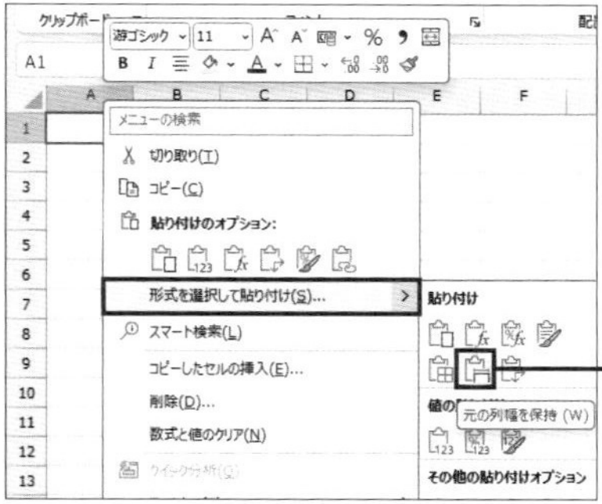

❸［形式を選択して貼り付け］から［元の列幅を保持］をクリック

❹元の表のセル幅に合わせて、表が貼り付けられた

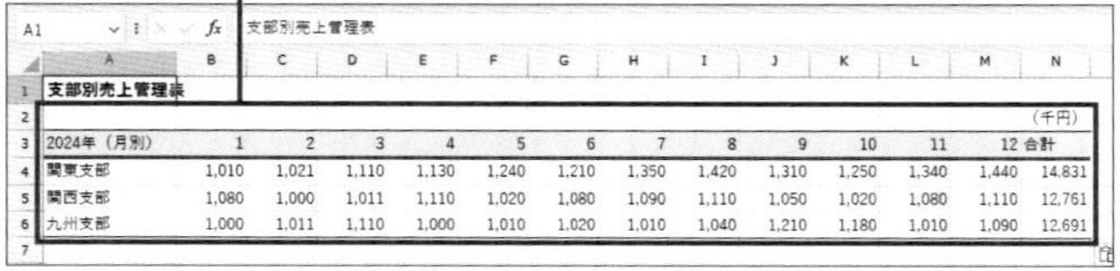

Point

シート自体をコピーしたい場合は、シートのタブ部分を Ctrl キーを押しながらドラッグしましょう。そのまま指定の場所でマウスをはなすとシートがコピーできます。なお、シート名は「シート名（2）」と自動で名前が振られるので、ダブ部分をダブルクリックし、必要に応じて変更しましょう。

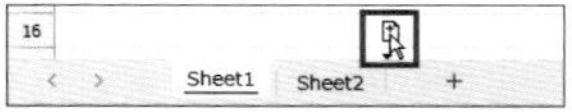

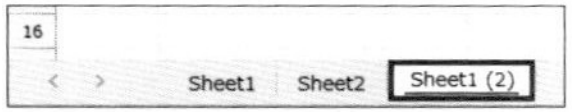

1回目 □ 2回目 □

Step 3 表の書式だけを貼り付ける

実は、文字や数式だけではなく、書式のみコピペすることも可能です。以前作成した表と同様の書式の表を作成する場合に、コピペの１操作で書式が反映されるのでとても便利です。

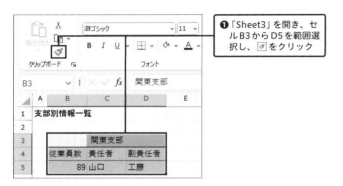

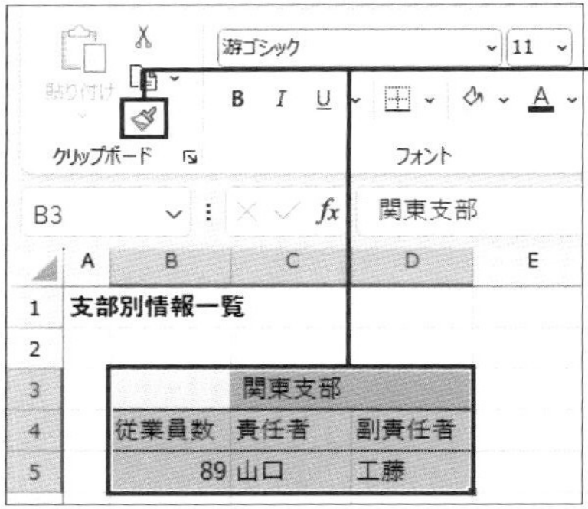

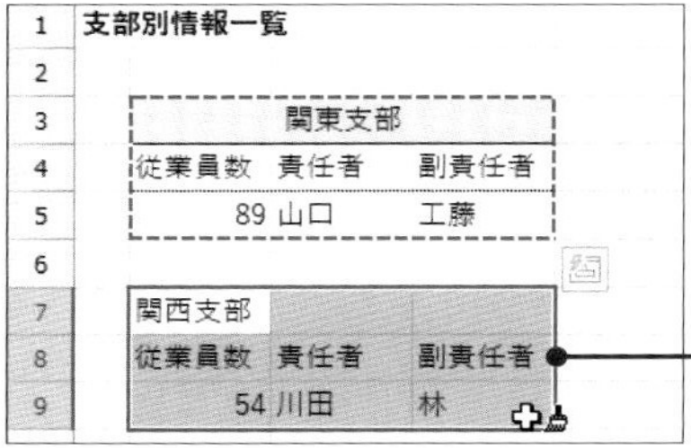

Point

[貼り付けのオプション] は全部で14種類あります。このうちよく利用する形式を下記の表にまとめました。

貼り付け	値、書式、式のすべてを貼り付ける
数式	コピー元の値と数式のみを貼り付ける（書式は保持しない）
数式と数値の書式	コピー元の値と数式（表示形式を含む）を貼り付ける
元の書式を保持	コピー元の書式を保持して貼り付ける
罫線なし	表の罫線以外を貼り付ける
元の列幅を保持	コピー元の列幅をそのまま貼り付ける
行/列の入れ替え	表の行と列を入れ替えて貼り付ける（P.59参照）
値	コピーした値のみ貼り付ける。数値やセルの書式は貼り付けられない
値と数値の書式	コピーした値と数値の書式（通貨表示など）を貼り付ける
値と元の書式	コピーしたセルの値と書式を貼り付ける

Drill
05
ch1-5.xlsx
月　日

オートフィル

オートフィルでデータを素早く入力する

商品コードを連番でつけるような表を作成するときは、オートフィルを利用しましょう。オートフィルを利用すると、同じもしくは連続する数字や数式、よく使う単語を登録したリストなどを、どんなに長い表であっても一瞬で入力できてしまいます。

Let's Try!

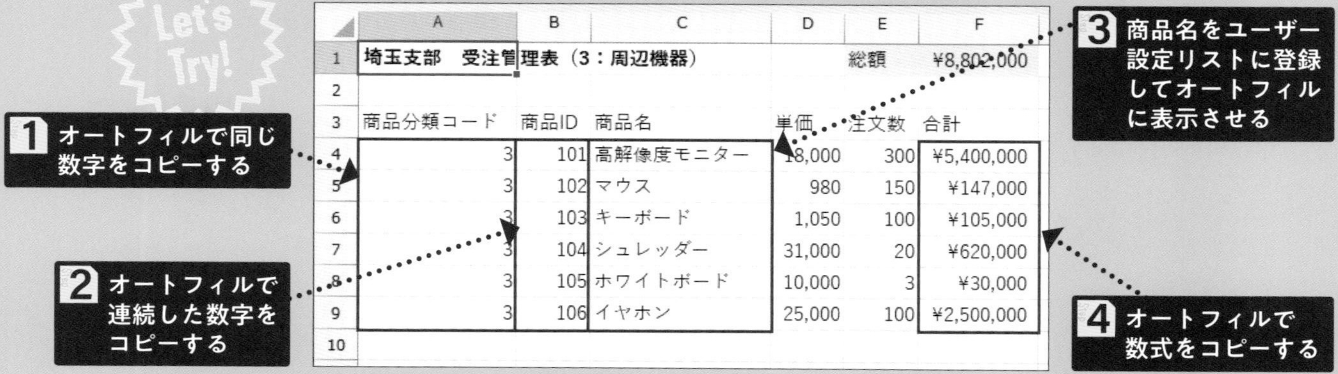

1 オートフィルで同じ数字をコピーする
2 オートフィルで連続した数字をコピーする
3 商品名をユーザー設定リストに登録してオートフィルに表示させる
4 オートフィルで数式をコピーする

	A	B	C	D	E	F
1	埼玉支部　受注管理表（3：周辺機器）				総額	¥8,802,000
2						
3	商品分類コード	商品ID	商品名	単価	注文数	合計
4	3	101	高解像度モニター	18,000	300	¥5,400,000
5	3	102	マウス	980	150	¥147,000
6	3	103	キーボード	1,050	100	¥105,000
7	3	104	シュレッダー	31,000	20	¥620,000
8	3	105	ホワイトボード	10,000	3	¥30,000
9	3	106	イヤホン	25,000	100	¥2,500,000
10						

Hint　フィルハンドルをドラッグ（もしくはダブルクリック）してオートフィルを実行しよう

オートフィルとは、規則性のある数字や文字列を自動で入力する機能です。セルの右下にカーソルを合わせると表示される「フィルハンドル＋」をドラッグすると実行されます。また、オートフィルにはいくつか種類があるので作りたいデータに合わせて選択するようにしましょう。

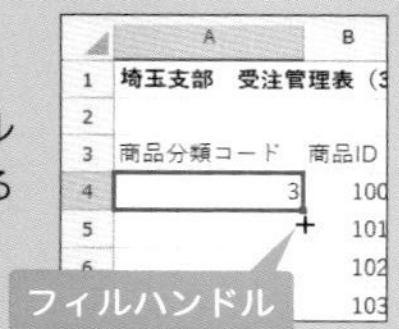

埼玉支部　受注管理表（3
商品分類コード
商品ID
フィルハンドル

1回目 □ 2回目 □

Step 1 オートフィルで同じ数字をコピーする

ここでは、セルA4からA9まで商品分類コードの値として「3」と入力します。1つずつ手入力すると時間がかかるので、セルA4に「3」と入力したあとは、オートフィルを使いセルのコピーをしましょう。

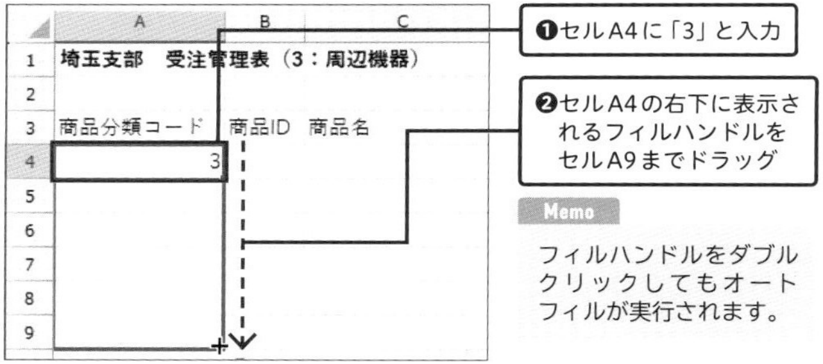

Memo

フィルハンドルをダブルクリックしてもオートフィルが実行されます。

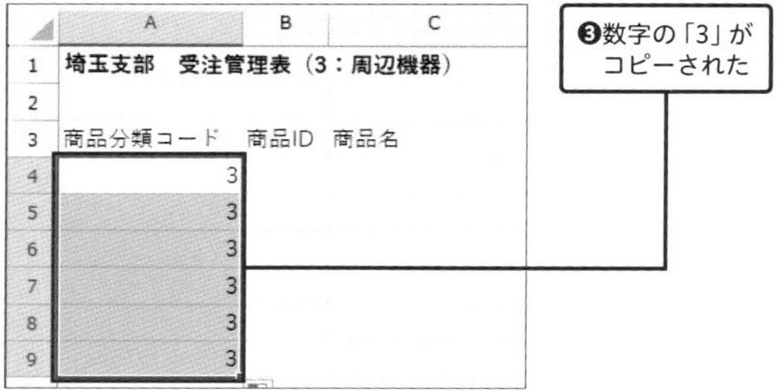

1回目 □ 2回目 □

Step 2 オートフィルで連続した数字をコピーする

続いては、連続する数字の入力です。セルB4に「101」、セルB5の「102」と入力することで、オートフィルが規則性を認識し、連続した数字を入力します。

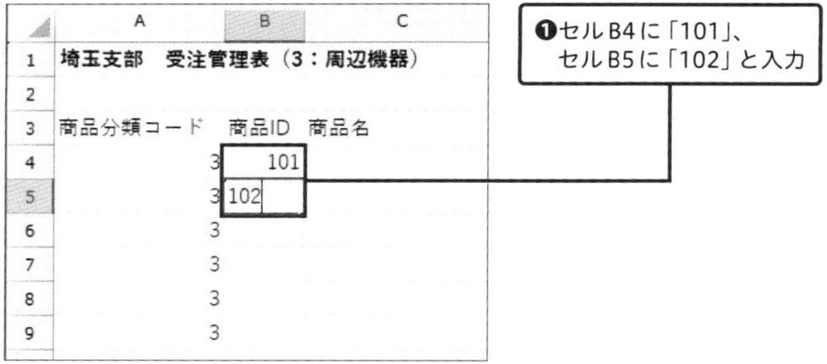

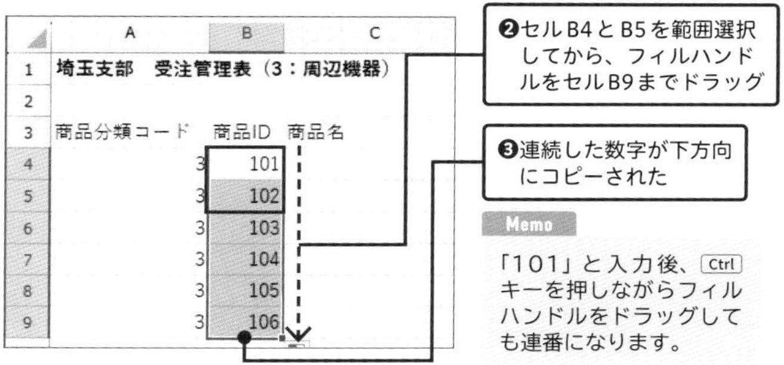

Memo

「101」と入力後、Ctrlキーを押しながらフィルハンドルをドラッグしても連番になります。

1回目 □　2回目 □

Step 3 商品名をユーザー設定リストに登録してオートフィルに表示させる

自社の製品名など、よく入力するリストがある場合、[ユーザー設定リスト]に登録しておきましょう。登録した文字列が、数字などと同様に連続するデータとして、自動で表示できるようになります。

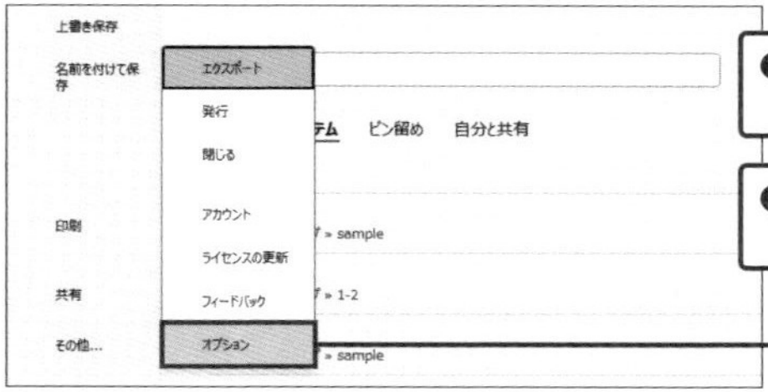

❶[ファイル]タブをクリック

❷[その他]→[オプション]をクリック

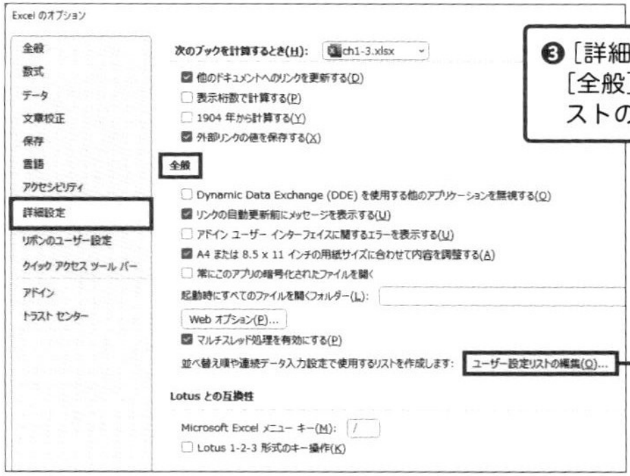

❸[詳細設定]をクリックし、[全般]の[ユーザー設定リストの編集]をクリック

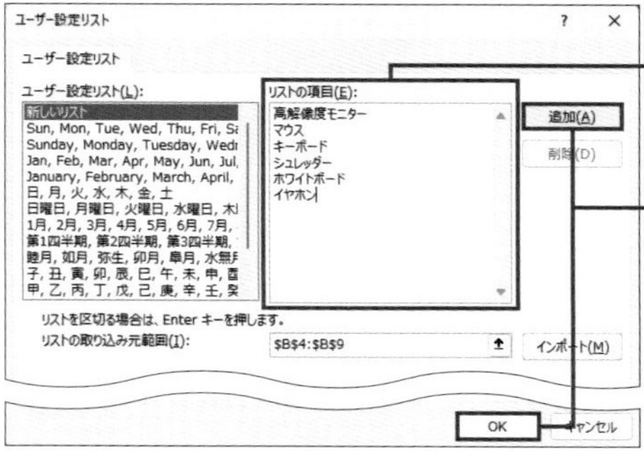

❹[リストの項目]に左図の通りに入力

❺[追加]→[OK]→[OK]をクリック

Memo

リストの項目の間は Enter キーを押して改行するか、「,」をいれて区切りましょう。

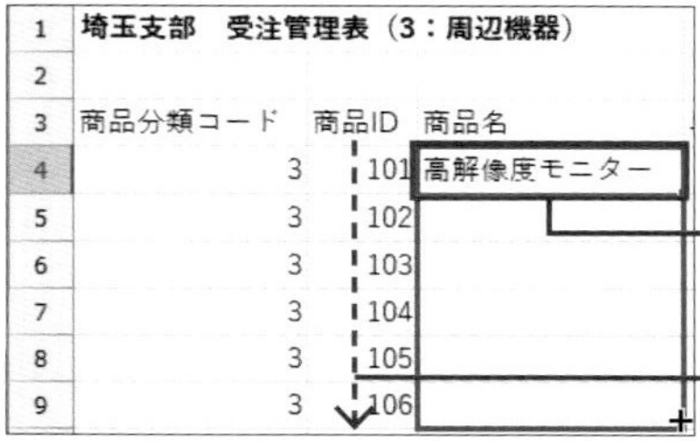

❻セルC4に「高解像モニター」と入力

❼セルC4のフィルハンドルをセルC9までドラッグ

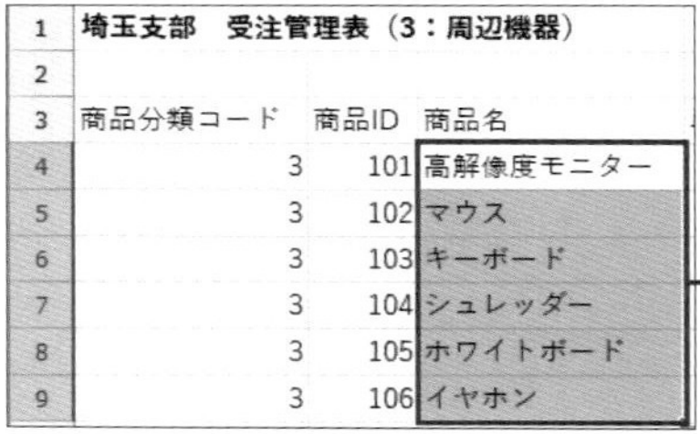

❽手順❹で入力した商品名の一覧がコピーされた

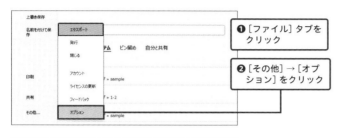

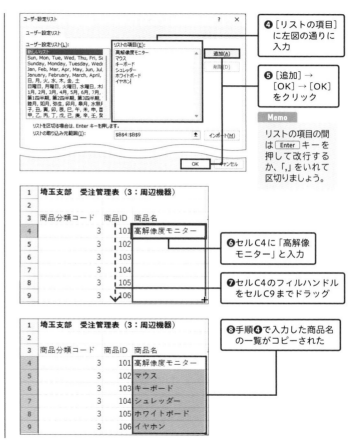

Step 4 オートフィルで数式をコピーする

最後に、単価と注文数をかけた合計額を求めます。なお、数式のコピーにおける参照方式については、Drill16 で詳しく解説しています。ここでは、数式のコピー方法だけ実践しておきましょう。

❶セル F4 のフィルハンドルをセル F9 までドラッグ

❷数式がコピーされた

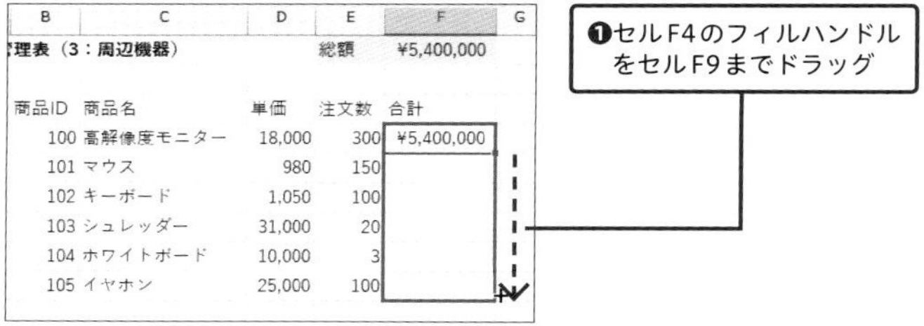

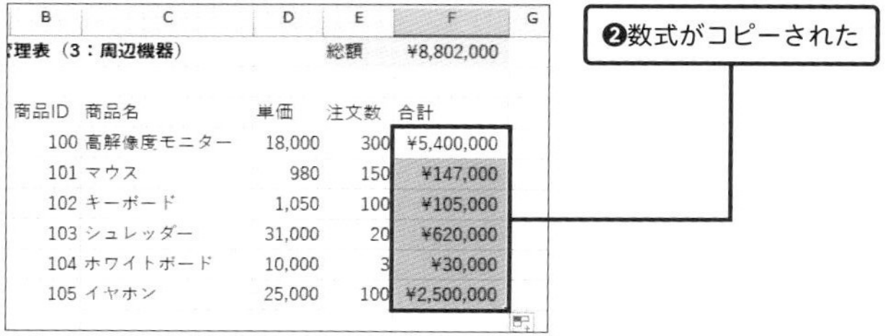

Memo

セル F4 には「=D4*E4」と数式が入力されていて、その結果が表示されていました。数式が入力されているセルをコピーしたことで、それぞれのセルに数式が入力され、その計算結果が表示されています。

■ 表の書式がある状態でオートフィルを使用した場合

表に書式が適用されている場合にオートフィルでコピーすると、書式も合わせてコピーされてしまうので、[オートフィルのオプション] から [書式なしコピー] を選択しましょう。

❶セル F4 のフィルハンドルを下方向にドラッグ

❷セル F4 の書式と数式がセル F9 までにコピーされた

❸セル F9 の右下隅の 🖳 をクリックして [書式なしコピー] をクリック

○ セルのコピー(C)
○ 書式のみコピー (フィル)(E)
○ 書式なしコピー (フィル)(O)
○ フラッシュ フィル(E)

❹数式のみコピーされた

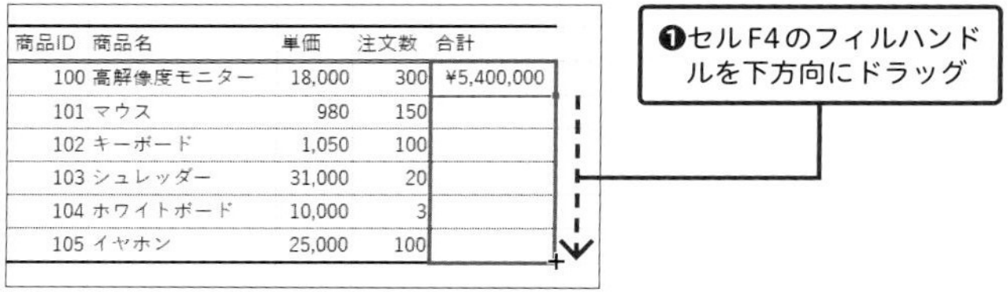

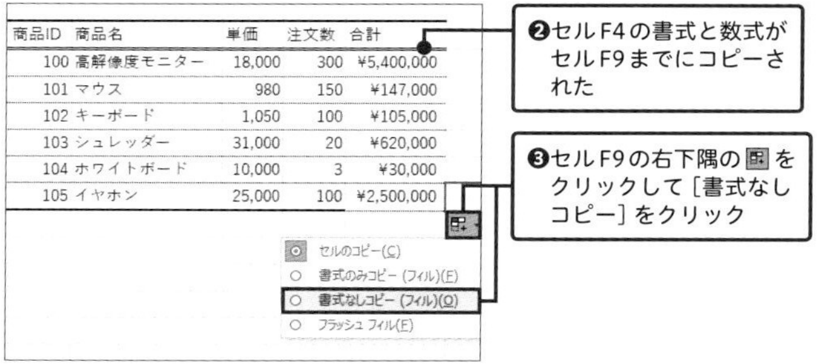

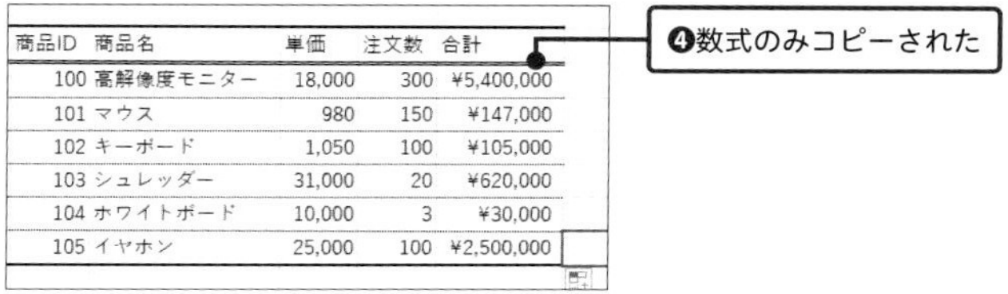

Drill 06

ch1-6.xlsx

月　日

フラッシュフィルを利用して名簿を作る

フラッシュフィルは、入力した情報から規則性を自動で判別する機能です。住所録や名簿のような規則性のある表を作成するときに非常に有効です。ここでは、姓と名の分割表示、電話・郵便番号のハイフンの有無、住所の連結、登録年の抽出などを練習していきます。

Let's Try!

1 名前を姓と名のセルにそれぞれ分けて表示する

2 電話番号に含まれるハイフンを削除する

4 複数セルにわたって入力された住所を1つのセルに連結させる

顧客名簿

No.	名前	姓	名	電話番号（ハイフンあり）	電話番号	郵便番号	郵便番号（ハイフンあり）	都道府県	市区町村	連結住所	登録日	登録年
001	原　真央	原	真央	080-1234-0001	08012340001	1502345	150-2345	東京都	渋谷区恵比寿南	150-2345 東京都渋谷区恵比寿南	2023/12/10	2023
002	斉藤　淳	斉藤	淳	080-1234-0002	08012340002	5300001	530-0001	大阪府	大阪市北区梅田	530-0001 大阪府大阪市北区梅田	2023/12/10	2023
003	小森　あかり	小森	あかり	080-1234-0003	08012340003	8100022	810-0022	福岡県	福岡市中央区赤坂	810-0022 福岡県福岡市中央区赤坂	2023/12/21	2023
004	斉藤　正人	斉藤	正人	080-1234-0004	08012340004	2500045	250-0045	神奈川県	小田原市栄町	250-0045 神奈川県小田原市栄町	2024/1/6	2024
005	工藤　蘭	工藤	蘭	080-1234-0005	08012340005	4600002	460-0002	愛知県	名古屋市中区栄	460-0002 愛知県名古屋市中区栄	2024/1/13	2024
006	佐藤　隼人	佐藤	隼人	080-1234-0006	08012340006	6048005	604-8005	京都府	京都市中京区錦小路	604-8005 京都府京都市中京区錦小路	2024/1/15	2024
007	小早川　玲子	小早川	玲子	080-1234-0007	08012340007	0640809	064-0809	北海道	札幌市中央区南九条西	064-0809 北海道札幌市中央区南九条西	2024/1/28	2024
008	近藤　里美	近藤	里美	080-1234-0008	08012340008	9200961	920-0961	石川県	金沢市兼六元町	920-0961 石川県金沢市兼六元町	2024/2/14	2024
009	北川　弘樹	北川	弘樹	080-1234-0009	08012340009	3300854	330-0854	埼玉県	さいたま市大宮区桜木町	330-0854 埼玉県さいたま市大宮区桜木町	2024/2/15	2024
010	山崎　澪	山崎	澪	080-1234-0010	08012340010	7000822	700-0822	岡山県	岡山市北区表町	700-0822 岡山県岡山市北区表町	2024/2/28	2024

3 郵便番号の間にハイフンを追加する

5 登録した日付から年の情報のみ抽出する

Hint　**オートフィルとフラッシュフィルの違いは？**

オートフィルとフラッシュフィルは、どちらもルールに則ってデータを自動入力してくれる便利な機能です。オートフィルの場合は、「同じ数字」「連続する数字」「事前に登録した文字列」など規定のルールに対応します。一方、フラッシュフィルでは、先頭行に入力した見本から「見つけ出したルール」をもとに自動入力が行われます。フラッシュフィルのほうが柔軟性が高い機能といえるでしょう。

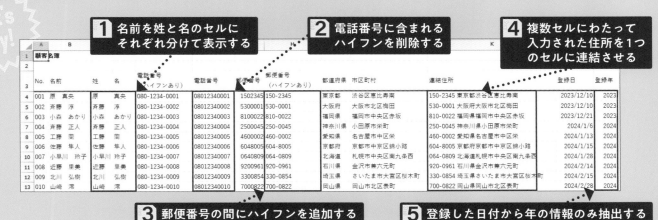

1回目 □　2回目 □

Step 1 名前を姓と名のセルにそれぞれ分けて表示する

1つのセルに入力された「姓名」を「姓」と「名」で別々のセルに分割して表示させたいといったことは、名簿の作成などではよくあるでしょう。フラッシュフィルを使えば一瞬でデータを完成できます。

3	No.	名前	姓	名	電話番号（ハイフンあり）
4	001	原　真央	原		080-1234-0001
5	002	斉藤　淳			080-1234-0002
6	003	小森　あかり			080-1234-0003
7	004	斉藤　正人			080-1234-0004
8	005	工藤　蘭			080-1234-0005
9	006	佐藤　隼人			080-1234-0006
10	007	小早川　玲子			080-1234-0007
11	008	近藤　里美			080-1234-0008
12	009	北川　弘樹			080-1234-0009
13	010	山崎　澪			080-1234-0010
14					

❶セルC4に「原」と入力

❷ Ctrl ＋ E キーを押す

3	No.	名前	姓	名	電話番号（ハイフンあり）
4	001	原　真央	原		080-1234-0001
5	002	斉藤　淳	斉藤		080-1234-0002
6	003	小森　あかり	小森		080-1234-0003
7	004	斉藤　正人	斉藤		080-1234-0004
8	005	工藤　蘭	工藤		080-1234-0005
9	006	佐藤　隼人	佐藤		080-1234-0006
10	007	小早川　玲子	小早川		080-1234-0007
11	008	近藤　里美	近藤		080-1234-0008
12	009	北川　弘樹	北川		080-1234-0009
13	010	山崎　澪	山崎		080-1234-0010
14					

❸フラッシュフィルが働き、これ以降のC列のデータにB列の「姓」部分のみ入力された

3	No.	名前	姓	名	電話番号（ハイフンあり）
4	001	原　真央	原	真央	080-1234-0001
5	002	斉藤　淳	斉藤		080-1234-0002
6	003	小森　あかり	小森		080-1234-0003

❹セルD4に「真央」と入力

❺ Ctrl ＋ E キーを押す

3	No.	名前	姓	名	電話番号（ハイフンあり）
4	001	原　真央	原	真央	080-1234-0001
5	002	斉藤　淳	斉藤	淳	080-1234-0002
6	003	小森　あかり	小森	あかり	080-1234-0003
7	004	斉藤　正人	斉藤	正人	080-1234-0004
8	005	工藤　蘭	工藤	蘭	080-1234-0005
9	006	佐藤　隼人	佐藤	隼人	080-1234-0006
10	007	小早川　玲子	小早川	玲子	080-1234-0007
11	008	近藤　里美	近藤	里美	080-1234-0008
12	009	北川　弘樹	北川	弘樹	080-1234-0009
13	010	山崎　澪	山崎	澪	080-1234-0010

❻フラッシュフィルが働き、これ以降のD列のデータにB列の「名」部分のみ表示された

Short Cut

Crtl ＋ E　フラッシュフィルを実行する

Point

フラッシュフィルはどのパターンでも使える万能な機能というわけではありません。たとえば、姓と名が空白なしで入力されている場合を考えてみましょう。見本として入力した一番上のデータが「原」のため、フラッシュフィルは「左から１番目の文字を抽出する」と認識します。そのため、姓が１文字や３文字のときは、不適切なデータが入力されてしまいます。データが少ない場合は個別で対応できるかもしれませんが、件数が多くなると手間がかかります。あとから整理しやすい表になるよう「姓と名の間は空白を入れる」といった入力時のルールを事前に決めておきましょう。

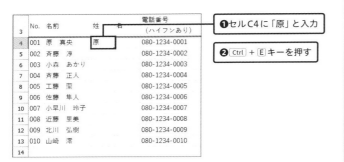

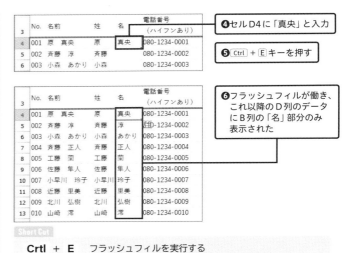

1回目 □　2回目 □

Step 2 電話番号に含まれるハイフンを削除する

次に、ハイフンありの電話番号を簡単にフラッシュフィルでハイフンを取り除く操作を練習しましょう。ここでは、セルF4に「'08012340001」と入力し、Ctrl＋Eキーを押します。

姓	名	電話番号（ハイフンあり）	電話番号	郵便番号
原	真央	080-1234-0001	08012340001	1502345
斉藤	淳	080-1234-0002		5300001
小森	あかり	080-1234-0003		8100022
斉藤	正人	080-1234-0004		2500045
工藤	蘭	080-1234-0005		4600002
佐藤	隼人	080-1234-0006		6048005
小早川	玲子	080-1234-0007		0640809
近藤	里美	080-1234-0008		9200961
北川	弘樹	080-1234-0009		3300854
山崎	澪	080-1234-0010		7000822

❶セルF4に「'08012340001」を入力

❷Ctrl＋Eキーを押す

Memo

「0」から始まる電話番号は警告が表示されます。気になる場合は、P.21を参考に表示がでないように設定しましょう。

姓	名	電話番号（ハイフンあり）	電話番号	郵便番号
原	真央	080-1234-0001	08012340001	1502345
斉藤	淳	080-1234-0002	08012340002	300001
小森	あかり	080-1234-0003	08012340003	8100022
斉藤	正人	080-1234-0004	08012340004	2500045
工藤	蘭	080-1234-0005	08012340005	4600002
佐藤	隼人	080-1234-0006	08012340006	6048005
小早川	玲子	080-1234-0007	08012340007	0640809
近藤	里美	080-1234-0008	08012340008	9200961
北川	弘樹	080-1234-0009	08012340009	3300854
山崎	澪	080-1234-0010	08012340010	7000822

❸フラッシュフィルが働き、ハイフンなしの電話番号の情報が入力された

1回目 □　2回目 □

Step 3 郵便番号の間にハイフンを追加する

続いて、G列に入力されたハイフンなしの郵便番号にハイフンを追加してH列に入力させます。セルH4に見本として「150-2345」と入力し、Ctrl＋Eキーを押しましょう。

電話番号（ハイフンあり）	電話番号	郵便番号	郵便番号（ハイフンあり）
080-1234-0001	08012340001	1502345	150-2345
080-1234-0002	08012340002	5300001	
080-1234-0003	08012340003	8100022	
080-1234-0004	08012340004	2500045	
080-1234-0005	08012340005	4600002	
080-1234-0006	08012340006	6048005	
080-1234-0007	08012340007	0640809	
080-1234-0008	08012340008	9200961	
080-1234-0009	08012340009	3300854	
080-1234-0010	08012340010	7000822	

❶セルH4にハイフンをいれた郵便番号「150-2345」を入力

❷Ctrl＋Eキーを押す

電話番号（ハイフンあり）	電話番号	郵便番号	郵便番号（ハイフンあり）
080-1234-0001	08012340001	1502345	150-2345
080-1234-0002	08012340002	5300001	530-0001
080-1234-0003	08012340003	8100022	810-0022
080-1234-0004	08012340004	2500045	250-0045
080-1234-0005	08012340005	4600002	460-0002
080-1234-0006	08012340006	6048005	604-8005
080-1234-0007	08012340007	0640809	064-0809
080-1234-0008	08012340008	9200961	920-0961
080-1234-0009	08012340009	3300854	330-0854
080-1234-0010	08012340010	7000822	700-0822

❸フラッシュフィルが働き、ハイフンありの郵便番号の情報が入力された

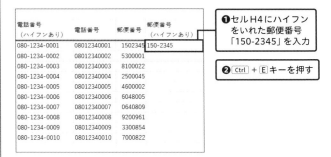

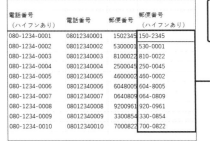

Step 4 複数セルにわたって入力された住所を1つのセルに連結させる

フラッシュフィルでは、隣接するセルの文字列を結合する操作にも対応できます。ここでは、「郵便番号」「都道府県」「住所」の文字列を1つのセルに結合して表示させましょう。

❶セルK4に「150-2345 東京都渋谷区恵比寿南」と入力

❷ Ctrl + E キーを押す

❸フラッシュフィルが働き、結合した住所が入力された

Step 5 登録した日付から年の情報のみ抽出する

フラッシュフィル最後の操作として、文字列から、1部の文字のみ取り出す操作を行いましょう。ここでは、「年月日」のデータから「年」のデータのみ抽出します。

❶セルM4に「2023」を入力

❷ Ctrl + E キーを押す

❸フラッシュフィルが働き、登録年のみが抽出され入力された

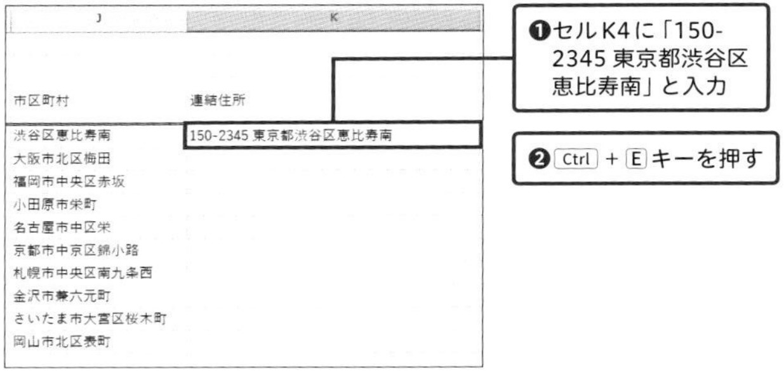

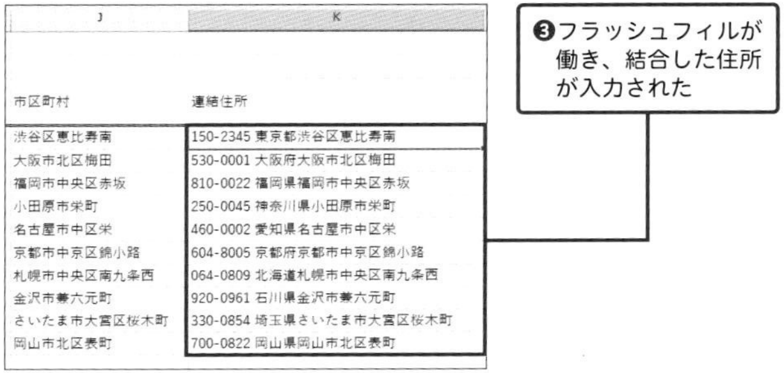

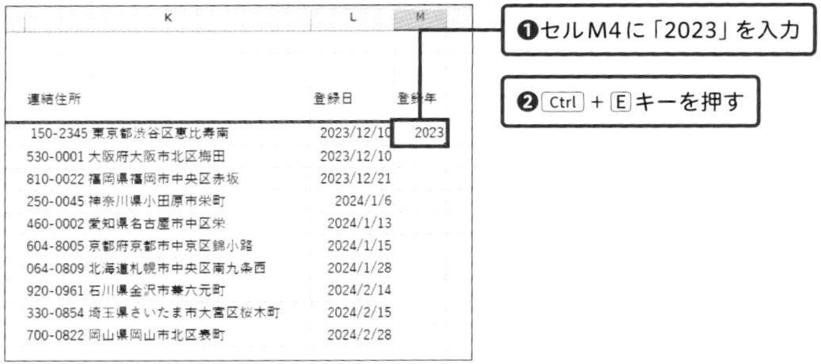

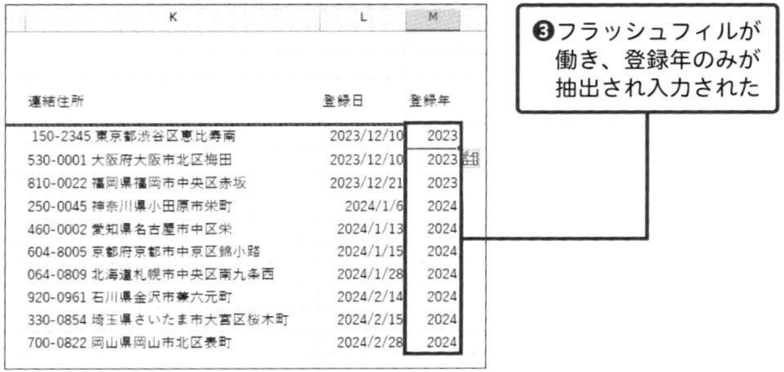

Drill
07

ch1-7.xlsx

月　日

基本の表の書式をマスターする

表は罫線や色によって見やすさが大きく変わるので、基本的な表の書式の整え方は必ず押さえておきましょう。ここでは、表内の文字がすべて表示されるよう列幅の調整や、基本の「格子」罫線の引き方と見やすさを意識したおすすめの罫線の引き方を練習します。

Let's Try!

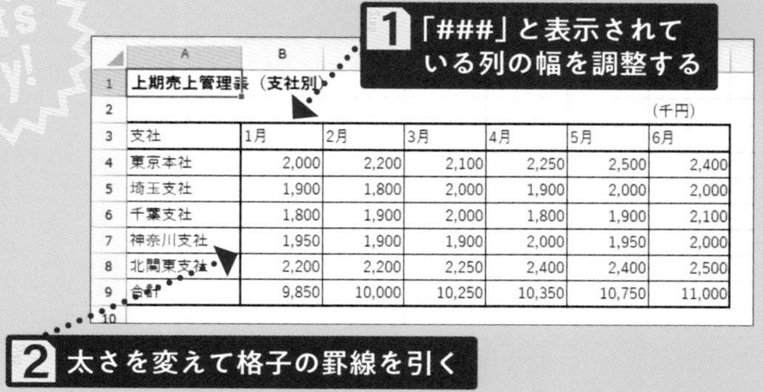
1 「###」と表示されている列の幅を調整する
2 太さを変えて格子の罫線を引く

	A	B	C	D	E	F	G
1	上期売上管理表（支社別）						
2							(千円)
3	支社	1月	2月	3月	4月	5月	6月
4	東京本社	2,000	2,200	2,100	2,250	2,500	2,400
5	埼玉支社	1,900	1,800	2,000	1,900	2,000	2,000
6	千葉支社	1,800	1,900	2,000	1,800	1,900	2,100
7	神奈川支社	1,950	1,900	1,900	2,000	1,950	2,000
8	北関東支社	2,200	2,200	2,250	2,400	2,400	2,500
9	合計	9,850	10,000	10,250	10,350	10,750	11,000
10							

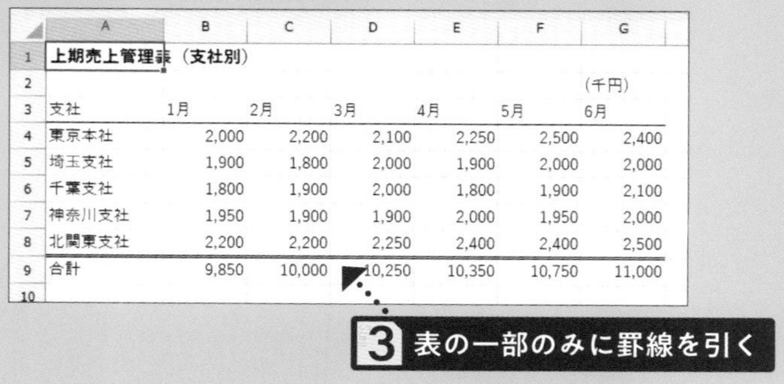
3 表の一部のみに罫線を引く

	A	B	C	D	E	F	G
1	上期売上管理表（支社別）						
2							(千円)
3	支社	1月	2月	3月	4月	5月	6月
4	東京本社	2,000	2,200	2,100	2,250	2,500	2,400
5	埼玉支社	1,900	1,800	2,000	1,900	2,000	2,000
6	千葉支社	1,800	1,900	2,000	1,800	1,900	2,100
7	神奈川支社	1,950	1,900	1,900	2,000	1,950	2,000
8	北関東支社	2,200	2,200	2,250	2,400	2,400	2,500
9	合計	9,850	10,000	10,250	10,350	10,750	11,000
10							

Hint　表が完成したあとに表の書式は整えよう！

表の罫線を引くうえで一番重要なことは、「表の内容が完成してから最後に罫線を引く」ことです。先に罫線を引いてから、セルをコピーしたり移動したりといった編集を行うと、その度に罫線までずれて調整が必要になります。
また、表の罫線はあくまで装飾品の１つなので、特別時間をかけてこだわる必要はありません。大事なのは表の中身の情報です。さらに、この罫線の引き方が正解である、といったルールがあるわけでもありません。「どこに線を引いたら、情報が伝わりやすい表になるのか」という観点をもって、罫線を引くことを心掛けましょう。

Step 1 「###」と表示されている列の幅を調整する

列の幅が狭くセル内の文字が表示しきれない場合は、「###」と表示されます。ここではAからG列のセルの幅が狭く「###」と表示されているので、列を選択しダブルクリックして調整しましょう。

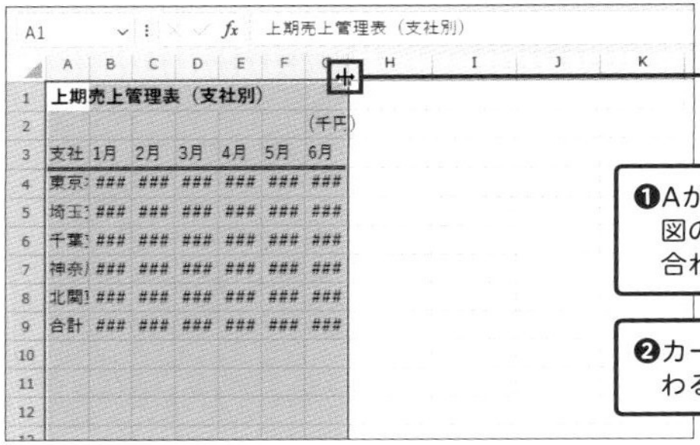

上期売上管理表（支社別）						
						(千円)
支社	1月	2月	3月	4月	5月	6月
東京	###	###	###	###	###	###
埼玉	###	###	###	###	###	###
千葉	###	###	###	###	###	###
神奈	###	###	###	###	###	###
北関	###	###	###	###	###	###
合計	###	###	###	###	###	###

❶AからG列を選択して、図の部分にカーソルを合わせる

❷カーソルの表示が✛にかわるのでダブルクリック

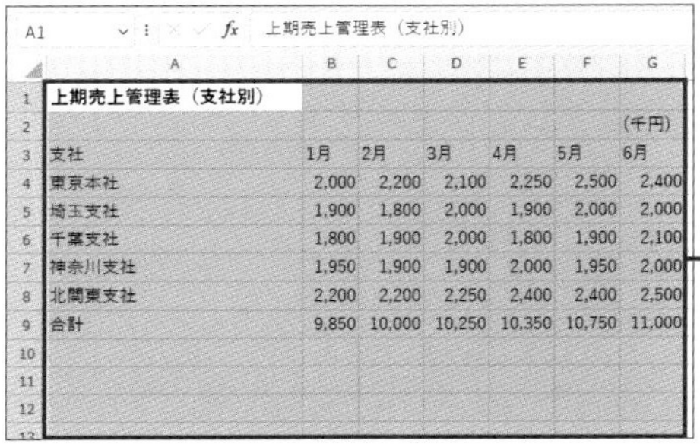

上期売上管理表（支社別）						
						(千円)
支社	1月	2月	3月	4月	5月	6月
東京本社	2,000	2,200	2,100	2,250	2,500	2,400
埼玉支社	1,900	1,800	2,000	1,900	2,000	2,000
千葉支社	1,800	1,900	2,000	1,800	1,900	2,100
神奈川支社	1,950	1,900	1,900	2,000	1,950	2,000
北関東支社	2,200	2,200	2,250	2,400	2,400	2,500
合計	9,850	10,000	10,250	10,350	10,750	11,000

❸Excelの自動調整が働き、列の幅が広がった

A列だけセルA1のタイトルに合わせて広くなってしまったので調整します。

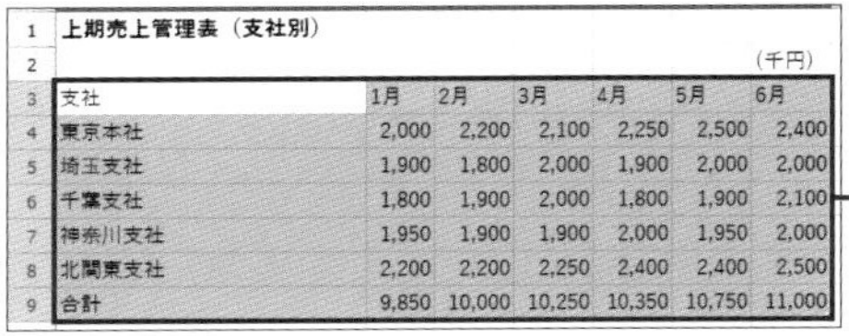

上期売上管理表（支社別）						
						(千円)
支社	1月	2月	3月	4月	5月	6月
東京本社	2,000	2,200	2,100	2,250	2,500	2,400
埼玉支社	1,900	1,800	2,000	1,900	2,000	2,000
千葉支社	1,800	1,900	2,000	1,800	1,900	2,100
神奈川支社	1,950	1,900	1,900	2,000	1,950	2,000
北関東支社	2,200	2,200	2,250	2,400	2,400	2,500
合計	9,850	10,000	10,250	10,350	10,750	11,000

❹セルA3からG9までを範囲選択

上期売上管理表（支社別）						
						(千円)
支社	1月	2月	3月	4月	5月	6月
東京本社	2,000	2,200	2,100	2,250	2,500	2,400
埼玉支社	1,900	1,800	2,000	1,900	2,000	2,000
千葉支社	1,800	1,900	2,000	1,800	1,900	2,100
神奈川支社	1,950	1,900	1,900	2,000	1,950	2,000
北関東支社	2,200	2,200	2,250	2,400	2,400	2,500
合計	9,850	10,000	10,250	10,350	10,750	11,000

❺ Alt → H → O → I キーを順番に押す

❻手順❹で選択した範囲のみ幅が自動調整された

Short Cut

Alt → H → O → I 選択した範囲の列幅を自動調整する

Point

上記の方法で幅を調整した場合、セル内の文字がすべて表示される幅となります。もっと幅にゆとりを持たせたい場合は、自分で列や行の幅を指定することもできます。指定したい列（または行）を選択し、右クリックすると表示されるメニューの［列の幅］をクリックします。表示された［セルの幅］の入力欄に指定の数字を入力し、［OK］をクリックしましょう。

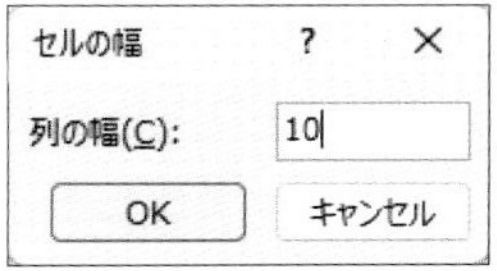

1 データ入力と編集の基本

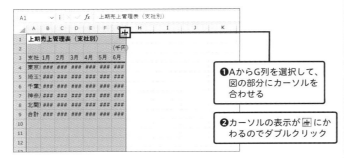

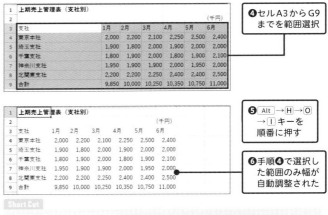

1回目 □ 2回目 □

Step 2 太さを変えて格子の罫線を引く

次に、表に格子の罫線を引いていきます。まず表全体を選択して、格子を引き、そのあとにタイトル行、表の外側の順番に太字の罫線を引く定番のスタイルを作っていきしょう。

表に罫線を引く場合は、列の幅にすこしゆとりがあるほうが見やすいので、Step1のPointの手順で、AからG列の幅を「10」に設定しておきます。

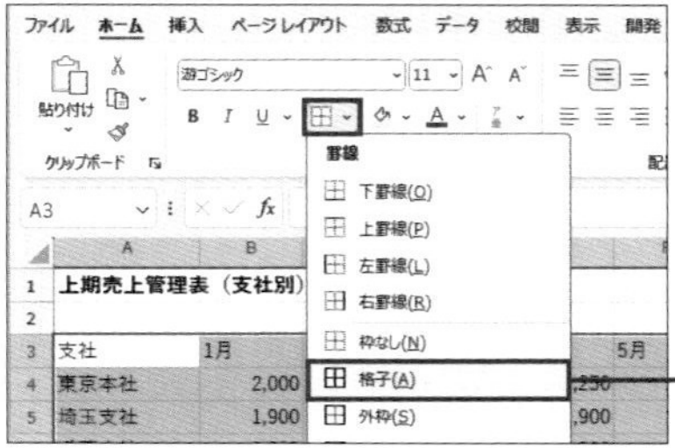

❶セルA3からセルG9を範囲選択
❷［罫線］の［格子］をクリック

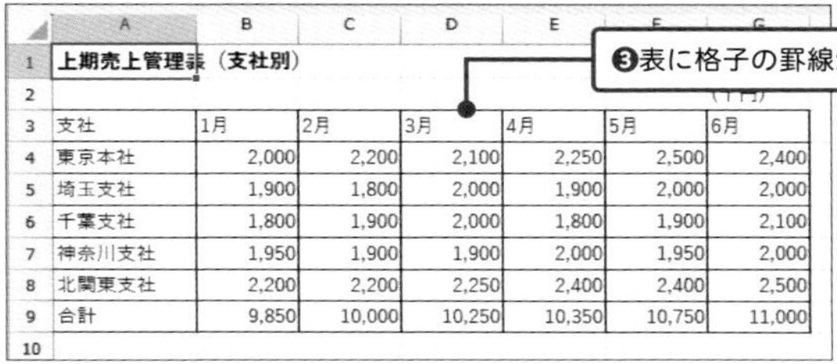

❸表に格子の罫線が引かれた

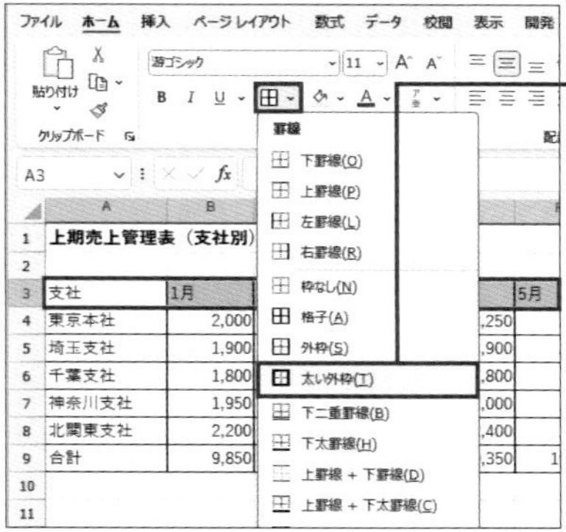

❹セルA3からG3（表の見出し行）まで範囲選択し［罫線］の［太い外枠］をクリック
❺セルA3からA9（表の見出し列）、セルA3からG9（表全体）にも同様の操作を行う

❻内側は細く、外側が太い表の罫線が引けた

Point

罫線を引く場合は、順番に気をつけましょう。先に外側の太線を引いたあとに、全体の格子を引くと、太枠はすべて消えてしまい、無駄な工程になってしまいます。「内側→外側」の順に引くことを必ず覚えておきましょう。また、表の書式は内側が細く、外側が太いのが見やすい表の鉄則です。

1回目 □ 2回目 □

Step 3 表の一部のみに罫線を引く

表の内容によっては、罫線が多いとかえって見づらいこともあるので、罫線を減らして見やすくしましょう。ここでは、表の1行目と最終行以外を範囲選択して、[罫線] の [上罫線+下二重罫線] を選択します。

Step2から続けて操作を行うので、格子の罫線を一度外します。

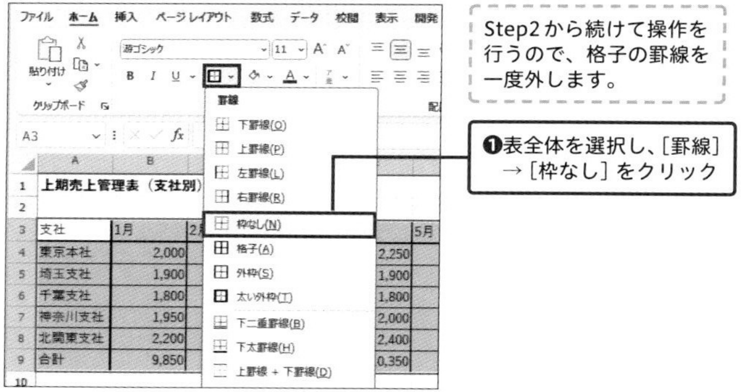

❶表全体を選択し、[罫線] → [枠なし] をクリック

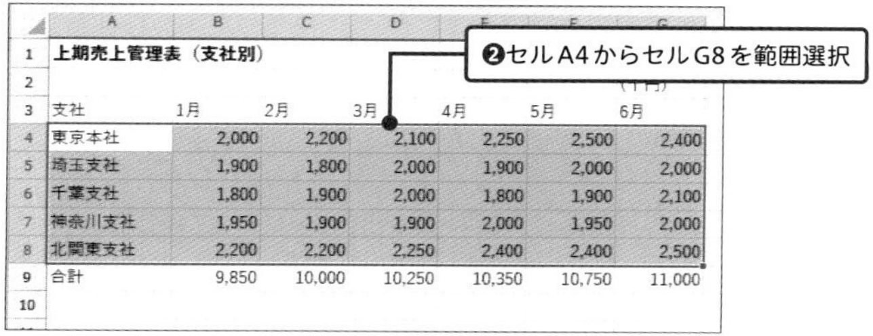

❷セルA4からセルG8を範囲選択

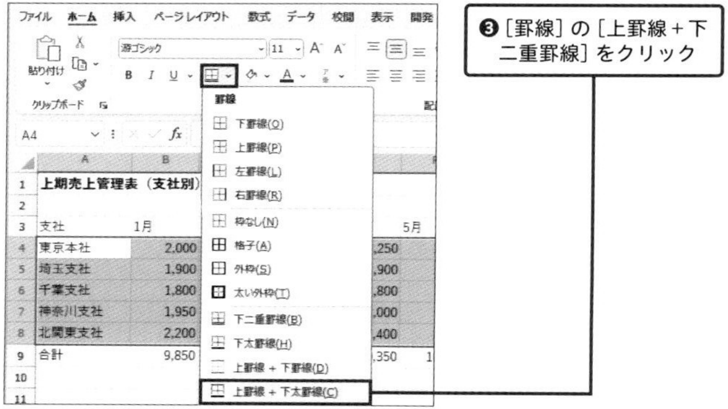

❸ [罫線] の [上罫線+下二重罫線] をクリック

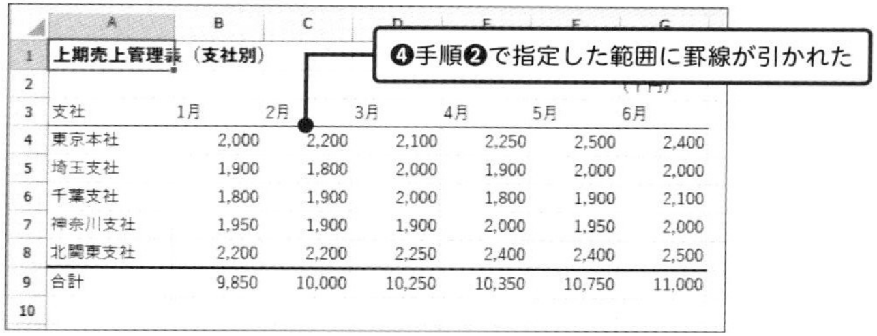

❹手順❷で指定した範囲に罫線が引かれた

Point

表は、[格子] のように必ずしもすべての行列に罫線を引く必要はありません。表の項目が少ない場合はあまり違和感はないかもしれませんが、何百行とデータがあるような表の場合、すこしうるさく見えるかもしれません。表の情報量に応じて「見やすい」罫線を選択できるようになりましょう。

Drill 08

ch1-8.xlsx

月　　日

\# 表の書式設定

表を見やすくする書式設定テクニック

1章の最後には前の節に続いて、さらに表を見やすくするための書式設定のテクニックを紹介していきます。具体的には、表に1行おきに色をつける、文字を複数のセルの中央に配置する、表のタイトル行だけ固定して表示させるといった3つの操作を練習していきます。

Let's Try!

1 1行おきに表に背景色をつける

2 セル結合をせずに複数セルの中央に配置する

3 ウィンドウ枠の固定をしてスクロールしても見やすい表をつくる

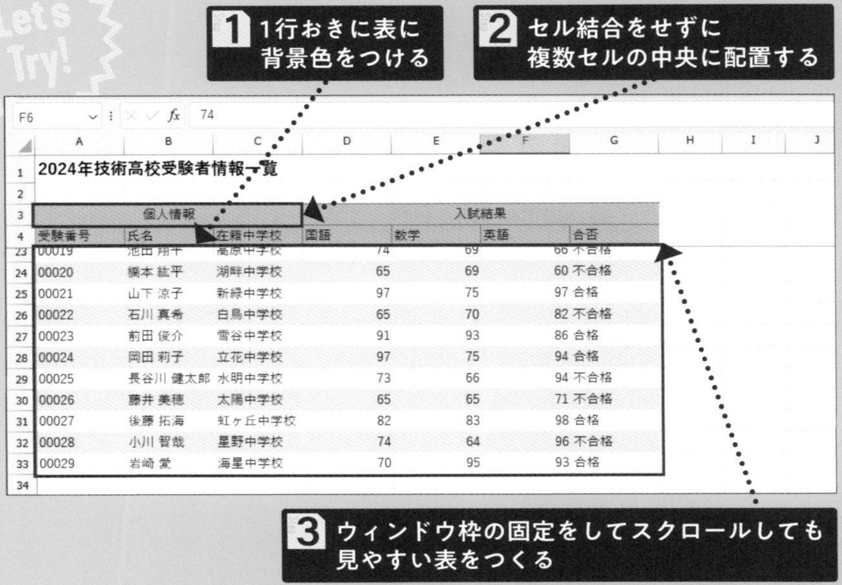

Hint [セルの書式設定]から必要な機能を設定してみましょう

一番重要なものは表の中身の情報ですが、書式や文字の表示形式など「見せ方」にも工夫があると、より情報を的確に伝えることに役立ちます。ここまでに練習してきたもの以外にも、必要だと感じた機能はぜひ自分で試してみましょう。

なお、多くの書式などの機能は[セルの書式設定]ダイアログにまとめられています。書式を設定したいセルを右クリックして表示される[セルの書式設定]から目当ての機能を探してみましょう。

Step 1 1行おきに表に背景色をつける

まず、表の1行おきに色をつけます。2行目に色をつけたあと、1、2行目を合わせてオートフィルでコピーすると、セルの書式がコピーされしましまの表を作れます。データの件数が多いときにおすすめです。

❶セルA6からG6まで範囲選択

❷[塗りつぶしの色]から最左列の上から2番目の色をクリック

❸セルA5からG6までを範囲選択し、表の一番下の行（33行目）までドラッグ

❹セルがコピーされる

❺値もコピーされているので、[オートフィルオプション]の[書式のみコピー]をクリック

❻表全体に書式のみコピーされた

個人情報			入試結果			
受験番号	氏名	在籍中学校	国語	数学	英語	合否
00001	髙橋 桜子	太陽中学校	64	62	63	不合格
00002	伊藤 健太	朝霧台中学校	75	95	74	合格
00003	渡辺 美咲	銀杏中学校	79	71	87	不合格
00004	山本 由紀	野々宮中学校	66	95	77	不合格
00005	中村 翔太	星川中学校	76	71	82	不合格

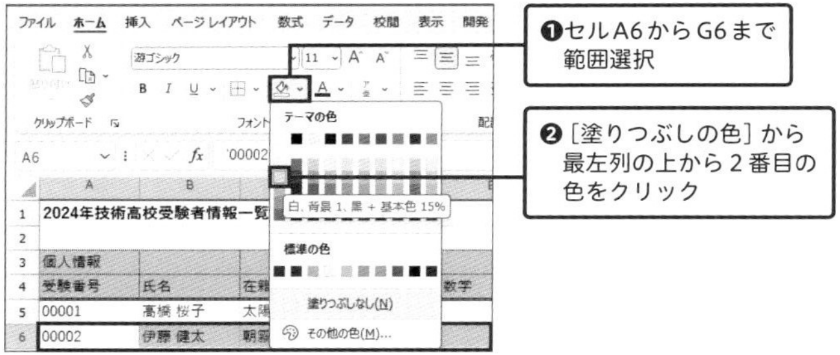

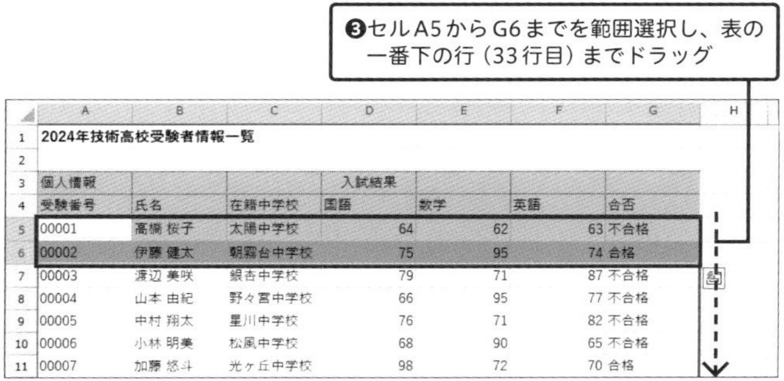

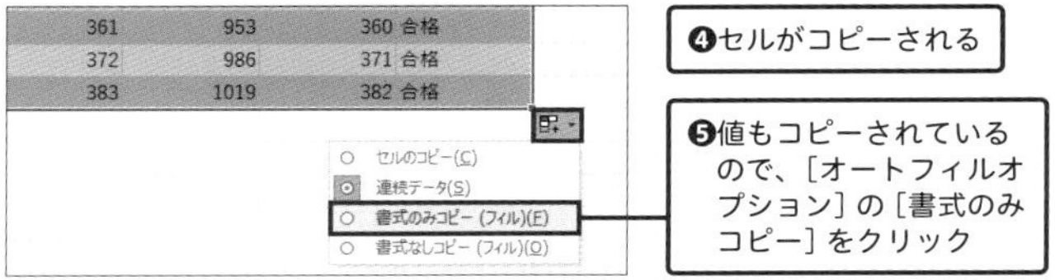

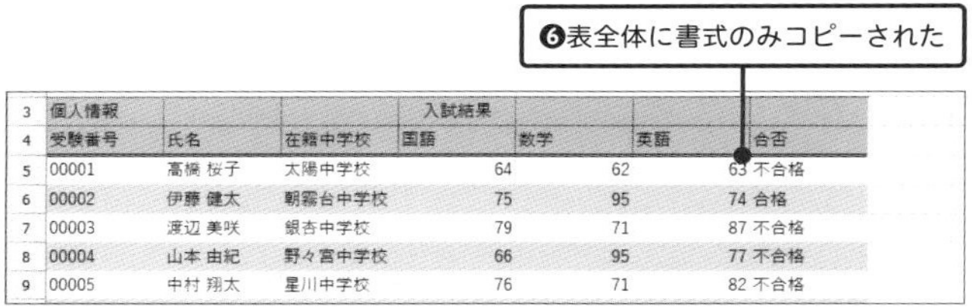

Memo

テーブル機能を使うと簡単に1行おきに色を変えられます（P.121）。ただテーブルにすると他にもさまざまな機能が付属されるので、表に色をつけることが目的であれば、この方法で十分対応できます。

Point

表に色を付ける場合、カラフルにしすぎるのは控えて、薄めのカラー2、3色程度で設定すると、すっきりして見やすい表になります。複数の色を使う場合、カラーチャートの中で同じ行にある色を使うと、濃淡の統一が取れるのでおすすめです。

また、会議資料で表を使用する場合などには、コーポレートカラーを指定すると、資料全体の統一感を図れます。

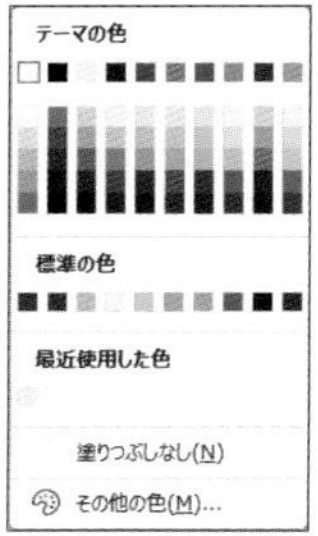

1回目 □　2回目 □

Step 2 セル結合をせずに複数セルの中央に配置する

表の中央にタイトルを配置したいことはよくあるでしょう。そのようなときは、[選択範囲内で中央] の設定をします。ここでは、「個人情報」と「入試結果」をそれぞれ隣接するセルの中央に配置します。

❶セルA3からC3まで範囲選択し、[配置の設定] をクリック

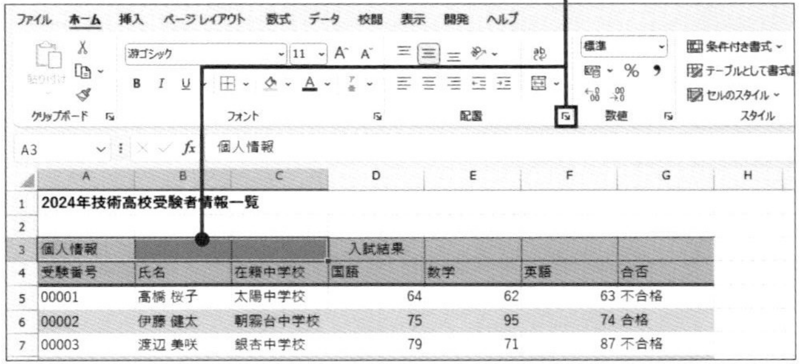

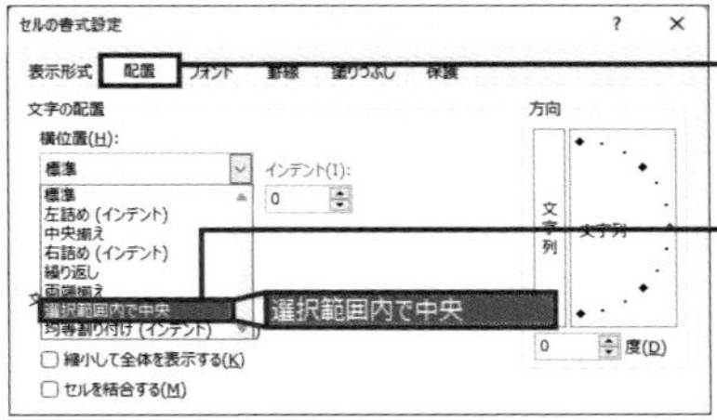

❷[セルの書式設定] の [配置] タブが開く

❸[横位置] の [選択範囲内で中央] をクリックし、[OK] をクリック

❹「個人情報」の文字が中央に配置された

❺セルD3の「入試結果」もセルD3からG3の中央に配置するように❶から❹の手順を行う

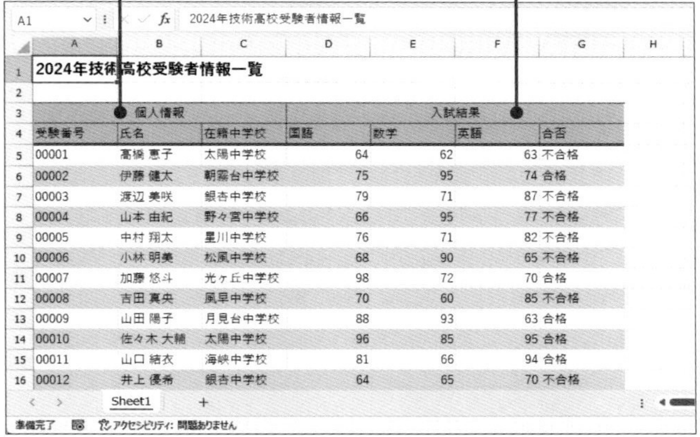

Memo

「個人情報」の文字列は見た目としては、セルB3部分に表示されていますが、実際にはセルA3の入力情報として登録されています。

Point

複数のセルの中央に文字を配置したい場合は、「セルの結合」を利用している人も多いかもしれません。ただ、セルの結合は、コピペがうまくできなかったり、フィルターがきかなかったりなどさまざまな不都合が発生するため、使うのは控えたほうがよい機能とされています。セルを結合せずにほかの機能で代用できないか考えてみましょう。

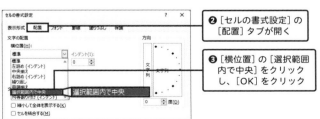

Step 3 ウィンドウ枠の固定をして スクロールしても見やすい表をつくる

ここでは、5行目を選択してから［ウィンドウ枠の固定］をクリックします。表のタイトル行が常に表示されるため、表の行数が多く下に何度もスクロールするような表の場合は設定しておくとよいでしょう。

❶ 5行目を選択する

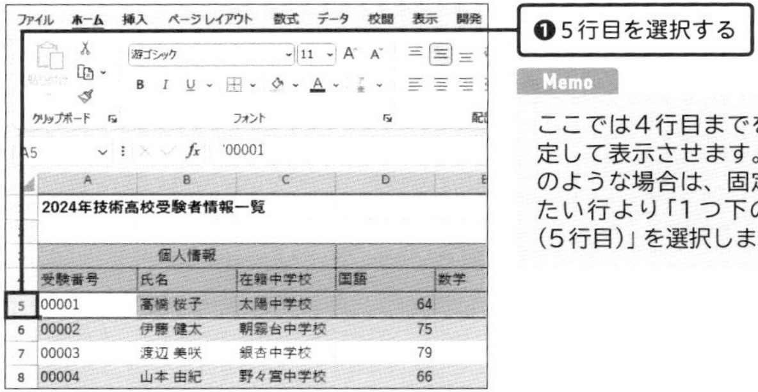

Memo

ここでは4行目までを固定して表示させます。そのような場合は、固定したい行より「1つ下の行（5行目）」を選択します。

❷［表示］タブの［ウィンドウ枠の固定］→［ウィンドウ枠の固定］をクリック

❸ 下にスクロールしても常に4行目までが表示されるように固定された

■［ウィンドウ枠の固定］を解除する場合

［表示］タブの［ウィンドウ枠の固定］→［ウィンドウ枠固定の解除］をクリック

■［先頭行の固定］をクリックした場合

1行目が常に固定されて表示される

1

データ入力と編集の基本

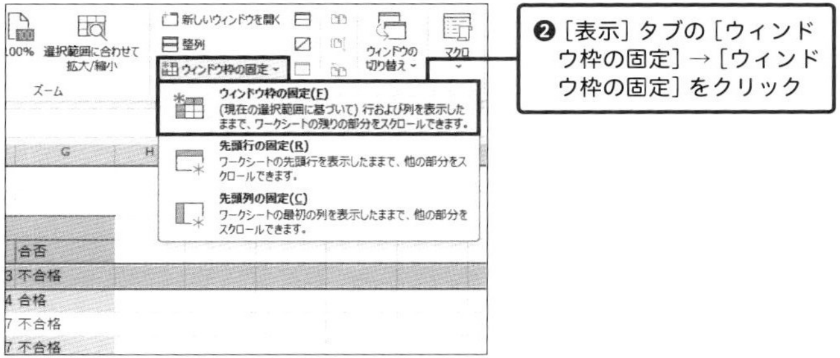

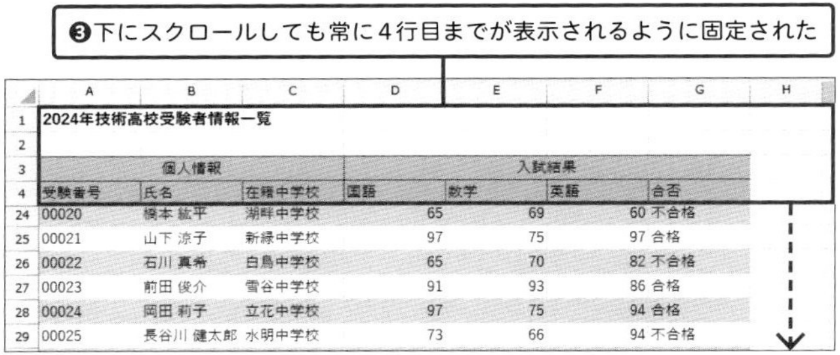

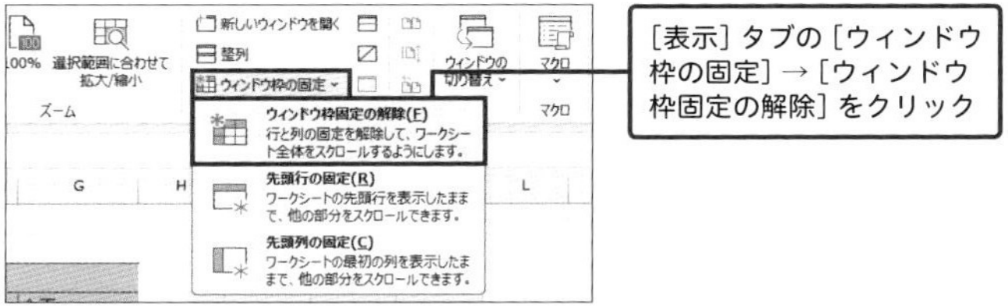

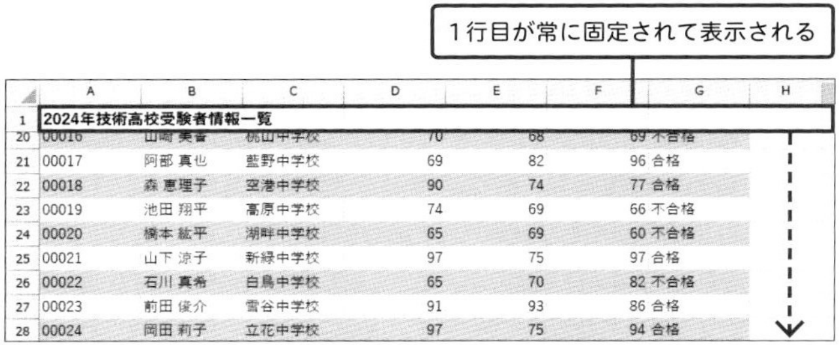

Drill 09

ch2-9.xlsx

月　日

セルの移動や選択を高速に行う

セルの移動や選択をキーボードのみで行えるようになると、Excelを使った作業の効率が格段にアップします。ここでは、隣接するセルへの移動、表の最終行へのジャンプ、複数行の選択という3つの操作をマウスなしで行えるように練習しましょう。

Let's Try!

1 隣接するセルへ移動し、空欄を埋める

2 データの最終行に一瞬で移動し、文字を編集する

3 複数行をまとめて選択する

| Hint | セルの移動は「方向キー」を使おう

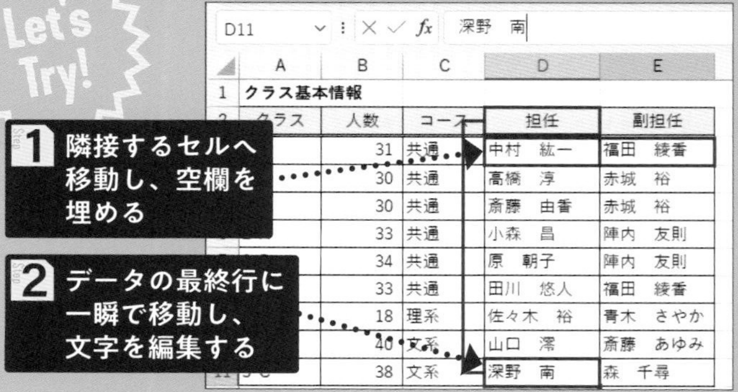

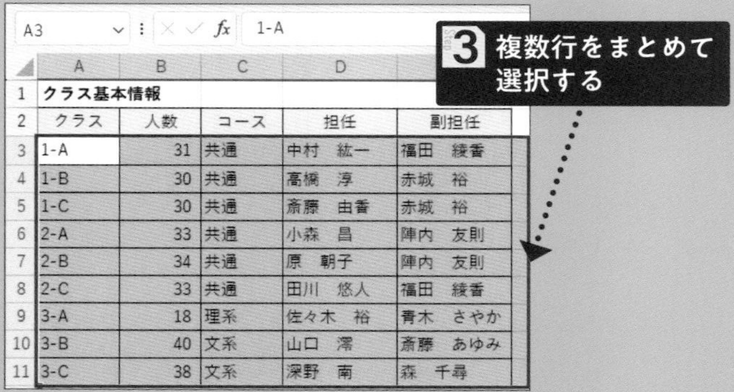

マウスを使わずにセル移動するには、基本的に方向キーを使います。また、Excelでは、最終行へのジャンプなど高度なセル移動を行えるショートカットキーも用意されているので順番に解説していきます。

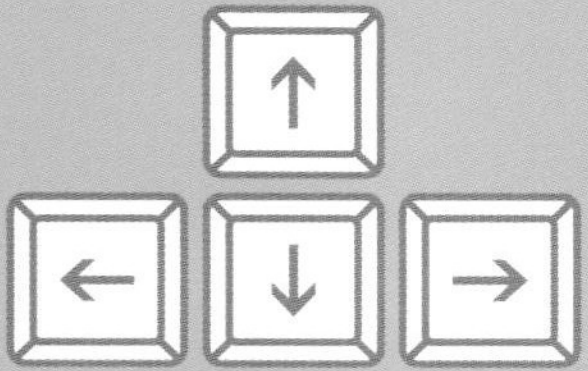

1回目 □ 2回目 □

Step 1 隣接するセルへ移動し、空欄を埋める

ここではファイルを開くと、セルD3がアクティブになっています。カーソルをセルE3に移動して文字を入力してみましょう。隣接するセルへの移動は、移動したい方向の方向キーを押します。

	A	B	C	D	E
1	クラス基本情報				
2	クラス	人数	コース	担任	副担任
3	1-A	31	共通	中村　紘一	
4	1-B	30	共通	高橋　淳	赤城　裕
5	1-C	30	共通	斎藤　由香	赤城　裕
6	2-A	33	共通	小森　昌	陣内　友則
7	2-B	34	共通	原　朝子	陣内　友則
8	2-C	33	共通	田川　悠人	福田　綾香
9	3-A	18	理系	佐々木　裕	青木　さやか
10	3-B	40	文系	山口　澪	斎藤　あゆみ
11	3-C	38	文系	深野　美波	森　千尋
12					

❶セルD3を選択している状態で方向キーの → を押す

	A	B	C	D	E
1	クラス基本情報				
2	クラス	人数	コース	担任	副担任
3	1-A	31	共通	中村　紘一	
4	1-B	30	共通	高橋　淳	赤城　裕
5	1-C	30	共通	斎藤　由香	赤城　裕
6	2-A	33	共通	小森　昌	陣内　友則
7	2-B	34	共通	原　朝子	陣内　友則
8	2-C	33	共通	田川　悠人	福田　綾香
9	3-A	18	理系	佐々木　裕	青木　さやか
10	3-B	40	文系	山口　澪	斎藤　あゆみ
11	3-C	38	文系	深野　美波	森　千尋
12					

❷セルE3にカーソルが移動した

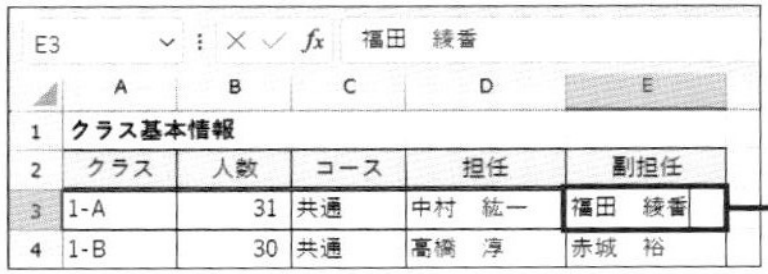

	A	B	C	D	E
1	クラス基本情報				
2	クラス	人数	コース	担任	副担任
3	1-A	31	共通	中村　紘一	福田　綾香
4	1-B	30	共通	高橋　淳	赤城　裕

❸「福田　綾香」と文字を入力

Point

Tab や Enter キーでもセルの移動は可能です（Tab は右方向、Enter キーは下方向）。表のように指定範囲に続けて入力する場合は、Tab と Enter キーを組み合わせて利用すると便利なため、状況に応じて使い分けられるとよいでしょう。

❶セルA3を起点に入力し、Tab キーを押して右隣のセルに移動する。これをセルE3まで繰り返す

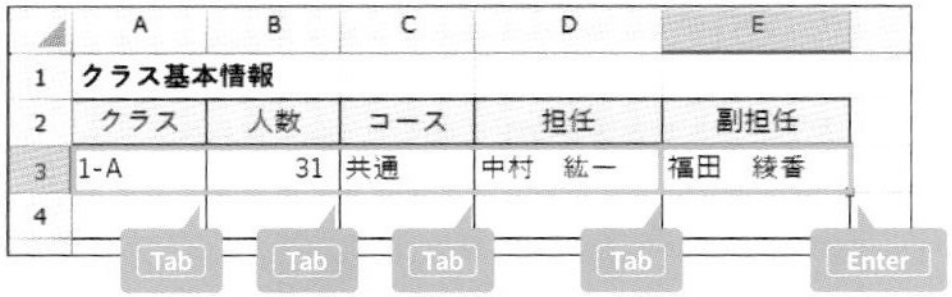

	A	B	C	D	E
1	クラス基本情報				
2	クラス	人数	コース	担任	副担任
3	1-A	31	共通	中村　紘一	福田　綾香
4					

❷セルE3を入力したあと、Enter キーを押す

❸カーソルがセルA4に自動で移動する

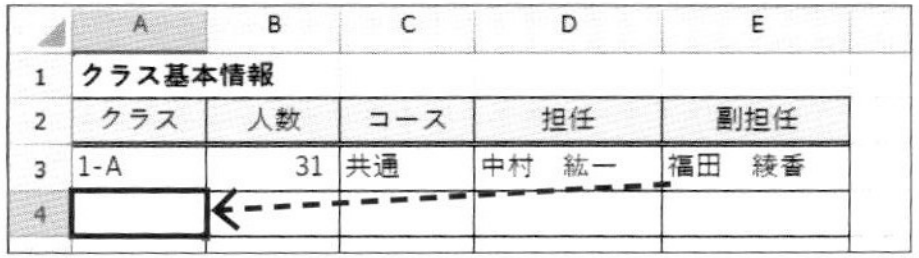

	A	B	C	D	E
1	クラス基本情報				
2	クラス	人数	コース	担任	副担任
3	1-A	31	共通	中村　紘一	福田　綾香
4					

1回目 □　2回目 □

Step 2 データの最終行に一瞬で移動し、文字を編集する

表の行数が多いときに、マウスをスクロールして表の最終行まで移動するのは手間がかかります。Ctrl と方向キーを組み合わせて、データの最終行まで一瞬で移動できるようにしましょう。

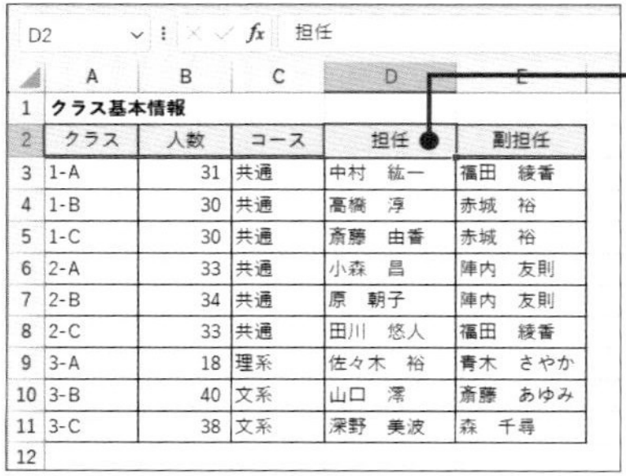

D2　担任

	A	B	C	D	E
1	クラス基本情報				
2	クラス	人数	コース	担任	副担任
3	1-A	31	共通	中村　紘一	福田　綾香
4	1-B	30	共通	高橋　淳	赤城　裕
5	1-C	30	共通	斎藤　由香	赤城　裕
6	2-A	33	共通	小森　昌	陣内　友則
7	2-B	34	共通	原　朝子	陣内　友則
8	2-C	33	共通	田川　悠人	福田　綾香
9	3-A	18	理系	佐々木　裕	青木　さやか
10	3-B	40	文系	山口　澪	斎藤　あゆみ
11	3-C	38	文系	深野　美波	森　千尋
12					

❶セルD2を選択した状態で、Ctrl + ↓ キーを押す

D11　深野　美波

	A	B	C	D	E
1	クラス基本情報				
2	クラス	人数	コース	担任	副担任
3	1-A	31	共通	中村　紘一	福田　綾香
4	1-B	30	共通	高橋　淳	赤城　裕
5	1-C	30	共通	斎藤　由香	赤城　裕
6	2-A	33	共通	小森　昌	陣内　友則
7	2-B	34	共通	原　朝子	陣内　友則
8	2-C	33	共通	田川　悠人	福田　綾香
9	3-A	18	理系	佐々木　裕	青木　さやか
10	3-B	40	文系	山口　澪	斎藤　あゆみ
11	3-C	38	文系	深野　美波	森　千尋
12					

❷セルD11までカーソルが移動した

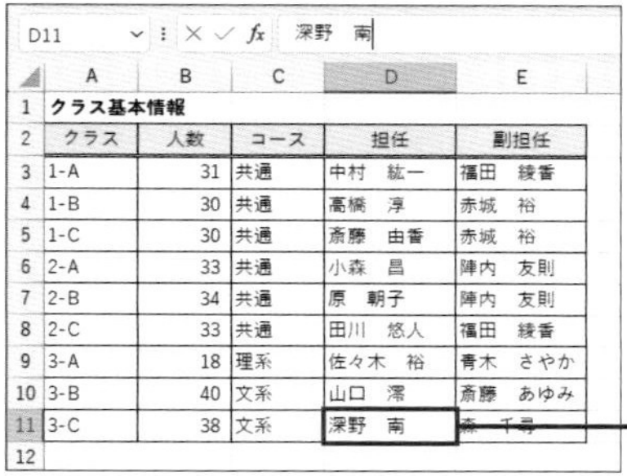

D11　深野　南

	A	B	C	D	E
1	クラス基本情報				
2	クラス	人数	コース	担任	副担任
3	1-A	31	共通	中村　紘一	福田　綾香
4	1-B	30	共通	高橋　淳	赤城　裕
5	1-C	30	共通	斎藤　由香	赤城　裕
6	2-A	33	共通	小森　昌	陣内　友則
7	2-B	34	共通	原　朝子	陣内　友則
8	2-C	33	共通	田川　悠人	福田　綾香
9	3-A	18	理系	佐々木　裕	青木　さやか
10	3-B	40	文系	山口　澪	斎藤　あゆみ
11	3-C	38	文系	深野　南	森　千尋
12					

❸ F2 キーを押してセルD11の文字を編集する

Point

Ctrl ＋方向キーを押して、カーソルが移動するのは、空白セルの手前までです。そのため、表の中に空白セルがある場合はそこでカーソルの移動がとまります。

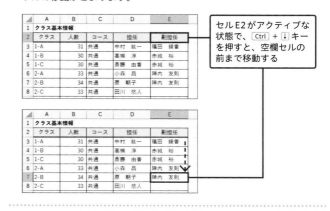

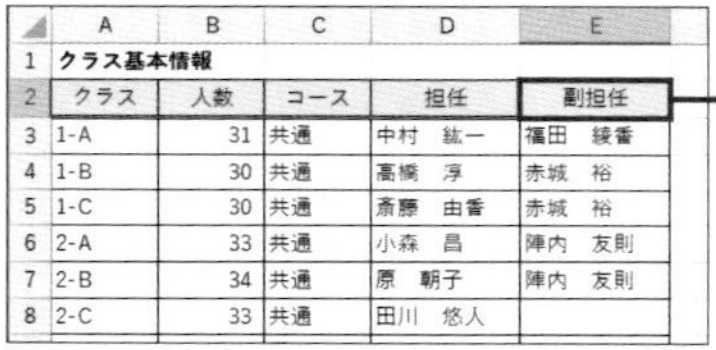

	A	B	C	D	E
1	クラス基本情報				
2	クラス	人数	コース	担任	副担任
3	1-A	31	共通	中村　紘一	福田　綾香
4	1-B	30	共通	高橋　淳	赤城　裕
5	1-C	30	共通	斎藤　由香	赤城　裕
6	2-A	33	共通	小森　昌	陣内　友則
7	2-B	34	共通	原　朝子	陣内　友則
8	2-C	33	共通	田川　悠人	

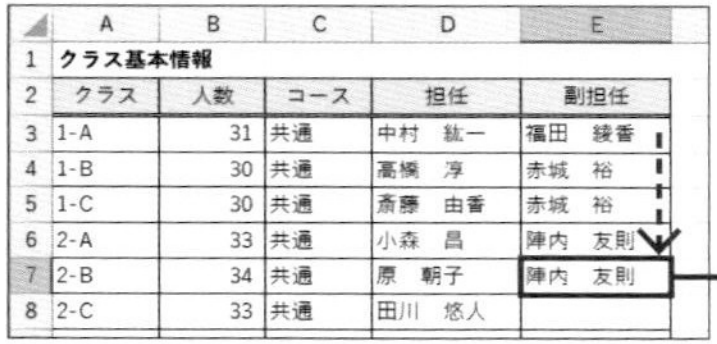

	A	B	C	D	E
1	クラス基本情報				
2	クラス	人数	コース	担任	副担任
3	1-A	31	共通	中村　紘一	福田　綾香
4	1-B	30	共通	高橋　淳	赤城　裕
5	1-C	30	共通	斎藤　由香	赤城　裕
6	2-A	33	共通	小森　昌	陣内　友則
7	2-B	34	共通	原　朝子	陣内　友則
8	2-C	33	共通	田川　悠人	

セルE2がアクティブな状態で、Ctrl + ↓ キーを押すと、空欄セルの前まで移動する

1回目 □ 2回目 □

Step 3 複数行をまとめて選択する

選択範囲の書式をすべて変更したいときなど、複数行をまとめて選択できると便利です。最初の行（ここでは3行目）を選択したあと、Shift +方向キーで選択範囲を広げていきましょう。

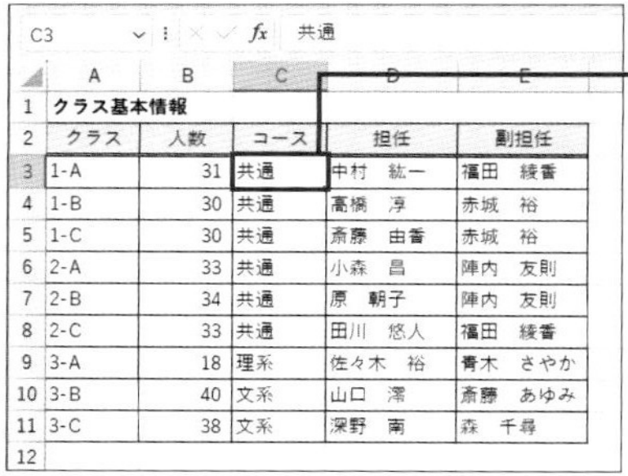

C3 | fx 共通

	A	B	C	D	E
1	クラス基本情報				
2	クラス	人数	コース	担任	副担任
3	1-A	31	共通	中村 紘一	福田 綾香
4	1-B	30	共通	高橋 淳	赤城 裕
5	1-C	30	共通	斎藤 由香	赤城 裕
6	2-A	33	共通	小森 昌	陣内 友則
7	2-B	34	共通	原 朝子	陣内 友則
8	2-C	33	共通	田川 悠人	福田 綾香
9	3-A	18	理系	佐々木 裕	青木 さやか
10	3-B	40	文系	山口 澪	斎藤 あゆみ
11	3-C	38	文系	深野 南	森 千尋
12					

❶3行目のセル（どのセルでも可）を選択し、Shift + space キーを押す

Memo

半角スペースが入力される場合は、入力を［半角英数字］モードに切り替えてください。

A3 | fx 1-A

	A	B	C	D	E
1	クラス基本情報				
2	クラス	人数	コース	担任	副担任
3	1-A	31	共通	中村 紘一	福田 綾香
4	1-B	30	共通	高橋 淳	赤城 裕
5	1-C	30	共通	斎藤 由香	赤城 裕
6	2-A	33	共通	小森 昌	陣内 友則
7	2-B	34	共通	原 朝子	陣内 友則
8	2-C	33	共通	田川 悠人	福田 綾香
9	3-A	18	理系	佐々木 裕	青木 さやか
10	3-B	40	文系	山口 澪	斎藤 あゆみ
11	3-C	38	文系	深野 南	森 千尋
12					

❷3行目全体が選択される

fx 1-A

	A	B	C	D	E
1	クラス基本情報				
2	クラス	人数	コース	担任	副担任
3	1-A	31	共通	中村 紘一	福田 綾香
4	1-B	30	共通	高橋 淳	赤城 裕
5	1-C	30	共通	斎藤 由香	赤城 裕
6	2-A	33	共通	小森 昌	陣内 友則
7	2-B	34	共通	原 朝子	陣内 友則
8	2-C	33	共通	田川 悠人	福田 綾香
9	3-A	18	理系	佐々木 裕	青木 さやか
10	3-B	40	文系	山口 澪	斎藤 あゆみ
11	3-C	38	文系	深野 南	森 千尋
12					

❸ Shift キーを押しながら11行目まで ↓ キーを押すと、複数行まとめて選択できる

Memo

Shift + Ctrl + ↓ キーを押してもまとめて選択できます。

Short Cut

Shift + **Space**　行を選択する

Shift + **方向キー**　指定した方向の範囲を選択する

Point

［半角英数字］モード以外でもショートカットを機能させたい場合は、Windowsの「IME」の設定を変更しましょう。下記の手順で設定したあと、Shift + Space キーを押すとショートカットが効くようになります。

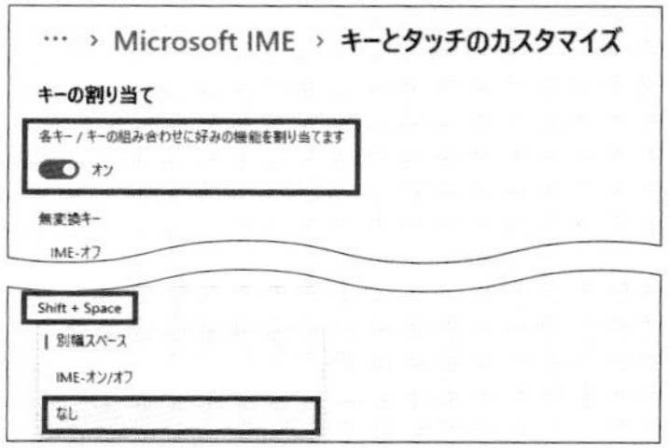

タスクバー右下の［あ／A］を右クリック→［設定］→［キーとタッチのカスタマイズ］をクリック。［各キー／キーの組み合わせ～］を［オン］にし、［Shift + Space］の［なし］をクリック

Drill
10

ch2-10.xlsx

月　日

検索と置換機能で表記を整える

手入力した文字情報には、誤字や表記揺れがつきものです。そこで、Excelの検索と置換機能を利用して表記を整えていきましょう。ここでは、単語をカタカナから英語に置き換えたり、スペースや都道府県の情報を削除したりする操作を練習します。

Let's Try!

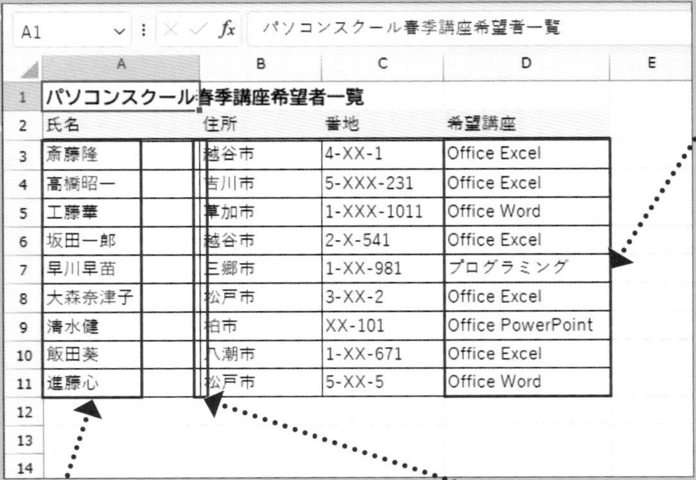

	A	B	C	D	E
1	パソコンスクール春季講座希望者一覧				
2	氏名	住所	番地	希望講座	
3	斎藤隆	越谷市	4-XX-1	Office Excel	
4	高橋昭一	吉川市	5-XXX-231	Office Excel	
5	工藤華	草加市	1-XXX-1011	Office Word	
6	坂田一郎	越谷市	2-X-541	Office Excel	
7	早川早苗	三郷市	1-XX-981	プログラミング	
8	大森奈津子	松戸市	3-XX-2	Office Excel	
9	清水健	柏市	XX-101	Office PowerPoint	
10	飯田葵	八潮市	1-XX-671	Office Excel	
11	進藤心	松戸市	5-XX-5	Office Word	
12					
13					
14					

Step 1 「エクセル」を「Excel」にすべて置換し表記揺れを統一する

Step 2 不要なスペースを一括で削除する

Step 3 ワイルドカードを利用して都道府県の情報を削除する

Hint 検索と置換は［検索と置換］ダイアログを使おう

検索と置換の操作は［検索と置換］ダイアログから行います。［ホーム］タブの［検索と選択］→［置換］から開く、もしくは検索は Ctrl + F キー、置換は Ctrl + H キーのショートカットから開くこともできます。

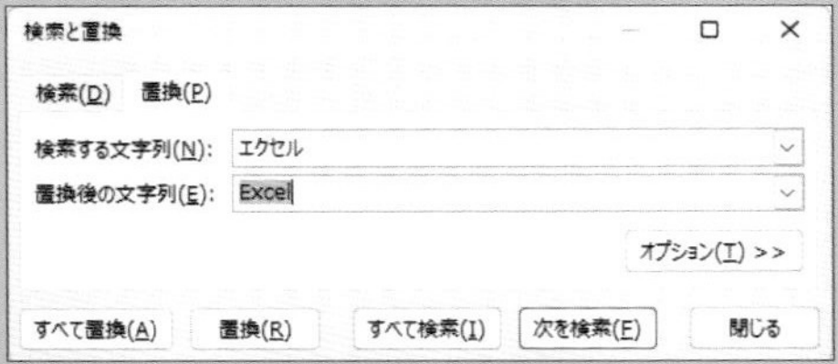

1回目 □ 2回目 □

Step 1 「エクセル」を「Excel」にすべて置換し表記揺れを統一する

表のD列の「希望講座」の文字データの表記を統一します。[検索と置換] ダイアログを表示し [検索する文字列] に「エクセル」、[置換後の文字列] に「Excel」と入力してカタカナから英語に統一しましょう。

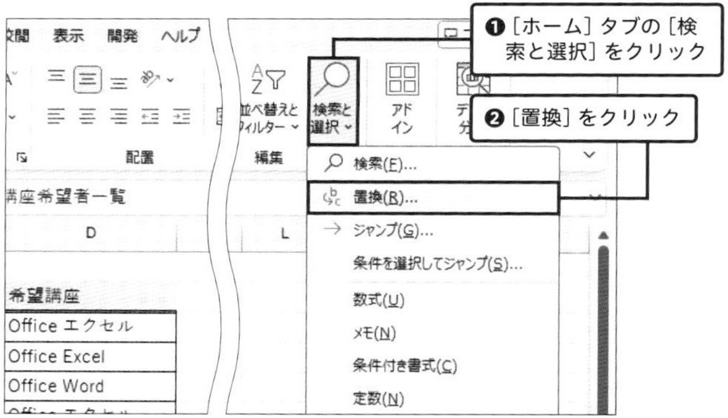

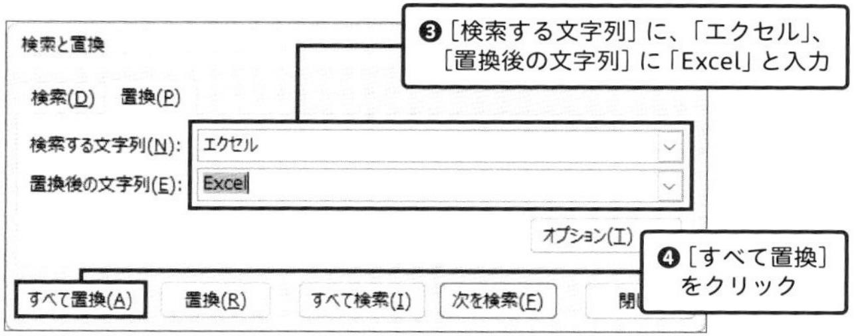

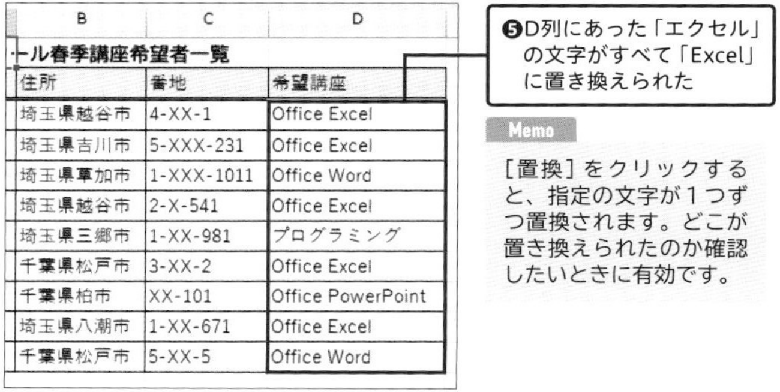

Memo

[置換] をクリックすると、指定の文字が1つずつ置換されます。どこが置き換えられたのか確認したいときに有効です。

Short Cut

Crtl ＋ H [検索と置換] ダイアログを表示する

Point

[検索と置換] ダイアログの [オプション] をクリックすると、置換の詳細も設定できます。たとえば、1つのシートに複数のシートがある場合に、すべてのシートの文字列を置き換えたいときは [検索場所：ブック] を選択したり、英数字の場合は [大文字と小文字を区別する] にチェックを入れて設定できたりします。

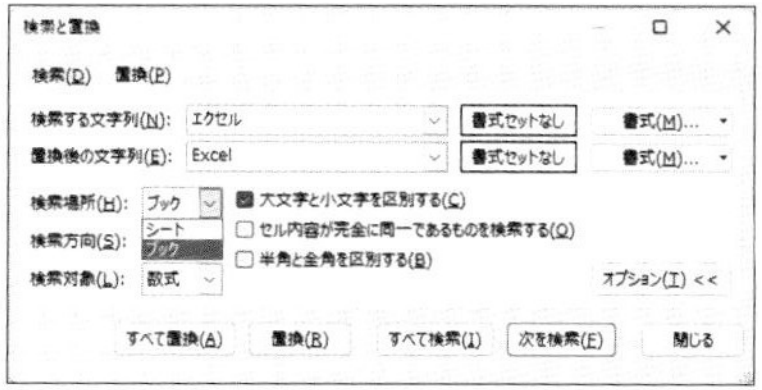

1回目 □ 2回目 □

Step 2 不要なスペースを一括で削除する

続いて、A列の文字列の間にあるスペースを一括で削除します。[検索と置換] ダイアログの [検索する文字列] にスペースを、[置換後の文字列] には何も入力しないことで、スペースを削除できます。

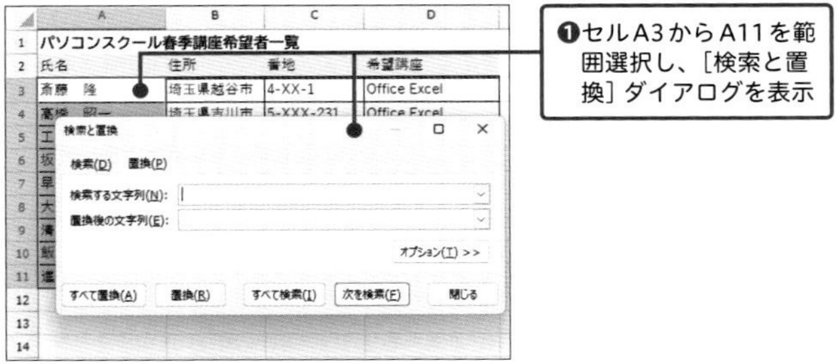

❶セルA3からA11を範囲選択し、[検索と置換] ダイアログを表示

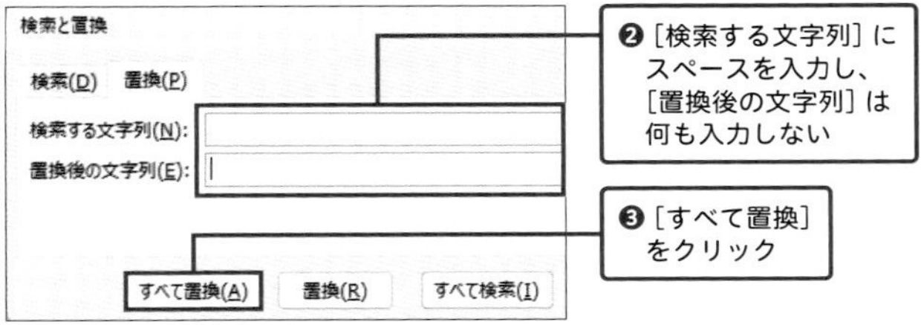

検索と置換
検索(D) 置換(P)
検索する文字列(N):
置換後の文字列(E):
すべて置換(A) 置換(R) すべて検索(I)
❷ [検索する文字列] にスペースを入力し、[置換後の文字列] は何も入力しない
❸ [すべて置換] をクリック

Memo

半角と全角のどちらも削除したい場合は、[オプション] → [半角と全角を区別する] のチェックを外しましょう。

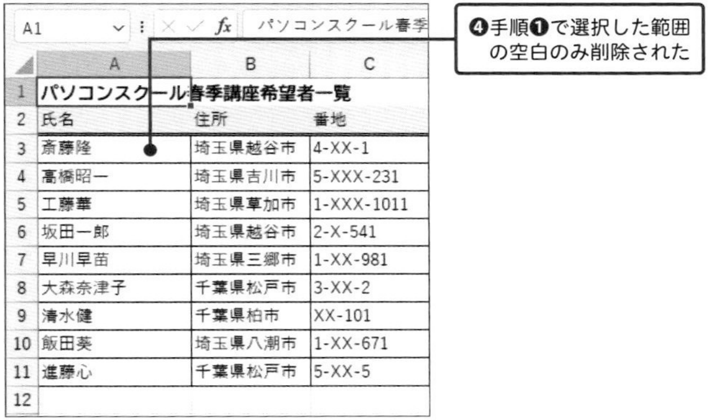

❹手順❶で選択した範囲の空白のみ削除された

	A	B	C
1	パソコンスクール春季講座希望者一覧		
2	氏名	住所	番地
3	斎藤隆	埼玉県越谷市	4-XX-1
4	高橋昭一	埼玉県吉川市	5-XXX-231
5	工藤華	埼玉県草加市	1-XXX-1011
6	坂田一郎	埼玉県越谷市	2-X-541
7	早川早苗	埼玉県三郷市	1-XX-981
8	大森奈津子	千葉県松戸市	3-XX-2
9	清水健	千葉県柏市	XX-101
10	飯田葵	埼玉県八潮市	1-XX-671
11	進藤心	千葉県松戸市	5-XX-5
12			

Point

上記の操作では、「事前に選択した範囲」内にあるスペースのみが削除されます。シート全体の空白を削除したい場合は、範囲を指定せずに、[検索と置換] ダイアログを表示し、手順❷、❸の操作をします。

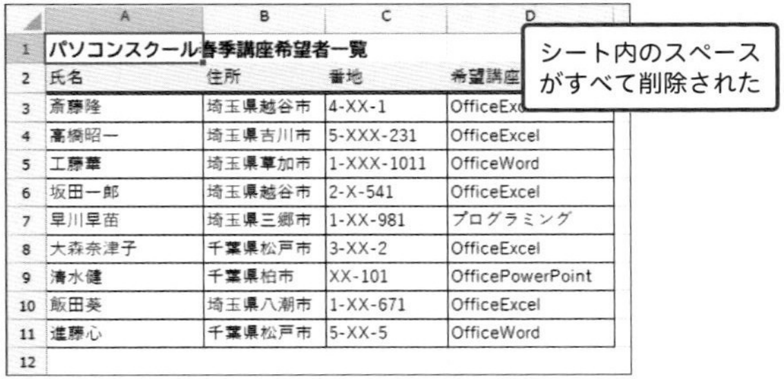

シート内のスペースがすべて削除された

	A	B	C	D
1	パソコンスクール春季講座希望者一覧			
2	氏名	住所	番地	希望講座
3	斎藤隆	埼玉県越谷市	4-XX-1	OfficeExc
4	高橋昭一	埼玉県吉川市	5-XXX-231	OfficeExcel
5	工藤華	埼玉県草加市	1-XXX-1011	OfficeWord
6	坂田一郎	埼玉県越谷市	2-X-541	OfficeExcel
7	早川早苗	埼玉県三郷市	1-XX-981	プログラミング
8	大森奈津子	千葉県松戸市	3-XX-2	OfficeExcel
9	清水健	千葉県柏市	XX-101	OfficePowerPoint
10	飯田葵	埼玉県八潮市	1-XX-671	OfficeExcel
11	進藤心	千葉県松戸市	5-XX-5	OfficeWord
12				

Step 3 ワイルドカードを利用して 都道府県の情報を削除する

最後に、表の住所列 (B列) から「○○県」を削除しましょう。「○○」に任意の文字列が入る場合は「*」や「?」という「ワイルドカード」を利用して検索することで、一括で削除操作が可能です。

❶ [検索と置換] ダイアログを表示

❷ [検索する文字列] に「*県」と入力し、[置換後の文字列] には何も入力しない

❸ [すべて置換] をクリック

Memo

都道府県を削除する場合、「道府県」については一括で処理ができません。県以外の例外的な「道府県」については [検索する文字列] に「東京都」などを入力し、[置換後の文字列] に何も入力せず、削除しましょう。

❹ B列にあった都道府県の文字列がすべて削除された

	A	B	C
1	パソコンスクール春季講座希望者一覧		
2	氏名	住所	番地
3	斎藤隆	越谷市	4-XX-1
4	髙橋昭一	吉川市	5-XXX-231
5	工藤華	草加市	1-XXX-1011
6	坂田一郎	越谷市	2-X-541
7	早川早苗	三郷市	1-XX-981
8	大森奈津子	松戸市	3-XX-2
9	清水健	柏市	XX-101
10	飯田葵	八潮市	1-XX-671
11	進藤心	松戸市	5-XX-5
12			

Point

ワイルドカードとはあいまいな文字列を検索するときに役立つ記号で、「*」と「?」などがあります。「*」は0文字以上の任意の文字列、「?」は任意の1文字を示します。

書式	意味	該当例
花*	「花」から始まる文字列	花、花見、花の都
*花	「花」で終わる文字列	花、梅花
花	「花」を含む文字列	花見、桜花
花???	「花」から始まる4文字	花鳥風月
?花	「花」で終わる2文字	梅花

「*」と「?」は、ワイルドカードとしてExcelに認識されるため、「*」と「?」そのものを検索したい場合は、記号の前に「~ (チルダ)」をつけると検索できます。

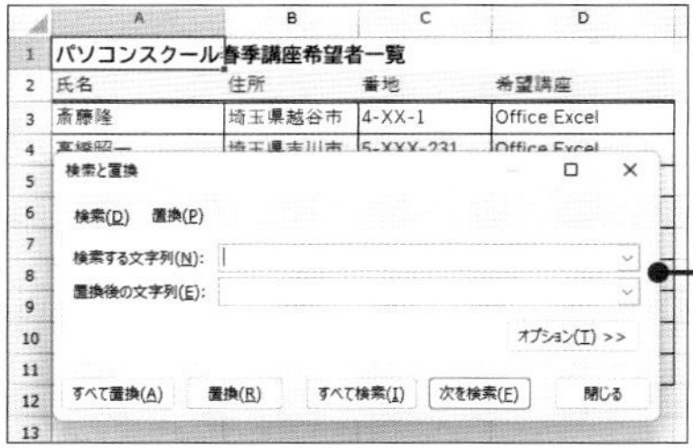

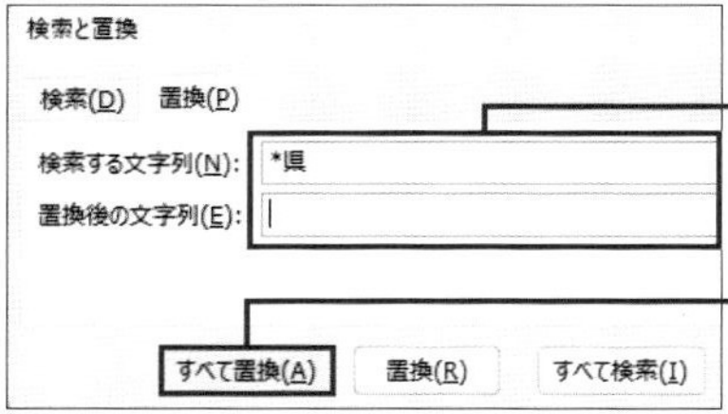

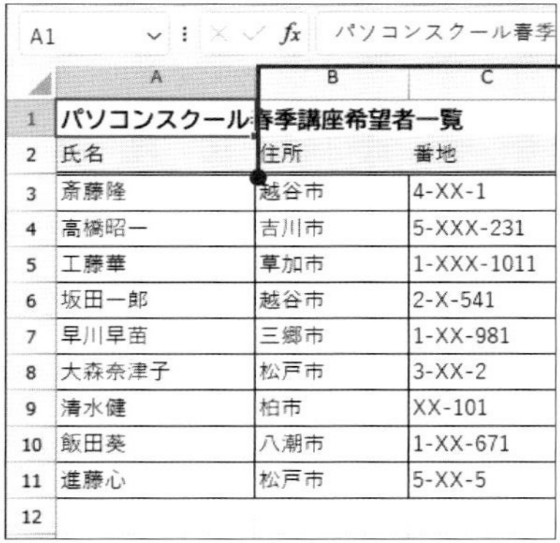

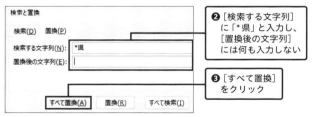

Drill 11

ch2-11.xlsx

月　日

行列の挿入、削除の操作をマスターする

表を作成したあとに、あとから１列挿入したり、不要な行を削除したりといった変更が必要になることはよくあります。ここでは、基本の表の行列の操作として、行列の削除と挿入、非表示に加えて、行列の入れ替え操作を練習しましょう。

Let's Try!

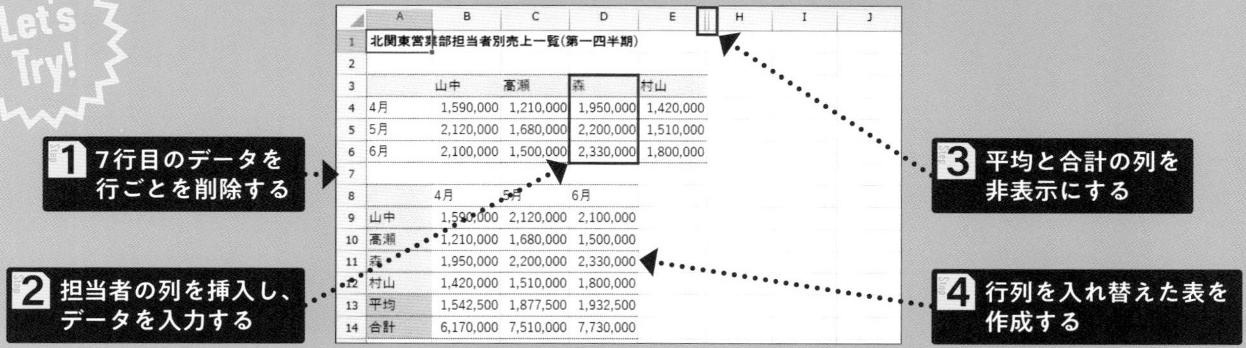
1 7行目のデータを行ごとを削除する
2 担当者の列を挿入し、データを入力する
3 平均と合計の列を非表示にする
4 行列を入れ替えた表を作成する

	A	B	C	D	E
1	北関東営業部担当者別売上一覧(第一四半期)				
2					
3		山中	高瀬	森	村山
4	4月	1,590,000	1,210,000	1,950,000	1,420,000
5	5月	2,120,000	1,680,000	2,200,000	1,510,000
6	6月	2,100,000	1,500,000	2,330,000	1,800,000
7					
8		4月	5月	6月	
9	山中	1,590,000	2,120,000	2,100,000	
10	高瀬	1,210,000	1,680,000	1,500,000	
11	森	1,950,000	2,200,000	2,330,000	
12	村山	1,420,000	1,510,000	1,800,000	
13	平均	1,542,500	1,877,500	1,932,500	
14	合計	6,170,000	7,510,000	7,730,000	

Hint　行番号と列番号を選択して操作しよう

行や列全体の操作を行うときは、基本的には左端の行番号、上端の列番号を選択することで操作できます。なお、「行と列どちらが横でどちらが縦だかわからなくなる」人は多いようですが、下図のように漢字の見た目で覚える方法がおすすめです。横に２本線が並んでいるのが「行」、縦に２本線が並んでいるのが「列」です。

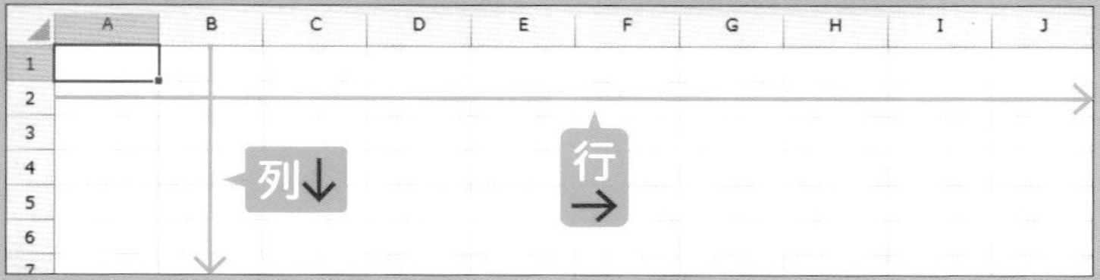
列↓
行→

1回目 □　2回目 □

Step 1　7行目のデータを行ごと削除する

まずは表から不要になった7月のデータを行ごと削除します。行を右クリックし、メニューから［削除］をクリックするか、Ctrl＋－キーで行を削除できます。列の場合も同様に操作できます。

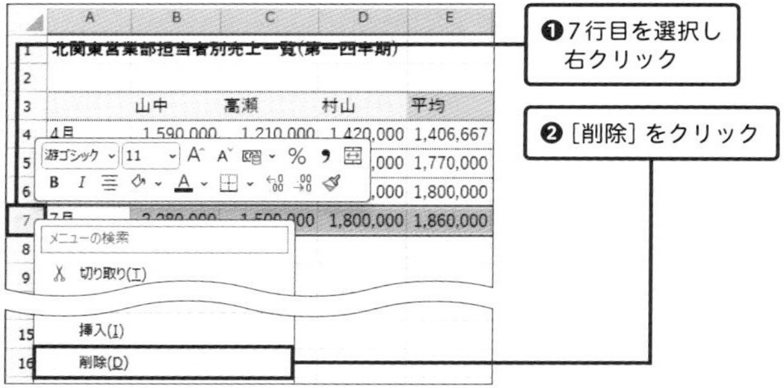

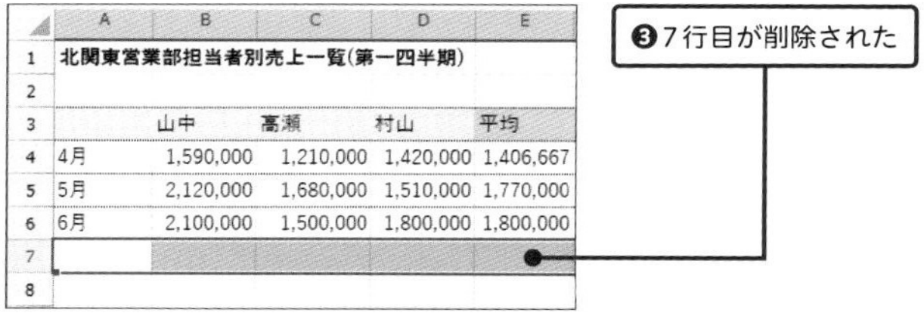

	A	B	C	D	E
1	北関東営業部担当者別売上一覧(第一四半期)				
2					
3		山中	高瀬	村山	平均
4	4月	1,590,000	1,210,000	1,420,000	1,406,667
5	5月	2,120,000	1,680,000	1,510,000	1,770,000
6	6月	2,100,000	1,500,000	1,800,000	1,800,000
7					
8					

Short Cut
Crtl ＋ －　行や列を削除する

1回目 □　2回目 □

Step 2　担当者の列を挿入し、データを入力する

次は、担当者の列を1列追加してみましょう。挿入したい位置の列（D列）を右クリックし、メニューから［挿入］をクリックするか、Ctrl＋＋キーで列を挿入できます。行の場合も同様に操作できます。

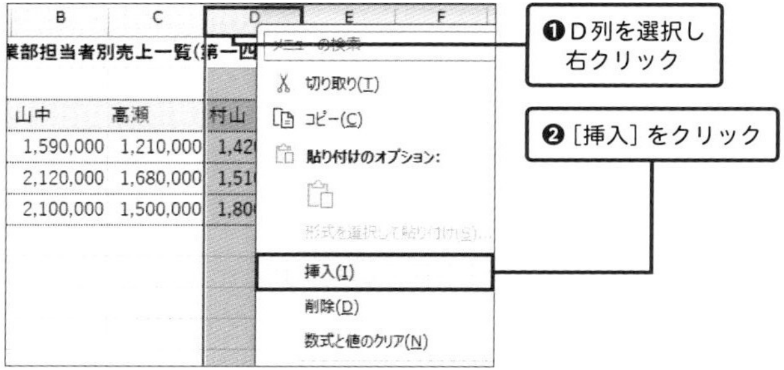

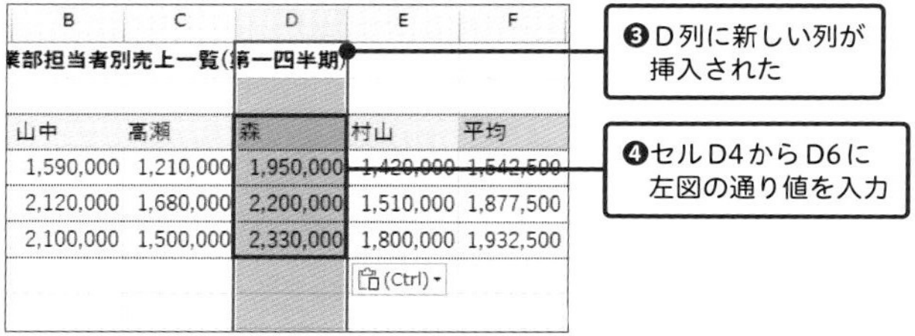

B	C	D	E	F
業部担当者別売上一覧(第一四半期)				
山中	高瀬	森	村山	平均
1,590,000	1,210,000	1,950,000	1,420,000	1,542,500
2,120,000	1,680,000	2,200,000	1,510,000	1,877,500
2,100,000	1,500,000	2,330,000	1,800,000	1,932,500

Short Cut
Crtl ＋ ＋　行や列を挿入する

1回目 □ 2回目 □

Step 3 平均と合計の列を非表示にする

表の一部データを削除はしたくないけれど、印刷時には一旦非表示にしておきたいといった場合もあるでしょう。そのような場合は行や列を非表示にしておくのがおすすめです。

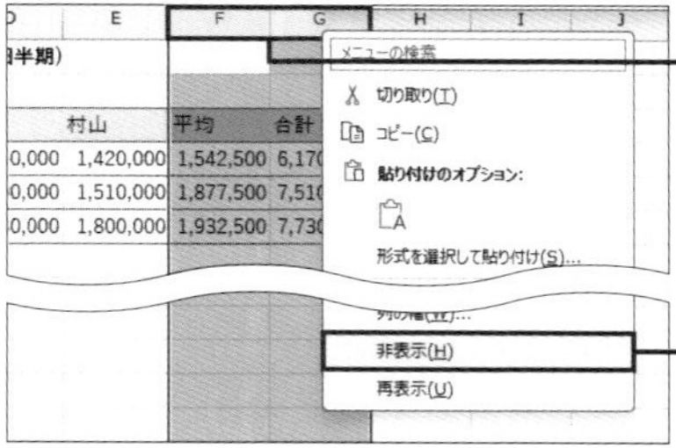

❶F、G列を選択して、右クリック

❷［非表示］をクリック

❸列が非表示になった

Short Cut

Crtl + 0		列を非表示にする
Crtl + 9		行を非表示にする

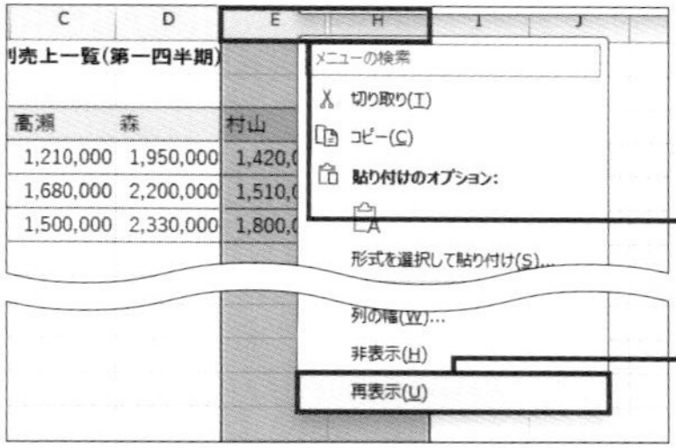

ここでは列を再表示しておきます。

❹非表示にした列の前後（E列とH列）を選択し、右クリック

❺［再表示］をクリック

Point

一時的に行列を非表示にするときは上記の方法で十分ですが、表示と非表示の切り替えを頻繁に行いたい場合はグループ化がおすすめです。グループ化した範囲には［+］［−］ボタンが表示されるので、直感的に操作できるようになります。

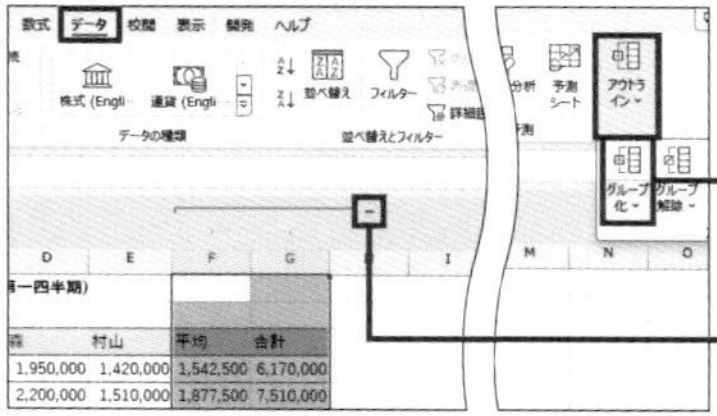

❶非表示にしたい列を選択し、［データ］タブ→［アウトライン］→［グループ化］をクリック

❷列がグループ化され、［−］ボタンが表示されるので、クリック

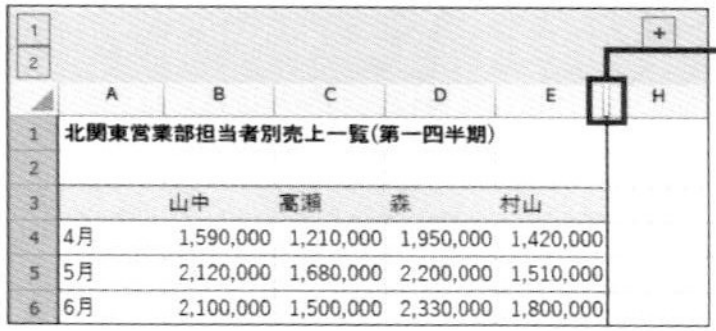

❸列が非表示になった

再度表示する場合は、［+］ボタンをクリック

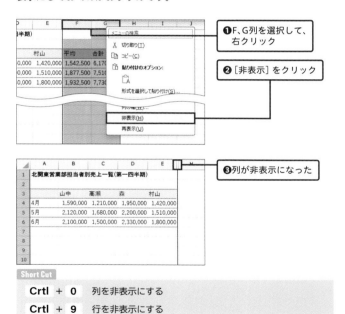

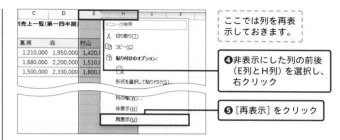

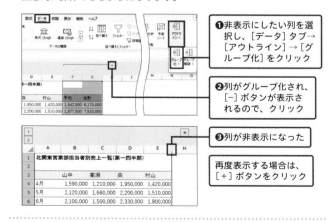

1回目 □ 2回目 □

Step 4 行列を入れ替えた表を作成する

最後に表の行と列を入れ替える方法も練習しておきましょう。表を最初から作り直さなくとも、この操作であれば一発で行列を入れ替えることができます。

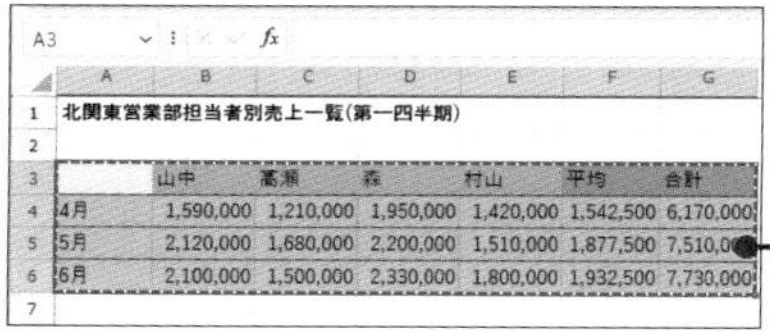

❶表全体を選択し、Ctrl + C キーを押す

❷貼り付けしたいセル（ここではセルA8）にカーソルを合わせ、右クリック

❸［行/列の入れ替え］をクリック

❹行と列が入れ替えた状態で貼り付けされた

もとの表が不要な場合は、削除しておきましょう。

Point

表全体を選択するときは、表の中のどこかのセルをアクティブにした状態で Ctrl + A キーを押すと選択できます。また、シート全体を選択する場合は、何も入力されていないセルをアクティブな状態で Ctrl + A キーを押すか、左端にある◢を押しても全選択できます。

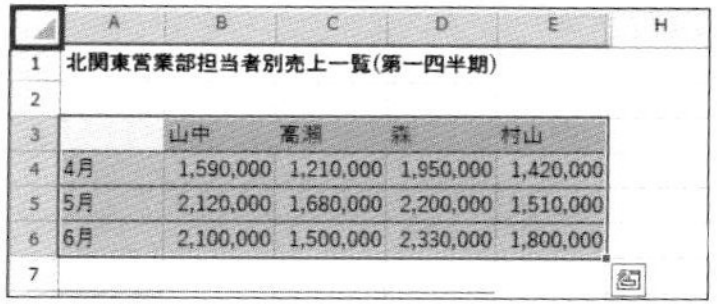

表の中のセル（どこでもよい）にカーソルがある状態で Ctrl + A キーを押す

Drill

12

ch2-12.xlsx

月　　日

データの入力規則

表に入力できる値を制限する

複数人が共有で利用するファイルでは、[データの入力規則] から入力できる内容に制限を設けておくと、誤った書式や範囲外の文字入力を防げます。ここでは、入力可能な文字数や日付を設定する方法や、自動で半角英数字モードに切り替える方法を練習しましょう。

Let's Try!

Step 1 入力できる文字数を制限する

Step 2 入力できる期間を2024/4/1～2024/12/31に制限する

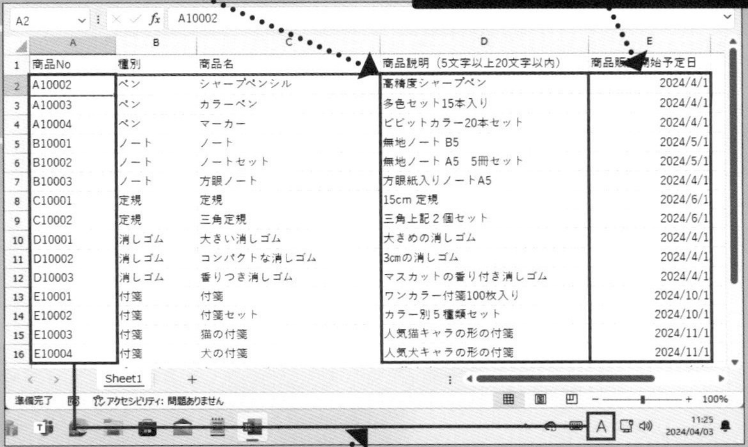

	A	B	C	D	E
1	商品No	種別	商品名	商品説明（5文字以上20文字以内）	商品販[illegible]始予定日
2	A10002	ペン	シャープペンシル	高精度シャープペン	2024/4/1
3	A10003	ペン	カラーペン	多色セット15本入り	2024/4/1
4	A10004	ペン	マーカー	ビビットカラー20本セット	2024/4/1
5	B10001	ノート	ノート	無地ノート B5	2024/5/1
6	B10002	ノート	ノートセット	無地ノート A5　5冊セット	2024/5/1
7	B10003	ノート	方眼ノート	方眼紙入りノートA5	2024/4/1
8	C10001	定規	定規	15cm 定規	2024/6/1
9	C10002	定規	三角定規	三角上記２個セット	2024/6/1
10	D10001	消しゴム	大きい消しゴム	大きめの消しゴム	2024/4/1
11	D10002	消しゴム	コンパクトな消しゴム	3cmの消しゴム	2024/4/1
12	D10003	消しゴム	香りつき消しゴム	マスカットの香り付き消しゴム	2024/4/1
13	E10001	付箋	付箋	ワンカラー付箋100枚入り	2024/10/1
14	E10002	付箋	付箋セット	カラー別５種類セット	2024/10/1
15	E10003	付箋	猫の付箋	人気猫キャラの形の付箋	2024/11/1
16	E10004	付箋	犬の付箋	人気犬キャラの形の付箋	2024/11/1

Step 3 自動で入力モードが切り替わる設定にする

Hint [データの入力規則] を使おう

セルの入力条件の設定は [データの入力規則] から行います。[データ] タブの [データの入力規則] をクリックするとダイアログが表示されます。

1回目 □ 2回目 □

Step 1 入力できる文字数を制限する

商品紹介のD列を5文字以上20文字以内の文字数しか入力できないようにします。[データの入力規則]から文字数を制限することで、指定の範囲外の文字数が入力したときにエラーが表示されます。

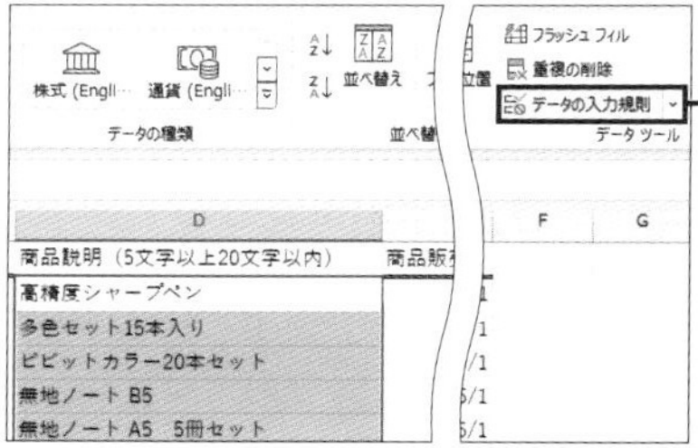

❶セルD2からD19を選択し、[データ]タブの[データの入力規則]をクリック

Memo

ここでは、表内のセルのみ選択しましたが、セルD19以降にもデータが入力される可能性がある場合は、セルD1（表の見出し）を除きD列全体に入力規則の設定をしましょう（操作：D列を選択後、Ctrl キーを押しながらセルD1をクリック）。

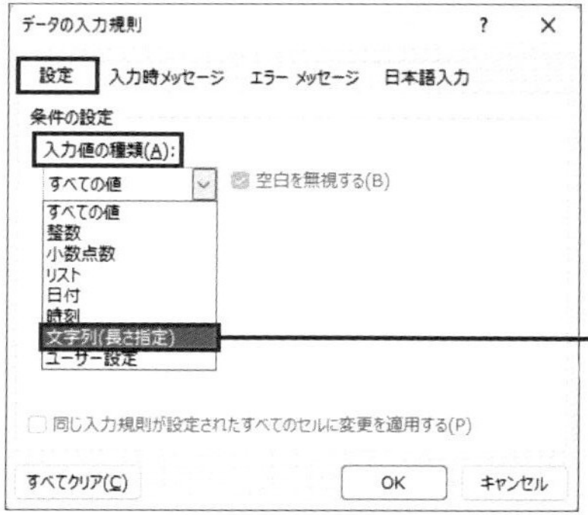

❷[設定]タブの[入力値の種類]の[文字列（長さ指定）]をクリック

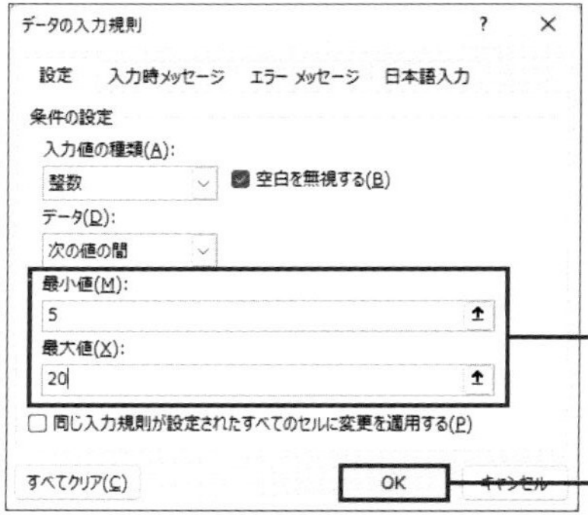

❸[最小値]に「5」、[最大値]に「20」と入力し、[OK]をクリック

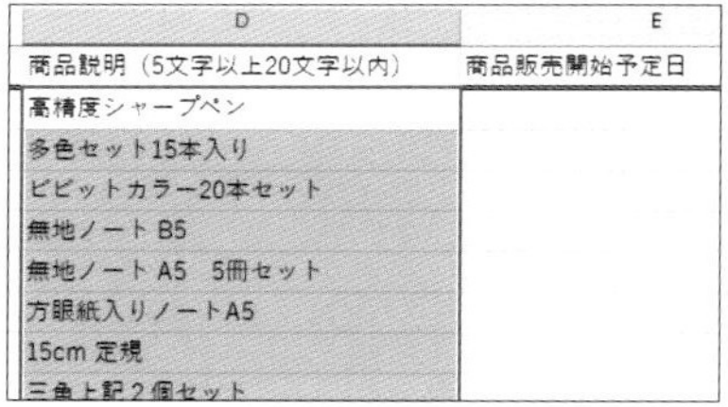

❹手順❶で指定した範囲にデータの入力規則が設定された

■ 指定の範囲外の文字数を入力した場合

エラーメッセージが表示される

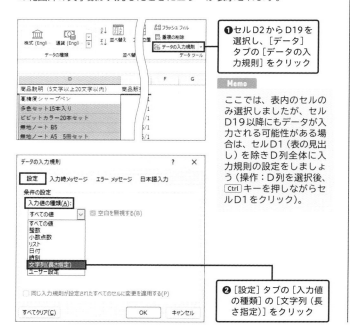

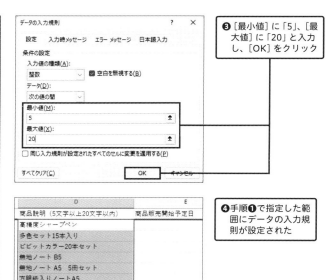

1回目 □　2回目 □

Step 2 入力できる期間を2024/4/1～2024/12/31に制限する

商品販売開始予定日のE列には、指定の期間（2024/4/1から2024/12/31）のみ入力できるようにします。指定期間以外を入力するとエラーが表示されるので、誤った期間の日付の入力を防げます。

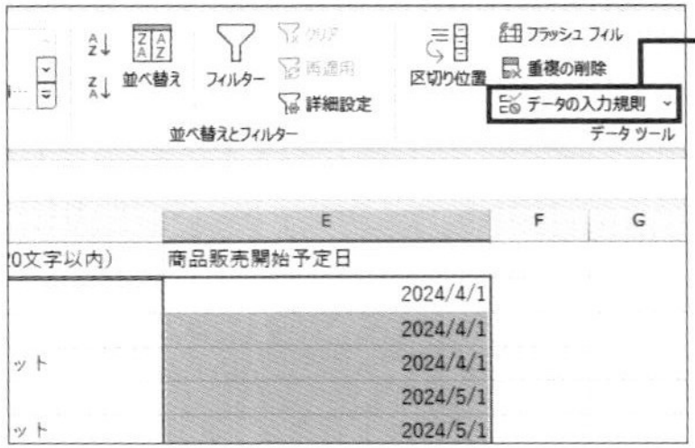

❶セルE2からE19を選択し、［データ］タブの［データの入力規則］をクリック

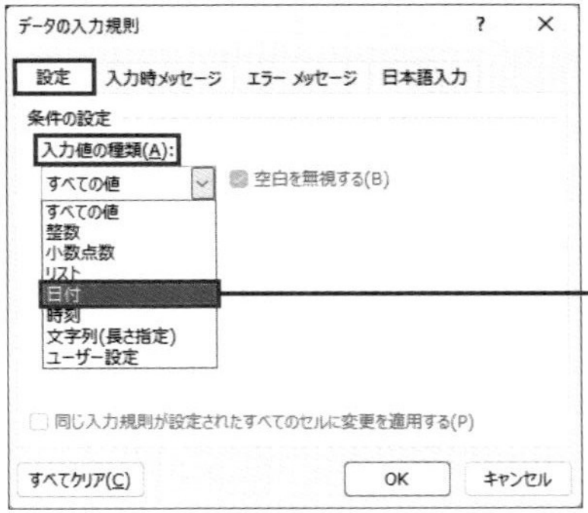

❷［設定］タブの［入力値の種類］の［日付］をクリック

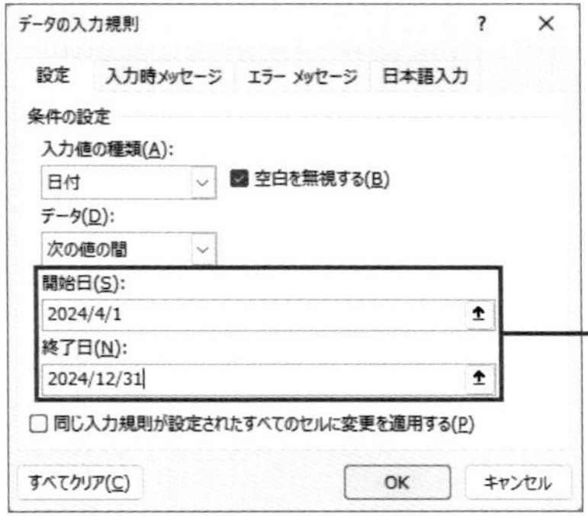

❸［開始日］に「2024/4/1」、［終了日］に「2024/12/31」と入力し［OK］をクリック

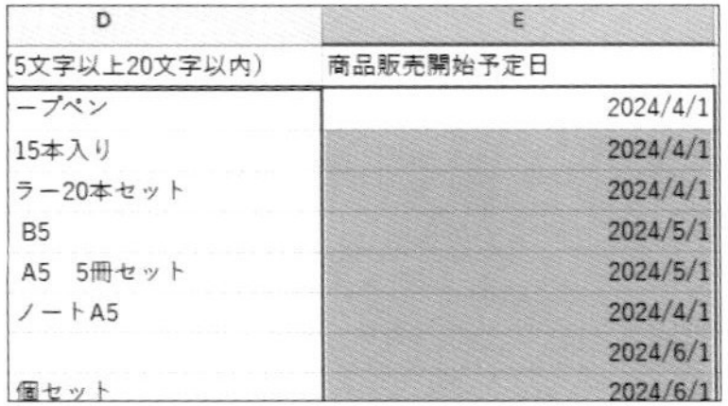

❹手順❶で指定した範囲にデータの入力規則が設定された

■ 指定の範囲外の日付を入力した場合

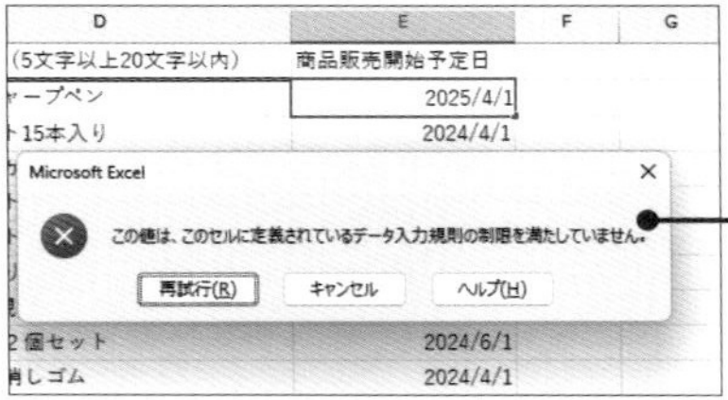

エラーメッセージが表示される

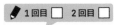

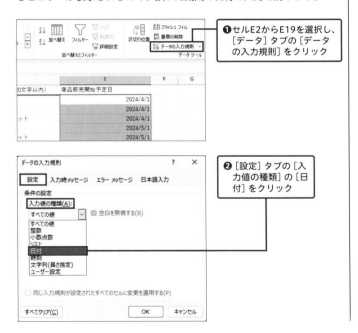

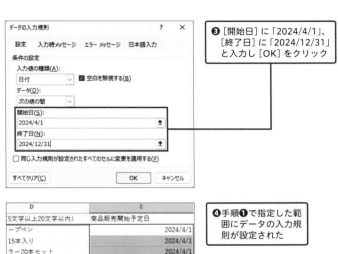

1回目 □　2回目 □

Step 3 自動で入力モードが切り替わる設定にする

通常、列のルールに合わせた入力モードに手動で切り替える必要があります。この操作を省くために、表内のA列を選択すると自動で［半角英数字］モードになる設定をします。

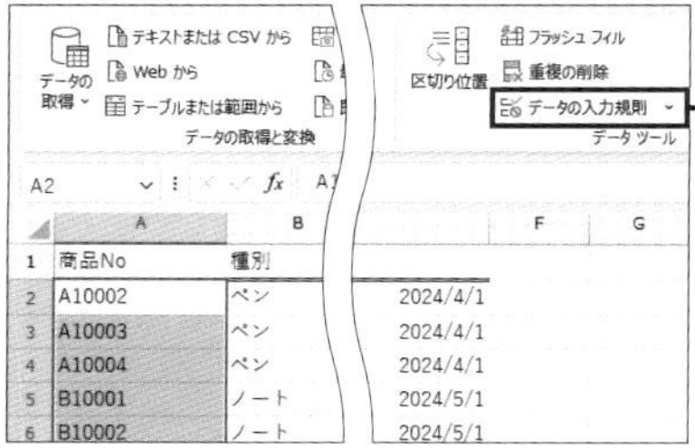

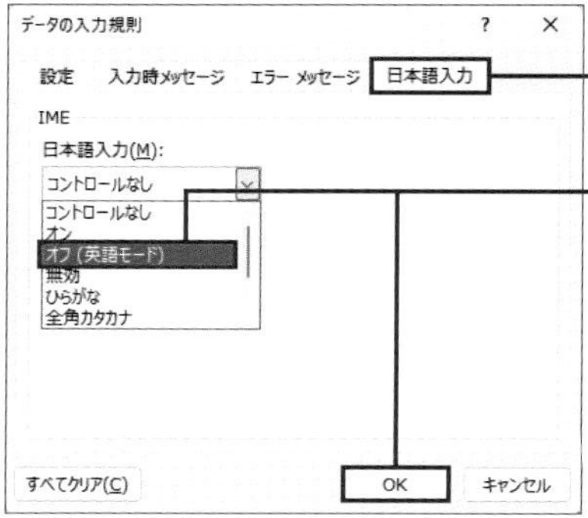

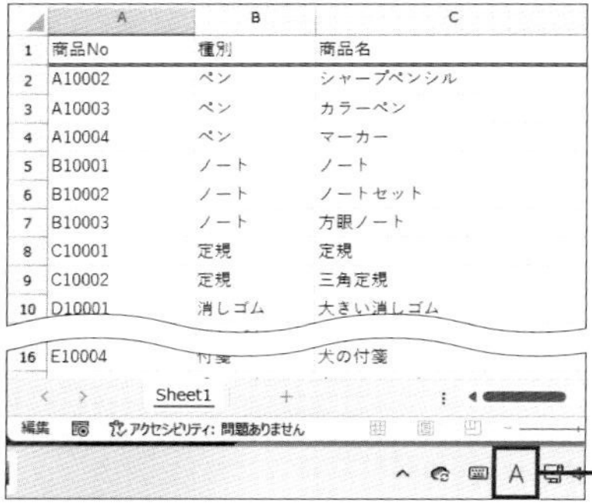

Memo

ここでの入力規則の設定は、自動で入力モードが切り替わる補助的な機能であり、そのモードのみに入力を制限するわけではありません。

Point

日本語入力モードの種類とそれぞれの意味は下記の表の通りです。

入力モード	意味
コントロールなし	初期の設定。選択前の入力モードを引き継ぐ
オン	日本語入力モードがオンになる
オフ(英語モード)	日本語入力モードをオフにする
無効	入力モードの切り替えを無効にする([半角／全角]キーを押しても切り替えられない)
ひらがな	(日本語入力で)ひらがなを入力できる
全角カタカナ／半角カタカナ	(日本語入力で)全角／半角カタカナを入力できる
全角英数字／半角英数字	全角／半角で英数字を入力できる

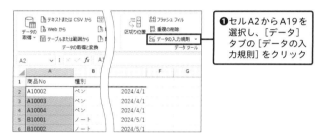

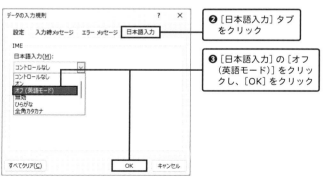

Drill 13

ch2-13.xlsx

月　日

アンケート表をプルダウンで回答できるようにする

アンケートのように多くの人が入力し、いくつかのパターンに回答を制限したい場合は、セルにプルダウンを設定するとよいでしょう。回答を制限することで、表記揺れや誤入力を防げます。ここでは、プルダウンに指定のリストを表示させたり、わかりやすいエラーメッセージを設定したりします。

Let's Try!

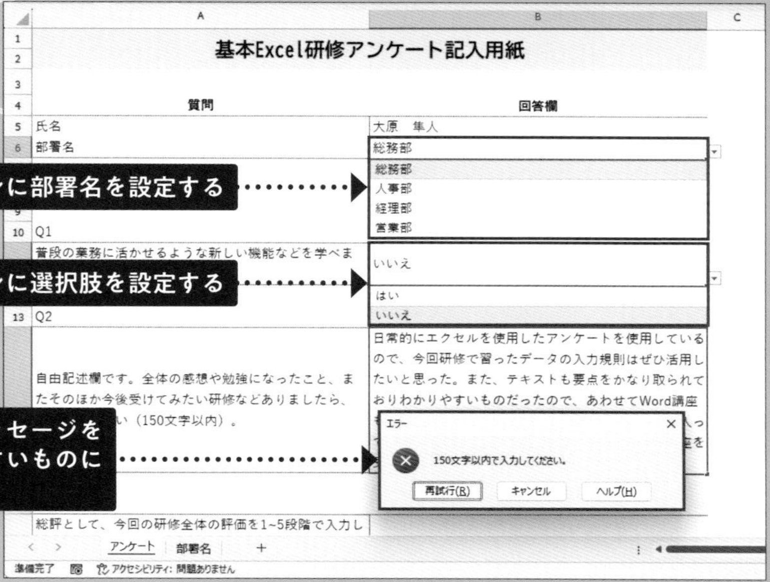

1 プルダウンに部署名を設定する

2 プルダウンに選択肢を設定する

3 エラーメッセージをわかりやすいものに変更する

Hint [データの入力規則]のリストを使おう

セルにプルダウンを表示させるためには[データの入力規則]の[入力値の種類]から[リスト]を選択すると設定できます。なお、Excelではプルダウンのことを[ドロップダウンリスト]と表記していますが、プルダウンのほうが一般的でわかりやすい名称のため、これ以降本書ではプルダウンと呼びます。

1回目 □　2回目 □

Step 1 プルダウンに部署名を設定する

部署名のように選択式の質問の場合は、セルにプルダウンでリストを表示しておくと入力の手間を省けます。ここでは、[データの入力規則]の[リスト]に部署名の項目を登録しましょう。

プルダウンに設定するリストを別のシートなどに作成します。

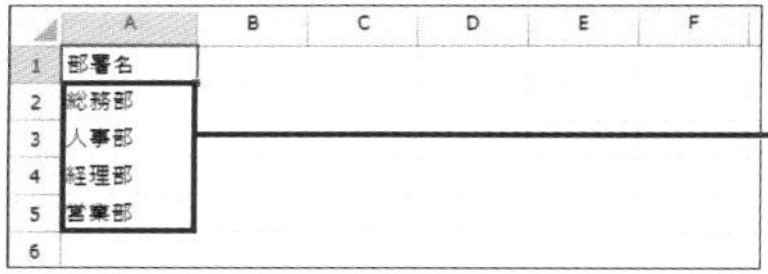

❶「部署名」シートを開き、セルA2からA5まで左図の通り入力

これ以降の手順で、セルにプルダウンを設定していきます。

❷「アンケート」シートのセルB6を選択し、[データ]タブの[データの入力規則]をクリック

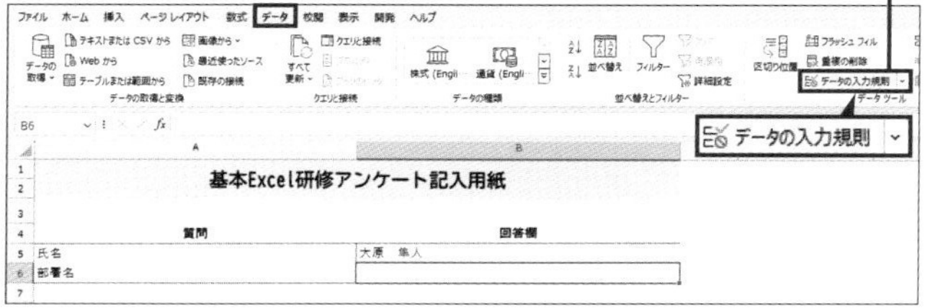

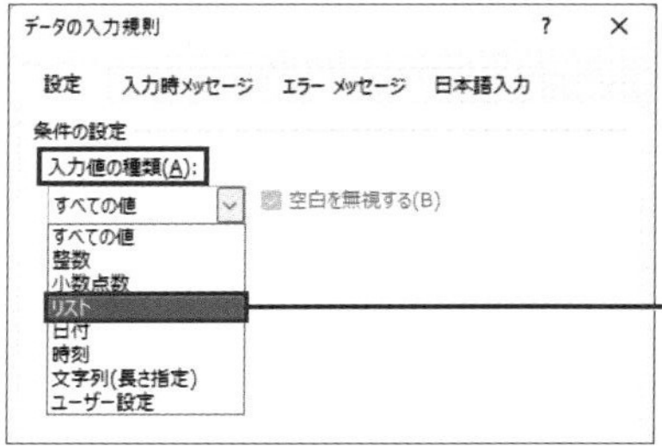

❸[入力値の種類]の[リスト]をクリック

❹[元の値]をクリック後、手順❶で入力した範囲をドラッグで選択し、[OK]をクリック

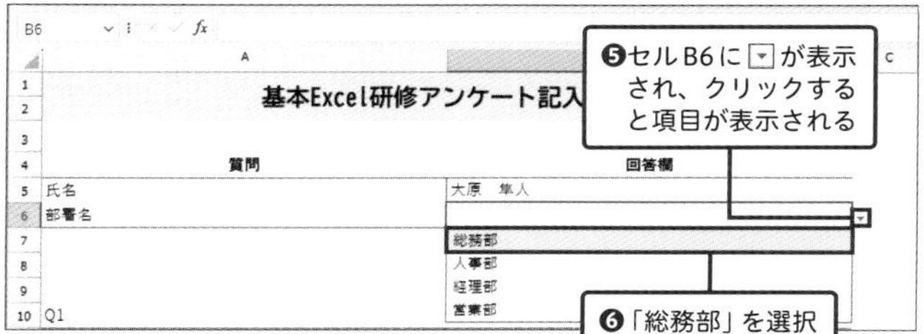

❺セルB6に▼が表示され、クリックすると項目が表示される

❻「総務部」を選択

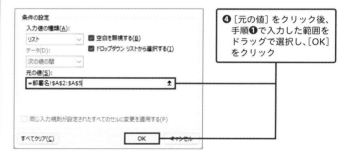

1回目 □　2回目 □

Step 2 プルダウンに選択肢を設定する

続いて、「はい,いいえ,どちらともいえない」という3つの選択肢をプルダウンに表示させましょう。Step1では、［データの入力規則］に参照先を設定しましたが、ここでは直接項目を入力して設定します。

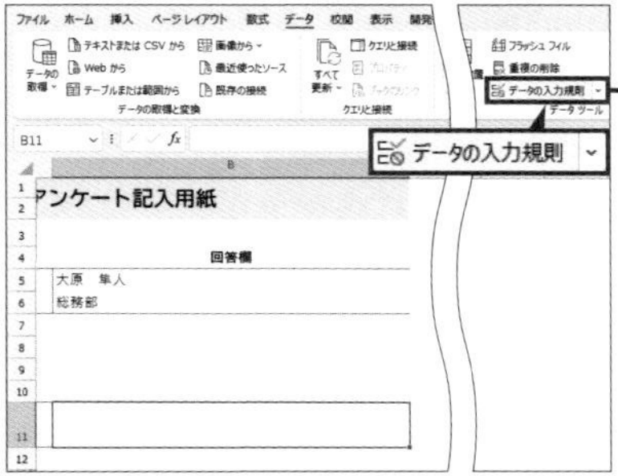

❶セル B11 を選択して、［データ］タブの［データの入力規則］をクリック

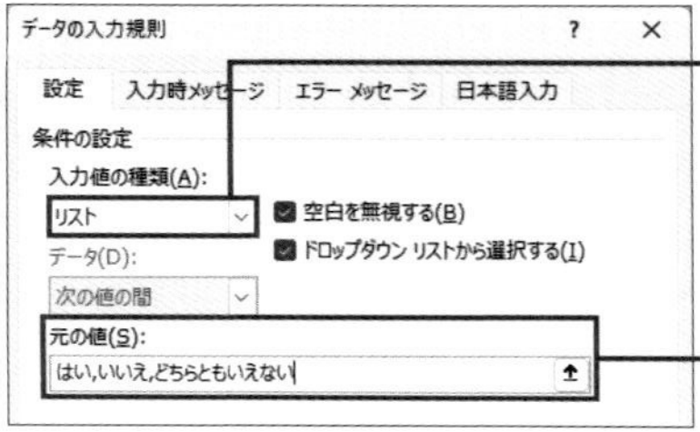

❷［入力値の種類］の［リスト］をクリック

❸［元の値］に「はい,いいえ,どちらともいえない」と入力し、［OK］をクリック

Memo

プルダウンに表示させたい文字列は「,（半角カンマ）」でそれぞれ区切りましょう。

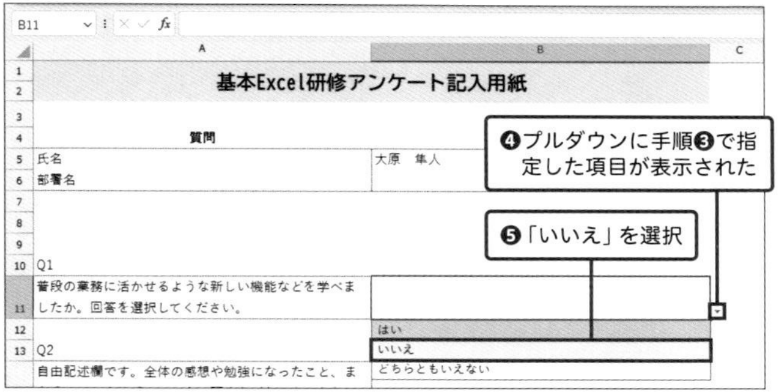

❹プルダウンに手順❸で指定した項目が表示された

❺「いいえ」を選択

Memo

↑↓キーでプルダウンの項目を移動できます。選択してから Enter キーを押すと回答が確定されます。

■ 選択肢以外の内容を入力した場合

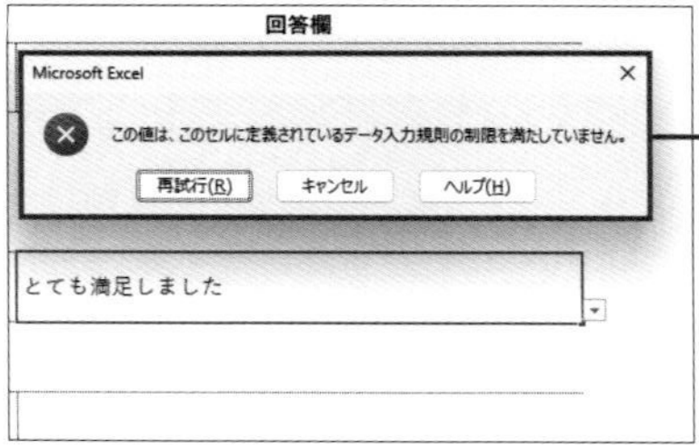

プルダウンを使用せずに、直接「はい,いいえ,どちらともいえない」以外を入力すると、エラーメッセージが表示され、入力が拒否される

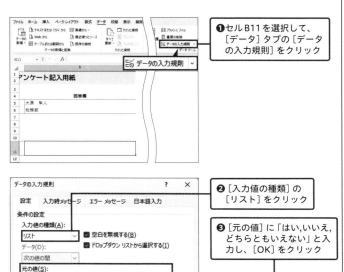

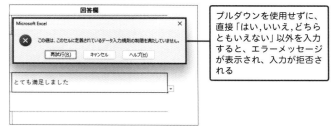

1回目 □ 2回目 □

Step 3 エラーメッセージをわかりやすいものに変更する

初期設定のエラーメッセージは「(略) データの入力規則の制限を満たしていません」と表示されるため、何が問題だったのかわかりづらいです。表示されるメッセージの内容を伝わりやすいものに変更しましょう。

ここでは、150字の字数制限を設定し、その範囲外の文字数が入力された場合「150文字以内で入力してください」と書かれたエラーメッセージを表示させます。

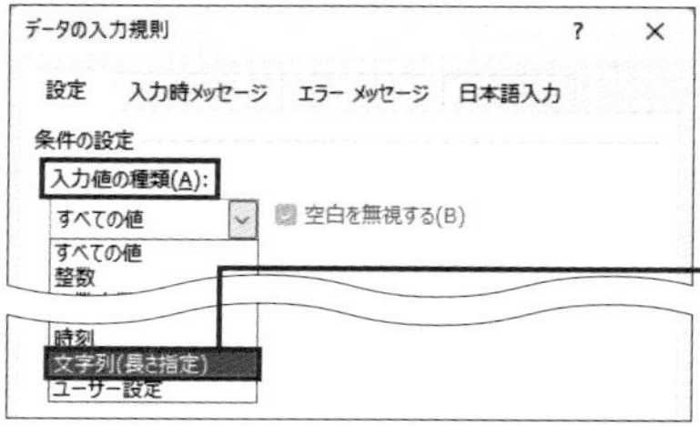

❶セルB14を選択して、[データの入力規則] をクリック

❷[入力値の種類] を [文字列 (長さ指定)] をクリック

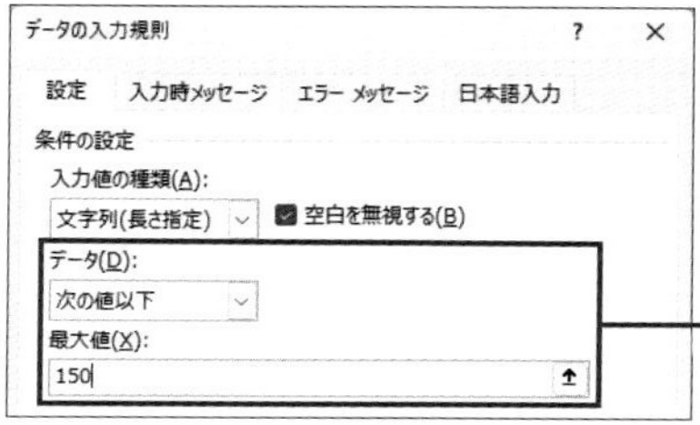

❸[データ] の [次の値以下] をクリックし、[最大値] に「150」と入力

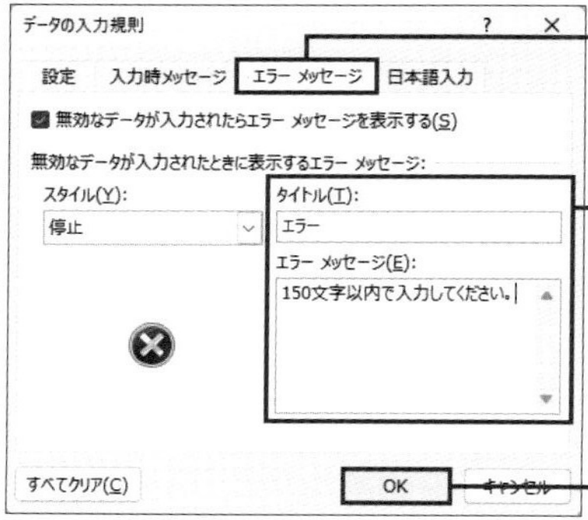

❹[エラーメッセージ] タブをクリック

❺[タイトル] と [エラーメッセージ] を左図の通り入力し、[OK] をクリック

指定の最大値を上回る文字数分入力した場合

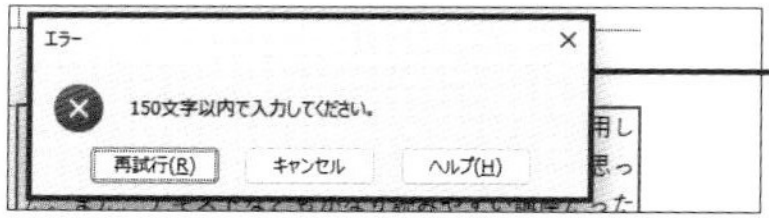

設定したエラーメッセージが表示される

Memo

[タイトル] と [エラーメッセージ] の内容は、なぜエラーメッセージが表示されたのか、誰が見ても端的でわかりやすいものにしましょう。

Point

エラーメッセージの種類は [停止]、[注意]、[情報] の3種類から選択できます。[停止] より、[注意] と [情報] のほうが入力制限を緩和できます。[注意] の場合は、そのまま入力するかどうかを選択させるダイアログが表示されます。[情報] の場合は、メッセージは表示されますが、基本的にはその入力を許容するダイアログが表示されます。状況に応じ使い分けるとよいでしょう。

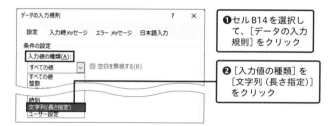

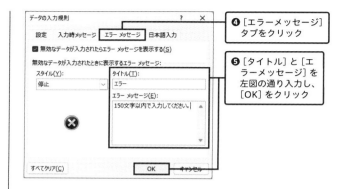

セル範囲に名前を付ける

Excelでは、指定のセル範囲に名前を付けると、セル番地ではなく、名前でその範囲を参照できるようになります。また、参照先を変更しても名前自体が変わらない場合は、その名前を引き続き利用できます。数式の引数として利用したい範囲や、プルダウンに表示させたいリストなどは範囲に名前を付けて活用してみましょう。

Let's Try!

1 指定の範囲に「取引先一覧」と名前を付ける

2 名前付き範囲をプルダウンで利用する

3 金額を名前付き範囲にして数式で利用する

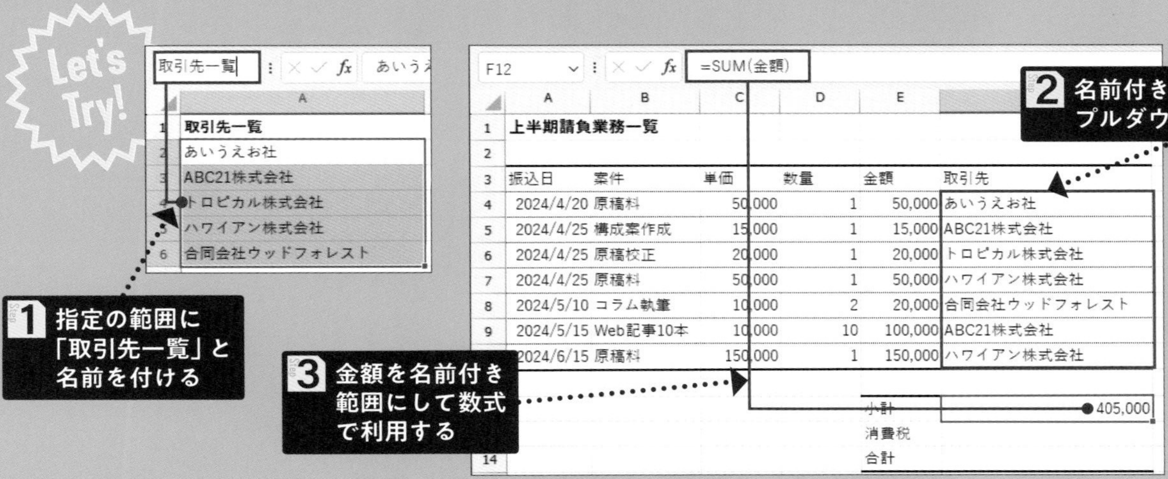

Hint | [名前ボックス] に名前を入力して登録しよう

指定の範囲に名前を登録するには、範囲を選択してから、左上の [名前ボックス] に直接名前を入力すると、簡単に設定することができます。また、[数式] タブの [名前の定義] からも設定できます。

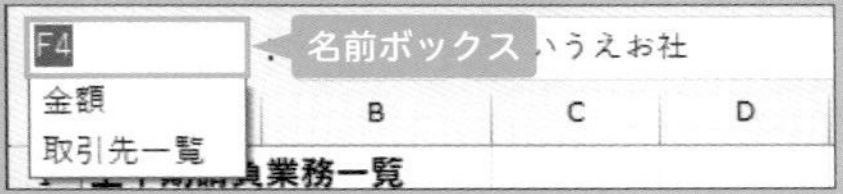

Step 1 指定の範囲に「取引先一覧」と名前を付ける

まずは、セル範囲に名前を付ける操作を解説します。指定のセル範囲を選択し、[名前ボックス]に文字を入力するだけの簡単な操作です。この範囲をどのように活用するかはこれ以降のStepで練習していきます。

❶「取引先」シートのセルA2からA6までを範囲選択

❷[名前ボックス]に「取引先一覧」と入力し、Enterキーで確定

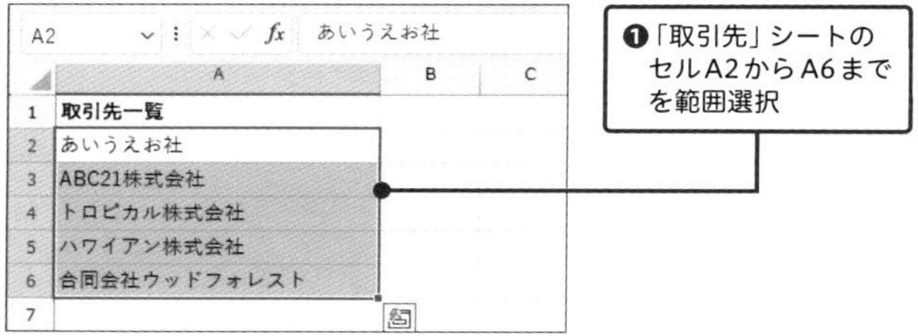

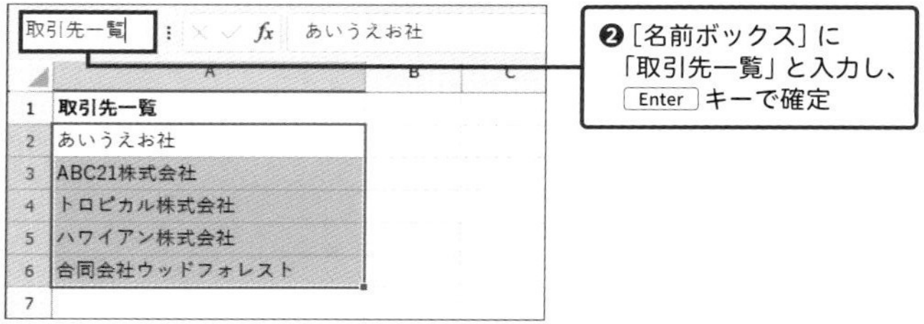

Memo

名前を付けた範囲を削除したい場合は、[数式]タブ→[名前の管理]をクリックし、表示された名前付き範囲を選択し、[削除]→[OK]をクリックしましょう。

❸名前ボックスに名前が登録された

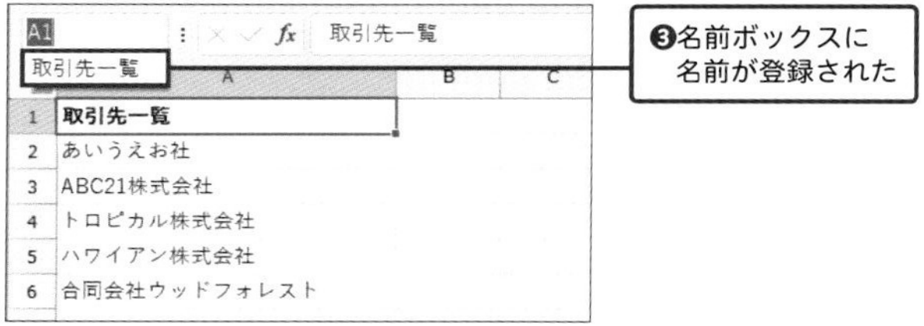

Point

表の一番上の文字を自動で指定範囲の名前として設定する方法もあります。[選択範囲から作成]の[上端行]をクリックしましょう。

❶セルA1からA6を範囲選択

❷[数式]タブの[選択範囲から作成]をクリック

❸[上端行]→[OK]をクリック

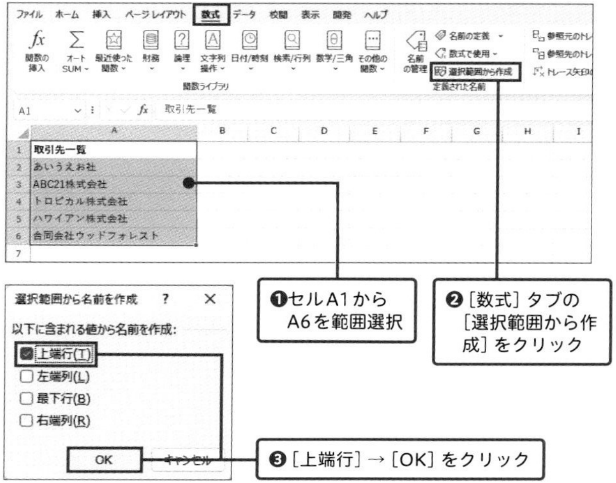

1回目 □ 2回目 □

Step 2 名前付き範囲をプルダウンで利用する

Drill13で練習したプルダウンと、名前付き範囲を組み合わせて利用しましょう。プルダウンのリストに名前付き範囲を設定すると、リストの項目が変化しても、プルダウンにその結果が自動で反映されます。

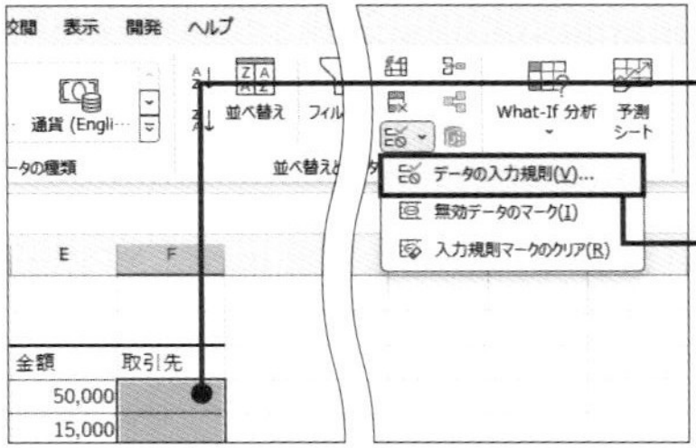

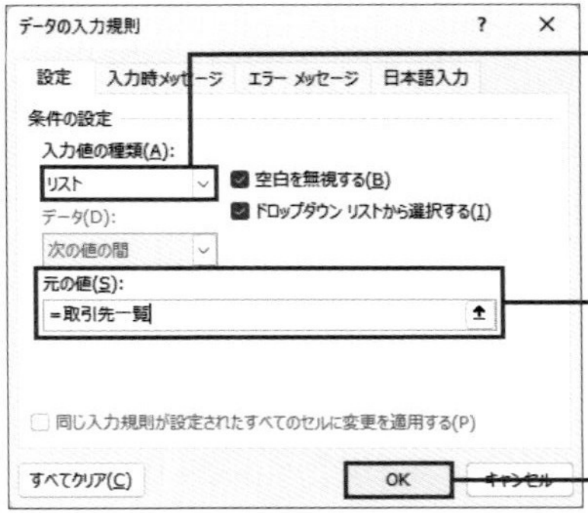

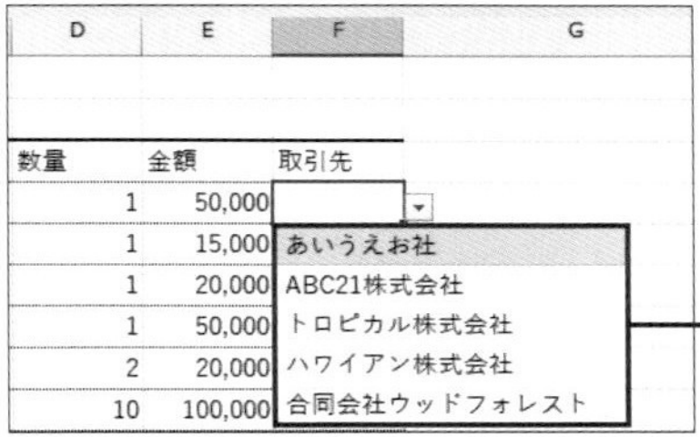

Point

名前設定した名前付き範囲は［名前ボックス］や、Ctrl＋Gキーを押して表示される［ジャンプ］ダイアログから選択して参照する方法があります。ほかのシートを表示しているときでも、すぐにその範囲に移動できるため、内容を確認したいときに便利です。

■［名前ボックス］から移動する場合

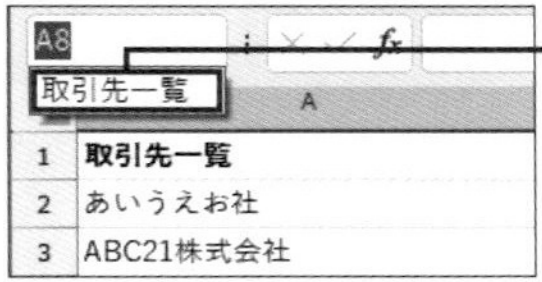

■［ジャンプ］ダイアログから移動する場合

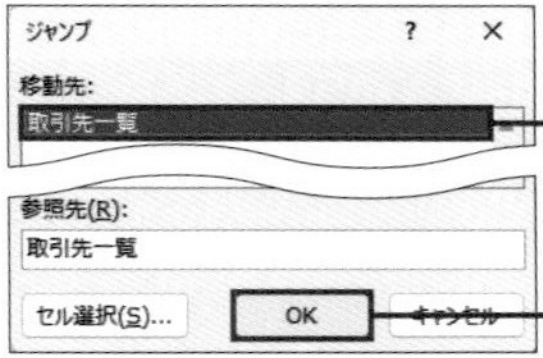

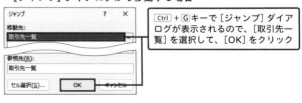

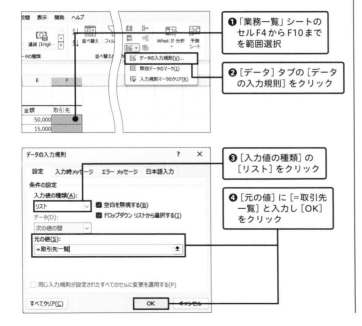

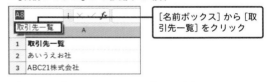

1回目 □ 2回目 □

Step 3 金額を名前付き範囲にして数式で利用する

ここでは、E列の金額範囲に名前をつけて、それを数式の引数として利用します。数式の引数にセル番地ではなく名前を指定すると、どんな計算をしているか読み取りやすくなります。

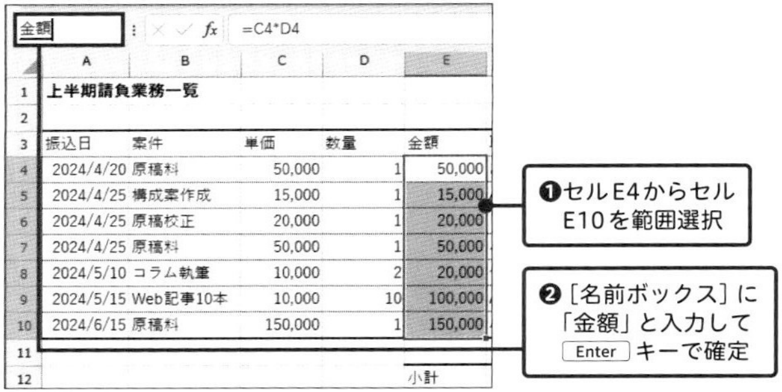
金額
=C4*D4
上半期請負業務一覧
❶セルE4からセルE10を範囲選択
❷［名前ボックス］に「金額」と入力して Enter キーで確定

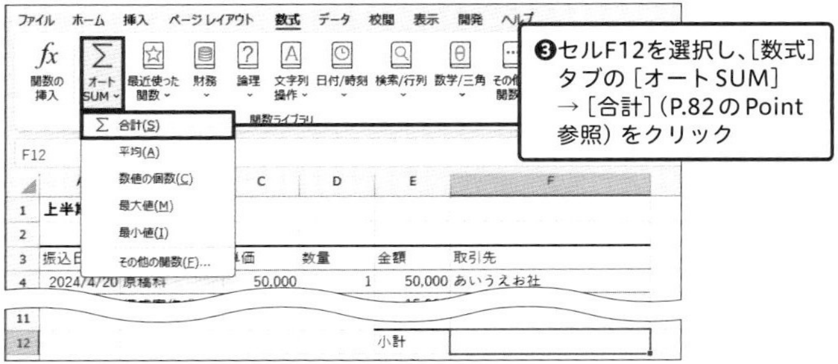
❸セルF12を選択し、［数式］タブの［オートSUM］→［合計］（P.82のPoint参照）をクリック

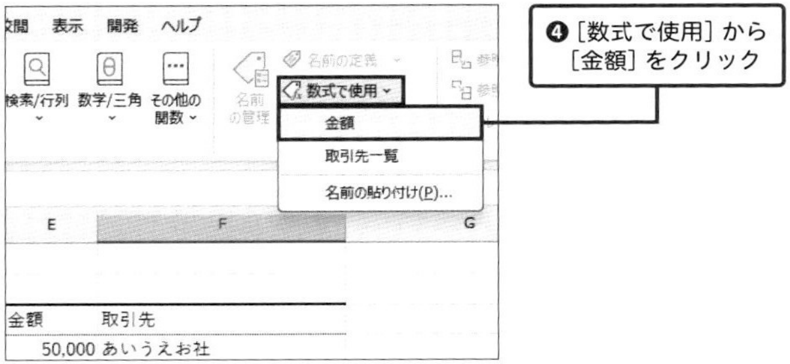
数式で使用
金額
取引先一覧
名前の貼り付け(P)...
❹［数式で使用］から［金額］をクリック

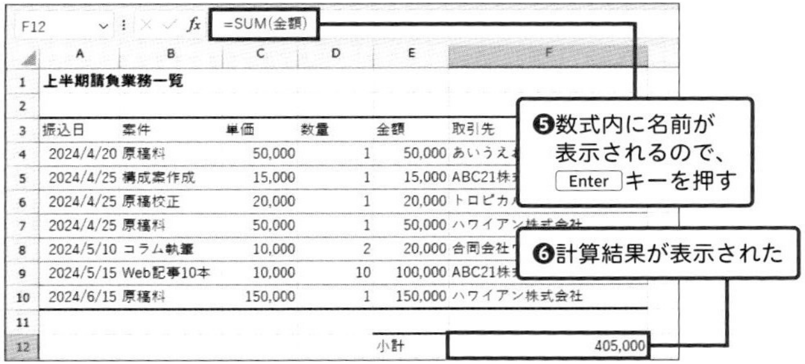
=SUM(金額)
❺数式内に名前が表示されるので、Enter キーを押す
❻計算結果が表示された
405,000

Point

下図のように、特に２つ以上の名前付き範囲を利用した数式の場合、どの値を計算しているのかが一目瞭然となります。数式が複雑でどこを参照しているのかややこしくなったときや、ほかの人にファイルを共有するときなどに活用してみるとよいでしょう。

消費税
=小計*消費税率

Drill
15

ch2-15.xlsx
月　日

複数のシートを作業グループ化して操作する

ここでは、支店別にシートがわかれている売上表を同時に編集するために、複数シートを作業グループにします。グループ化したシートにはすべて同様の処理が反映されるため、シートの枚数分同じ操作を繰り返さずとも、書式の編集や印刷など一括で操作できる便利な機能の１つです。

Let's Try!

Step 1 複数シートを作業グループにする

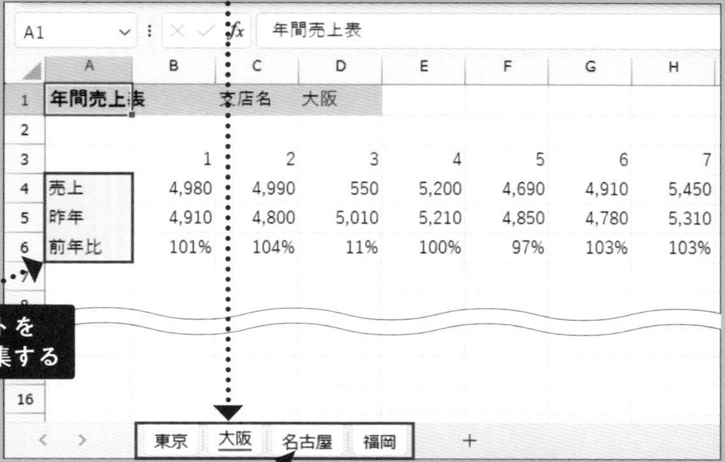

Step 2 複数シートを一括で編集する

Step 3 作業グループを解除する

Hint シート見出しから作業グループ化する

作業グループ化したり、解除したりするときは、シート見出しを右クリックして表示されるメニューから操作できます。また、指定のシートのみ作業グループにすることも可能です。

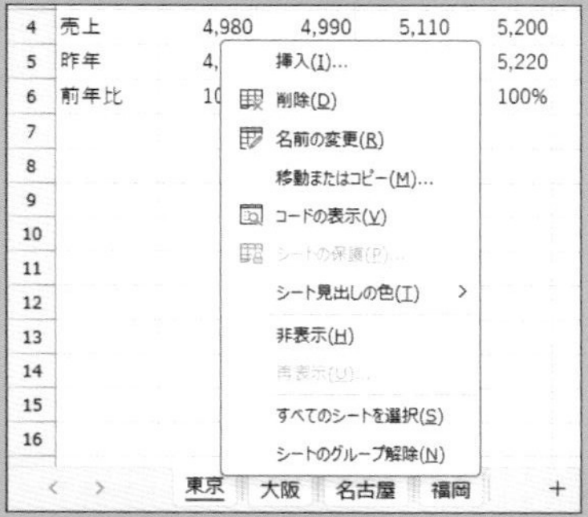

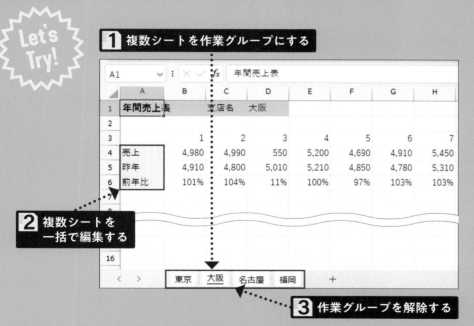

1回目 □ 2回目 □

Step 1 複数シートを作業グループにする

まずは複数シートを同時に作業するために、作業グループ化します。シート見出しを右クリックし（どのシートでも可。ここでは「東京」シート）、メニューから［すべてのシートの選択］をクリックしましょう。

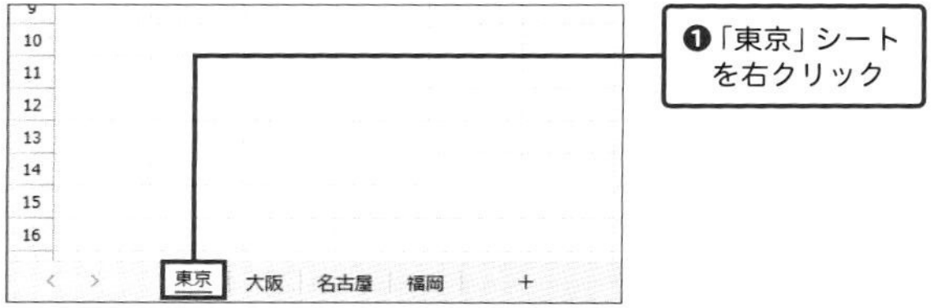

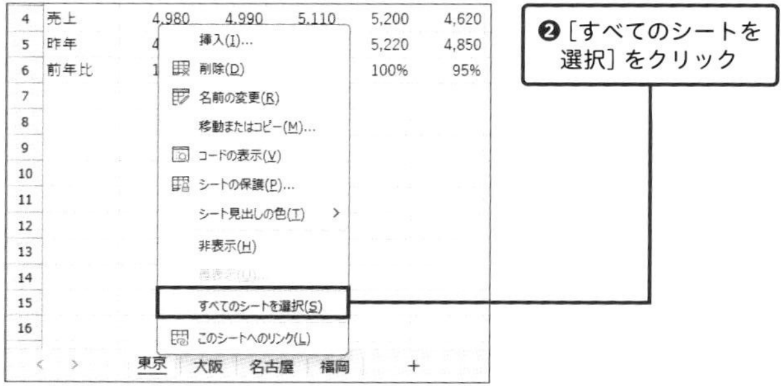

Memo

一番端のシートを選択した状態で Shift キーを押しながら反対の端のシートのタブを選択しても、すべてのシートを作業グループにできます。

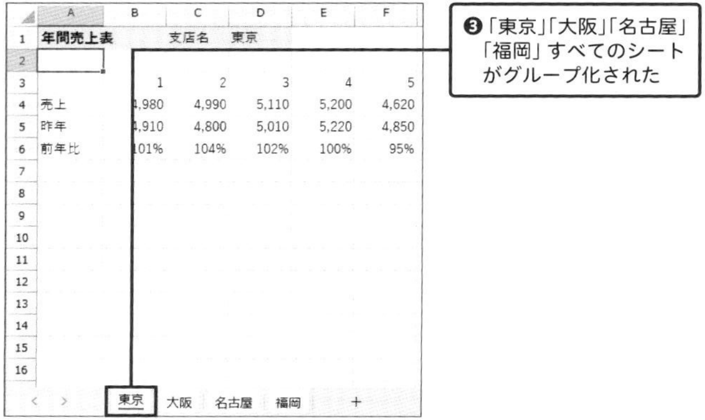

Point

ここでは、すべてのシートを選択しましたが、指定のシートのみグループにすることもできます。下図のように Ctrl キーを押しながら、選択したいシートだけをクリックします。

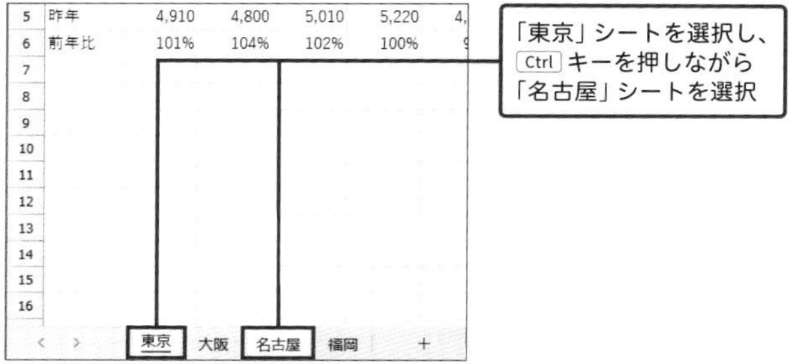

1回目 □ 2回目 □

Step 2 複数シートを一括で編集する

次はグループ化したシートの編集作業を行ってみましょう。1つのシートに編集した内容がほかのシートにも反映されていることがわかるはずです。

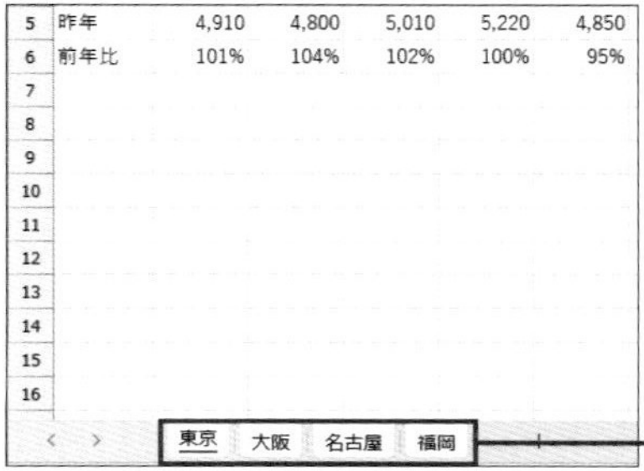

❶複数のシートをグループ化する

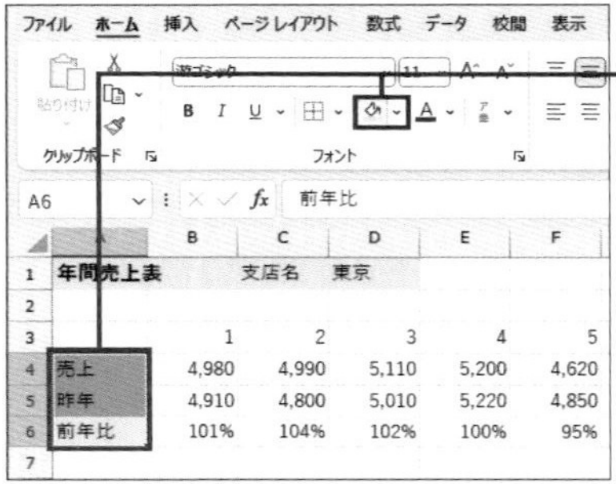

❷「東京」シートの、セルA4からA6を「水色」で塗りつぶす

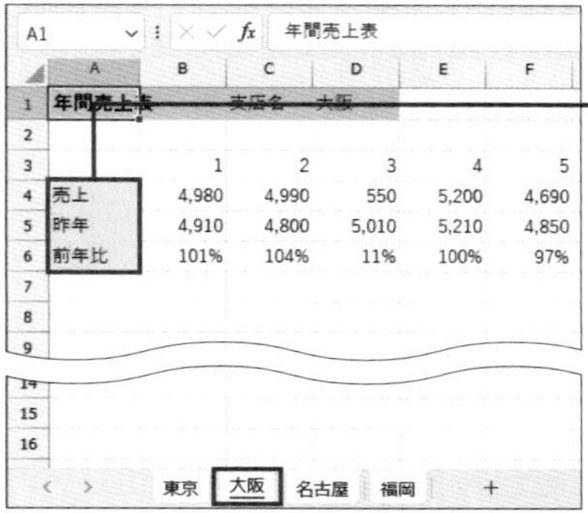

❸「大阪」シートを開くと、手順❷での編集が反映されていることを確認できる（グループ化されたシートすべてに反映されている）

Point

ファイル内の特定（もしくはすべての）のシートをまとめて印刷する機会はよくあるので、ここであわせて操作を練習しておきましょう。

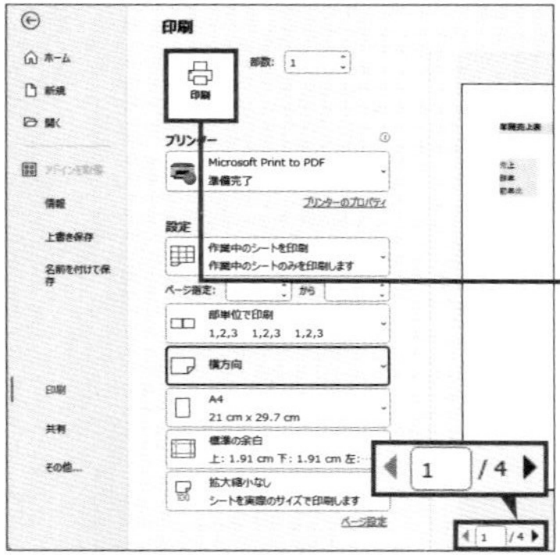

❶複数のシートをグループ化した状態で、［印刷］画面を開く（P.153）

❷［印刷］をクリックするとグループ化しているシートをすべて印刷できる

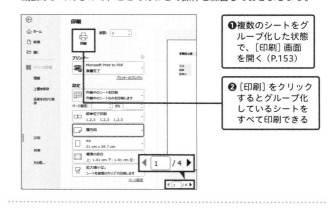

1回目 □　2回目 □

Step 3 作業グループを解除する

複数シートを一括で編集する必要がないときは、グループ化を解除しましょう。解除を忘れると、1シートだけでよい編集がすべてのシートに反映されるので、不要な修正作業が発生してしまいます。

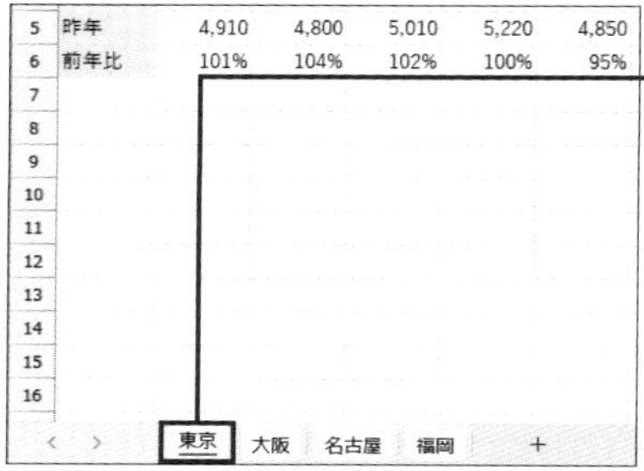

❶グループ化した状態で、「東京」シート（どのシートでも可）を右クリック

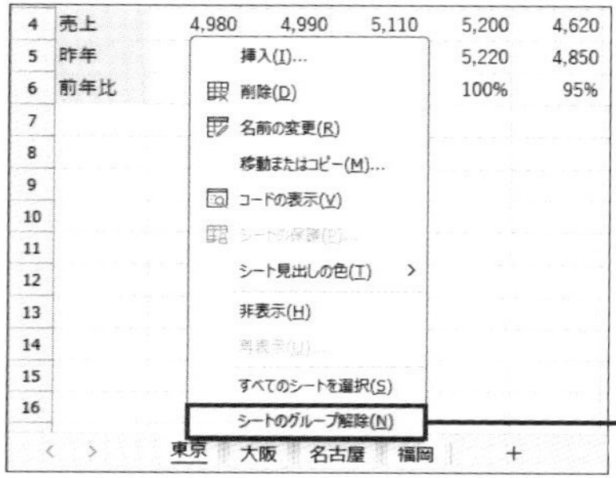

❷［シートのグループ解除］をクリック

❸グループ化が解除される

Memo

一部のシートのみ解除したい場合は、Ctrl キーを押しながら解除するシートをクリックします。

Point

複数シートがある場合に、ほかによく使う機能としてシートの非表示があります。非表示にしたいシートを右クリックして表示されたメニューの中から［非表示］をクリックすると、シートの一覧から非表示になります。ほかの人に見せる必要はないけれど、削除はしたくないシートには、この機能を利用するのもよいでしょう。再表示するときは同様にメニューを開き、［再表示］をクリックするだけです。

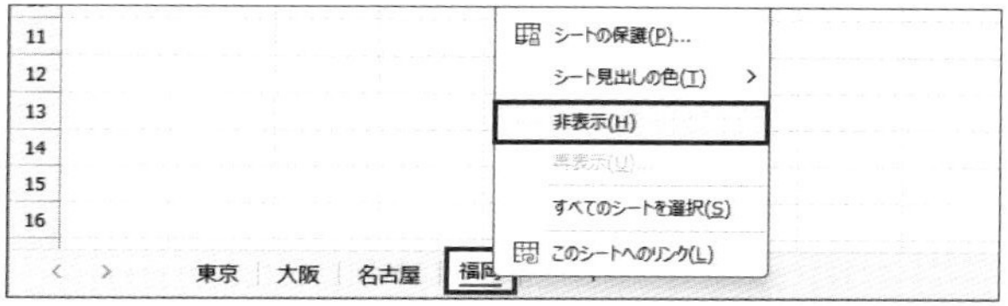

Drill

16

ch3-16.xlsx

月　　日

相対参照　# 絶対参照

相対参照と絶対参照のしくみをマスターする

本章では、数式と関数について学んでいきます。ここでは数式のコピーに不可欠な知識である、「相対参照」と「絶対参照」の違いを理解できるようになりましょう。なお、数式の概要と数式に使うセル参照についてはP.13～14で解説しています。

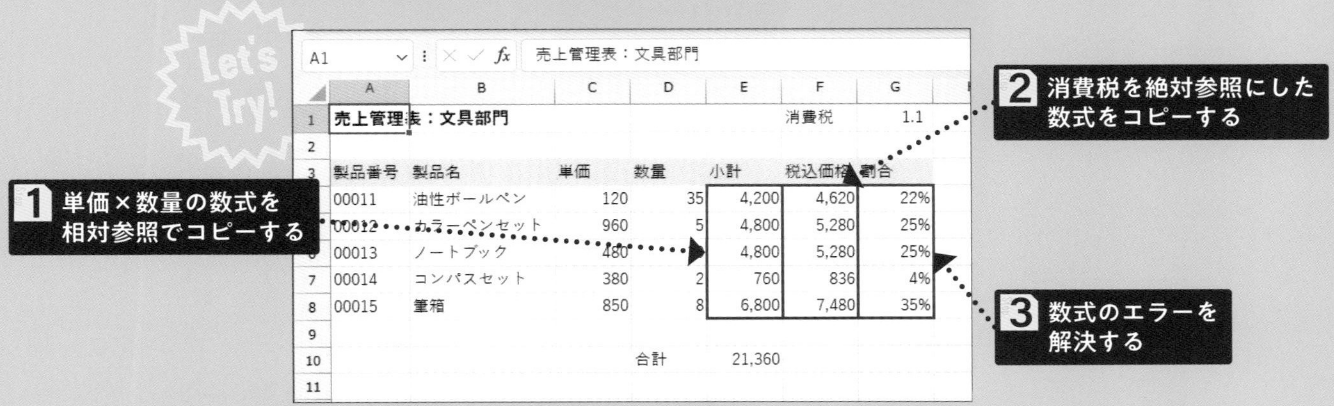

Hint　フィルハンドルを利用して数式をコピーしよう

数式をコピーする場合も、テキストのコピーと同じようにフィルハンドルを利用します（P.32）。フィルハンドルを指定のセルまでドラッグするか、ダブルクリックして数式をコピーしましょう。

なお、P.13で解説したとおり、数式にはセル参照を利用します。本書では説明の都合上、「「=A1+B1」と入力」という表記で統一していますが、実際にセル番地を指定する際は、直接数式を入力するのではなく、指定のセルをマウスやキーボードで選択するほうが直感的でわかりやすいでしょう。

Step 1 単価×数量の数式を相対参照でコピーする

相対参照とは、コピー元のセルにおける位置関係を維持したまま、セルを参照する方式のことです。Excelの数式をコピーした際のデフォルトでは、相対参照が適用されます。

❶セルE4に「=C4*D4」と入力

❷ Enter キーを押すと、計算結果が表示された

❸セルE8まで数式をコピー

❹相対参照で数式がコピーされ、それぞれ計算結果が表示された（セルE5は=C5*D5、セルE6は=C6*D6…と入力されている）

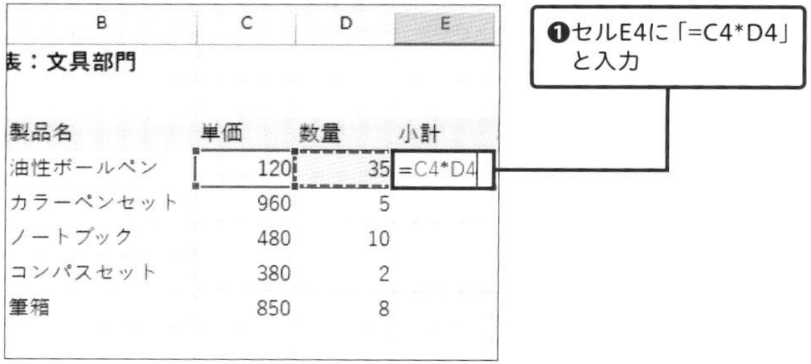

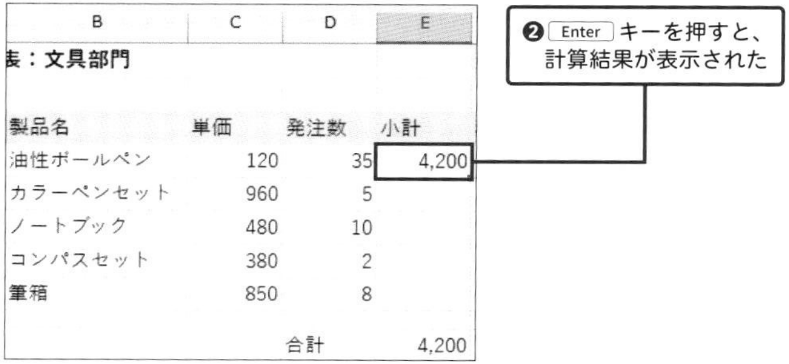

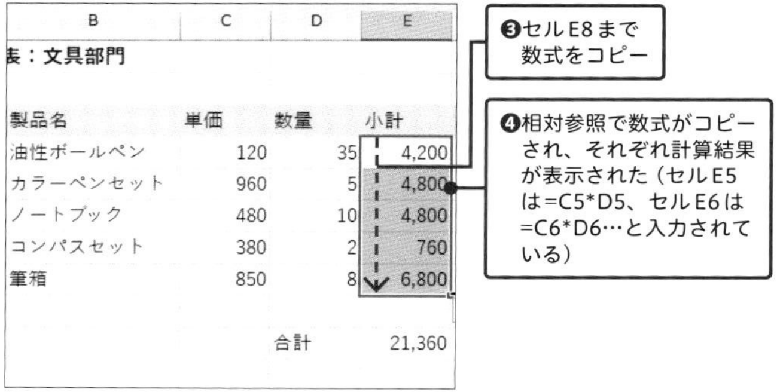

Point

相対参照では、数式をコピーすると、下図の通りそれぞれのセル位置に応じた数式が自動で入力されます。つまり、数式を「1つ下」のセルにコピーすると、数式内の参照先のセルも同様に「1つ下」に移動するということです。これにより、セル1つずつに数式を入力する手間を省けます。

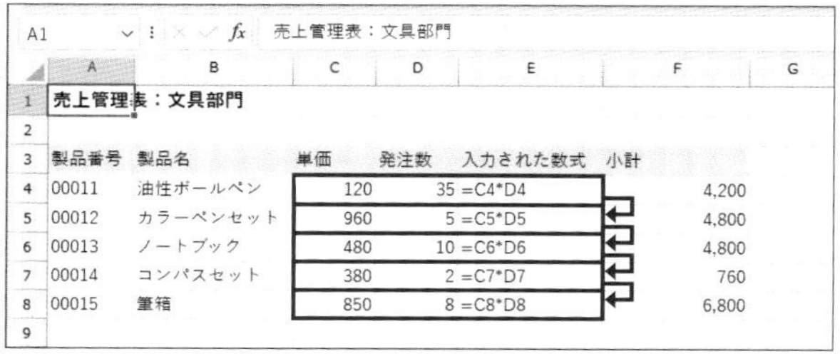

1回目 □　2回目 □

Step 2 消費税を絶対参照にした数式をコピーする

絶対参照は、相対参照とは異なり、コピー元の数式の参照先を変えずに、数式をコピーする方式のことです。「絶対」そのセルを参照する方式、と覚えるとよいでしょう。

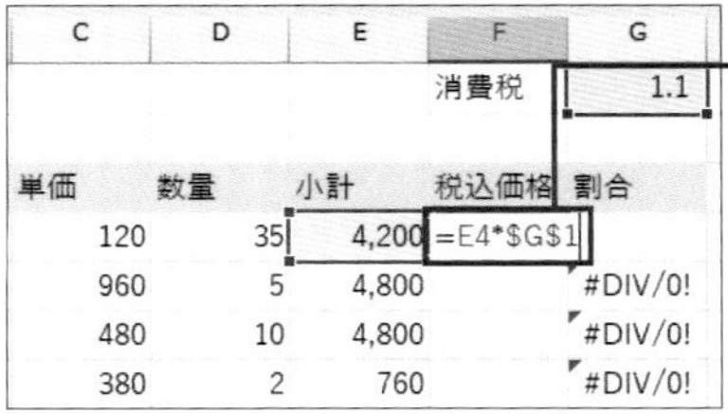

❶セル F4 に「=E4*G1」と入力し、F4 キーを押す

❷数式が「=E4*$G$1」と表示された

Memo

絶対参照にするセルを選択した状態で F4 キーを押すと、そのセルが絶対参照となります。セル番地の前後に「$」マークがつくのは、絶対参照の目印です。また、F4 キーを押すのではなく、セル番地に「$」を手入力で指定する方法でも問題ありません。

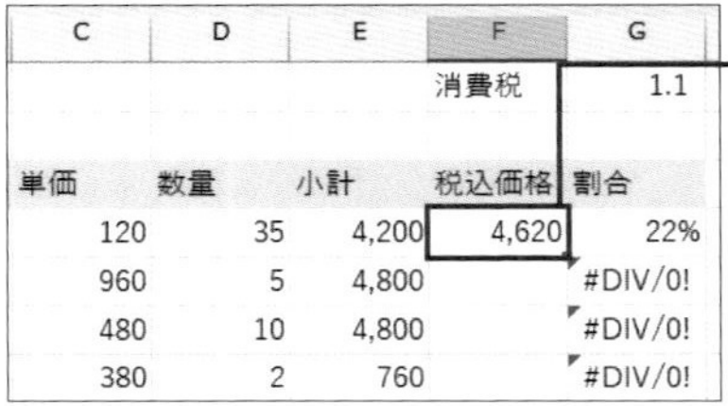

❸ Enter キーを押すと計算結果が表示された

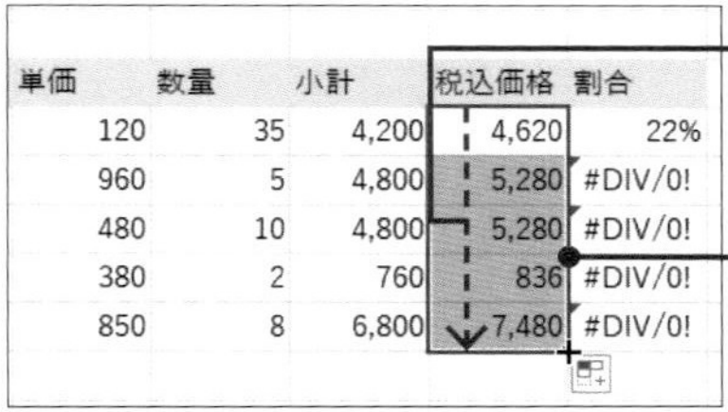

❹セル F8 まで数式をコピー

❺絶対参照で数式がコピーされ、それぞれ計算結果が表示された（セル F5 には、=E5*$G$1、セル F6 には =E6*$G$1…と入力されている）

Point

行だけ、列だけを絶対参照にすることを複合参照といいます。たとえば、$A4 とすると列（A）は固定になりますが行（4）は可変になります。そのため、列方向にコピーした場合は「$A5」となりますが、行方向へコピーした場合は「$A4」のままとなります。
下記の表のように、セルの行列どちらかを固定し、もう片方の値を変化させて計算する表をマトリクス表といいますが、この形式では、複合参照を用いた数式のコピーが適しています。下の手順を確認しておきましょう。なお、マトリクス表では、スピルを利用した計算もおすすめです（P.113）。

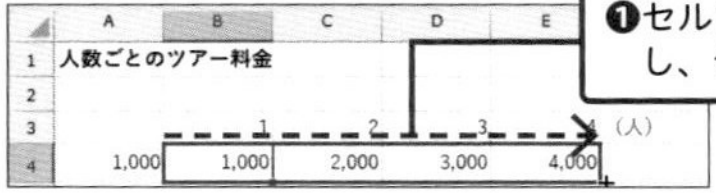

❶セル B4 に「=$A4*B$3」と入力し、セル E4 まで数式をコピー

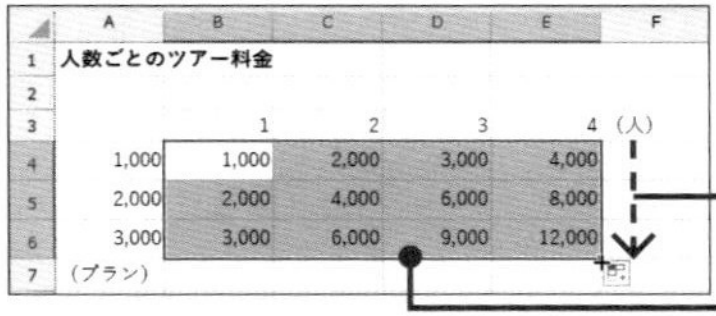

❷セル E4 から E6 まで数式をコピー

❸表のすべての値の計算結果が表示された

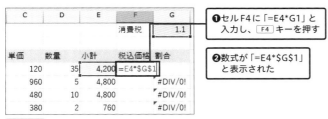

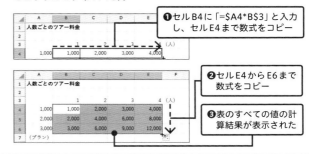

1回目 □ 2回目 □

Step 3 数式のエラーを解決する

表のＧ列には製品ごとの売上の割合を求める数式が入力されていますが、セルG4以外はエラーが表示されました。エラーの原因と対処方法について練習しましょう。

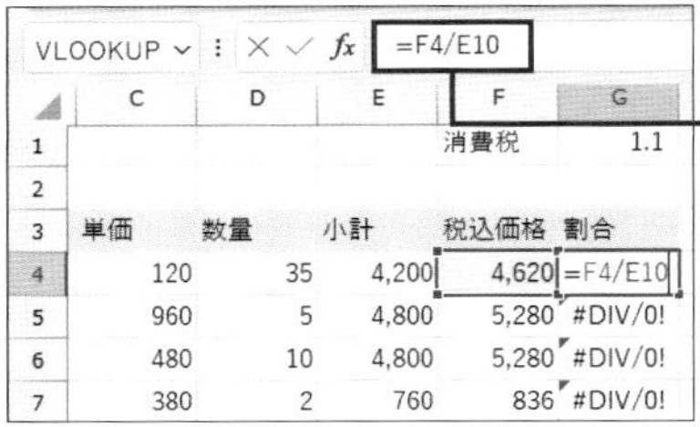

❶セルG4を選択して、数式バーに「=F4/E10」（製品番号00011の税込価格÷合計）と入力されているのを確認

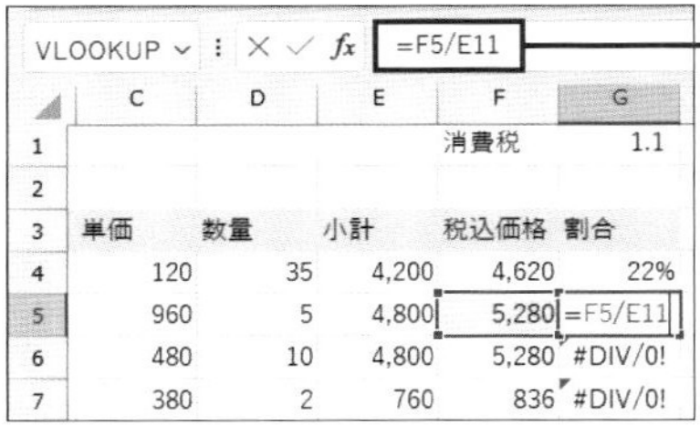

❷セルG5の数式に、「=F5/E11」と入力されているのを確認

数式が相対参照でコピーされており、セルG5では本来参照すべきセル（セルE10の合計）からずれた数式が入力されていたことがわかります。

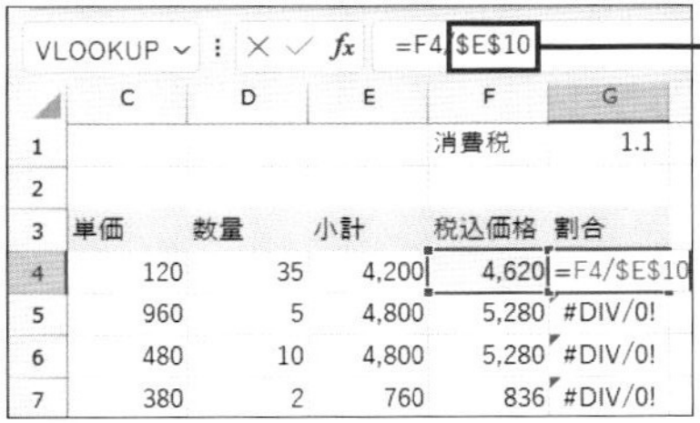

エラーを解消するため、数式を絶対参照に修正しましょう。

❸セルG4を選択し、数式バーの「E10」をクリックして F4 → Enter キーを押す

❹セルG8まで数式をコピーすると、それぞれ正しい割合が表示された

Point

エラーメッセージは意味がわかりにくいものもありますが、表示される単語でエラーの原因が推測できます。よく表示されるエラーを表にまとめたので、エラーが表示された場合は確認してみましょう。

エラー	内容
#DIV/0!	空白セルを参照して割り算した場合や、0で割り算した場合に表示される
#N/A	参照元のセルが計算に利用できない場合などに表示される
#NAME?	関数の名前に誤りがある場合などに表示される
#REF!	参照元のセルが削除され計算できない場合などに表示される
#VARUE!	入力した数式や参照先のセルに問題がある場合に表示される

Drill
17
ch3-17.xlsx
月　日

#SUM関数　# AVERAGE関数　# MAX関数　# MIN関数

基本の関数をマスターする

数式の基礎知識を理解したところで、関数の利用に進みましょう。ここでは、アンケート結果について、SUM関数で合計を、AVERAGE関数で平均を、MAX関数で最大値を、MIN関数で最小値をそれぞれ求めていきましょう。

Let's Try!

1 SUM関数でアンケートの合計点を求める

2 AVERAGE関数でアンケートの平均点を求める

3 MAX関数とMIN関数でアンケートの最高と最低評価点を求める

	A	B	C	D	E	F	G	H
1	アンケート集計結果：マナー研修							
2								
3	回答者	内容	理解度	教材の質	会場の快適さ	合計	平均満足度	
4	佐藤　健太	4	3	3	5	15	3.75	
5	山本　真司	3	2	3	3	11	2.75	
6	小川　航	4	4	4	5	17	4.25	
7	田中　美咲	4	3	3	4	14	3.5	
8	伊藤　裕子	5	4	5	5	19	4.75	
9								
10	最高評価点	19						
11	最低評価点	11						

Hint　関数とは？

Excelの関数とは、特定の計算や判定を行う機能のことです。関数は、右図の通り「関数名」のあとに続くカッコで「引数（ひきすう）」を指定して利用します。そして、関数の計算結果のことは「戻り値（もどりち）」といいます。また、関数をセル入力する際は、数式と同様で、先頭に「=」と記入します。
関数によって、行われる処理や引数の数といった仕様は異なるので、ここから実際の関数に触れながら、少しずつ理解を深めていきましょう。

※セルA1に「10」、セルB1に「20」が入力されていた場合

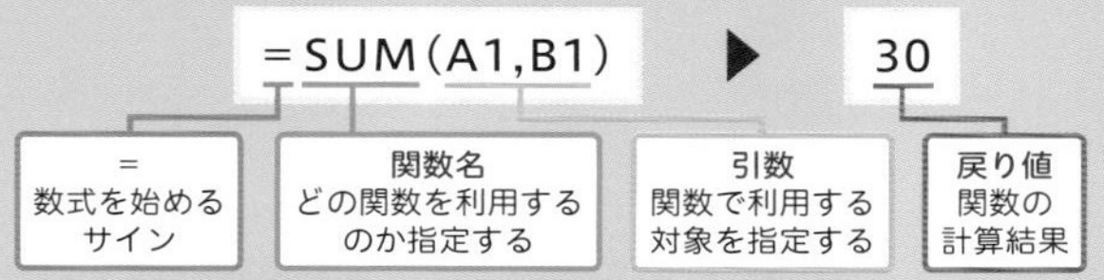

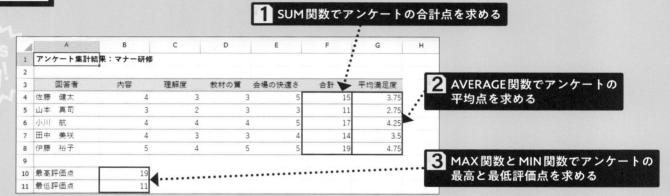

1回目 □　2回目 □

Step 1 SUM関数でアンケートの合計点を求める

SUM関数とは、引数に指定したセル、またはセル範囲の合計値を計算する関数です。ここでは、SUM関数を利用して、アンケートの合計点を求めてみましょう。

	A	B	C	D	E	F
1	アンケート集計結果：マナー研修					
2						
3	回答者	内容	理解度	教材の質	会場の快適さ	合計
4	佐藤　健太	4	3	3	5	=SUM(B4:E4)
5	山本　真司	3	2	3	3	
6	小川　航	4	4	4	5	
7	田中　美咲	4	3	3	4	

❶セルF4に以下の式を入力

=SUM(B4:E4)

数値1

Memo

関数を入力する際は、「=」と最初の１文字目を入力すると、候補が表示されるので、↑↓で選択し、Tabキーを押して入力しましょう。

理解度	教材の質	会場の快適さ	合計
3	3	5	15
2	3	3	
4	4	5	
3	3	4	
4	5	5	

❷ Enter キーを押すと、計算結果が表示された

❸セルF8まで数式をコピー

理解度	教材の質	会場の快適さ	合計
3	3	5	15
2	3	3	11
4	4	5	17
3	3	4	14
4	5	5	19

❹それぞれ計算結果が表示された

SUM関数

書式	=SUM(数値1,[数値2],…)
説明	引数に指定したセルまたはセル範囲を合計する関数。セル範囲の場合は、「開始地点：終了地点」と指定する。たとえば、引数が（A1,A5）のとき、A1+A5を計算し、（A1:A5）のとき、A1からA5すべての値の足し算をする

※書式の［］は省略可能な引数であることを示している

Point

ここでは、SUM関数を利用して合計点を求めました。もし関数を使わず単純な四則演算の数式のみで表すとしたら、「=B4+C5+D5+E5」となります。今回は引数に指定するセル範囲がさほど多くはありませんでしたが、もしセルA1からA100までを合計するような場合、入力が非常に大変になります。このような場合は関数を使うとよいでしょう。

Excelには、SUM関数のように単純な計算だけではなく、指定の番号の文字列を抽出したり、条件にあてはまる文字列の数を算出したりといったさまざまな処理に対応できる多数の関数が用意されています。関数を利用することで、作業スピードがぐんと早くなり、できることの範囲も広がります。自分がしたい処理を行える関数がないか、必要なときに調べる癖をつけることをおすすめします。

1回目 □　2回目 □

Step 2 AVERAGE関数でアンケートの平均点を求める

続いて、AVERAGE関数を利用してアンケート結果の平均点を求めます。AVERAGE関数も使用頻度が高く、試験の平均点や、担当者ごとの平均売上高を求める場合などさまざまなシーンに活用できます。

=AVERAGE(B4:E4)

数値1

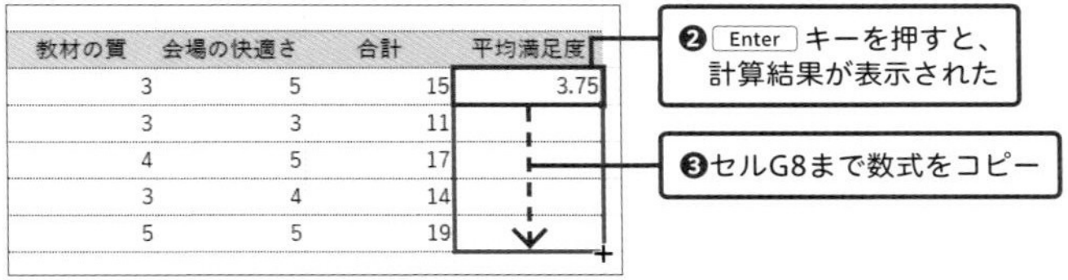

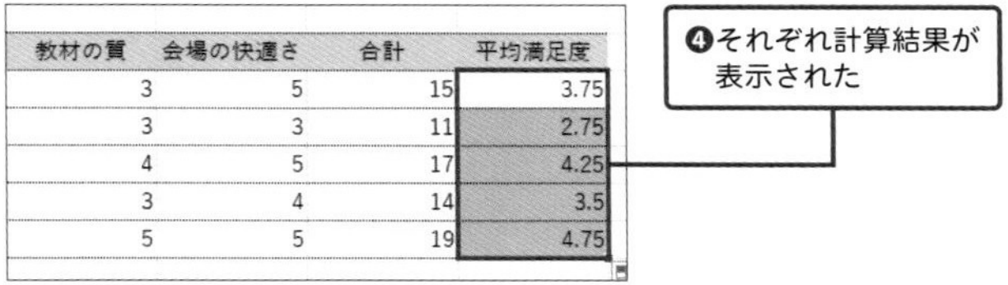

■ AVERAGE関数

書式	=AVERAGE(数値1,[数値2],…)
説明	引数に指定したセルまたはセル範囲の数値の平均を求める関数

Point

Excelには「オートSUM」機能も用意されています。これにより、数値の合計、平均、個数、最大値、最小値といった基本の計算は、関数を入力せずとも素早く計算結果を求められます。ただしオートSUMだとセル範囲が意図と異なる場合もあるので、基本の関数の使い方は必ず覚えておくようにしましょう。

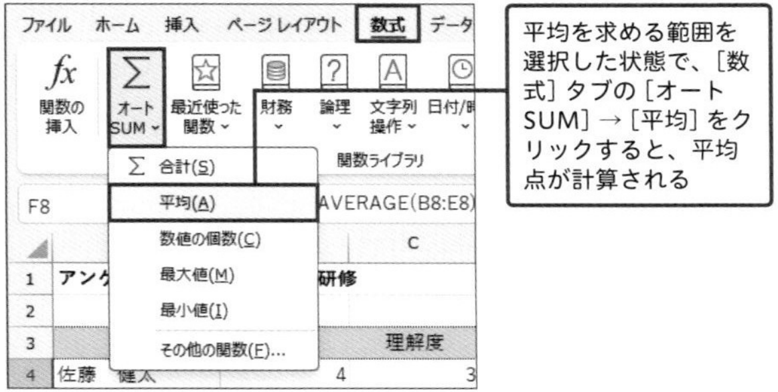

1回目 □　2回目 □

Step 3 MAX関数とMIN関数でアンケートの最高と最低評価点を求める

最後に、MAX関数と、MIN関数を利用して、アンケートの最高評価点と最小評価点を求めましょう。ほかにも、最高と最低気温や、試験の最高得点を求めるケースなどに活用できます。

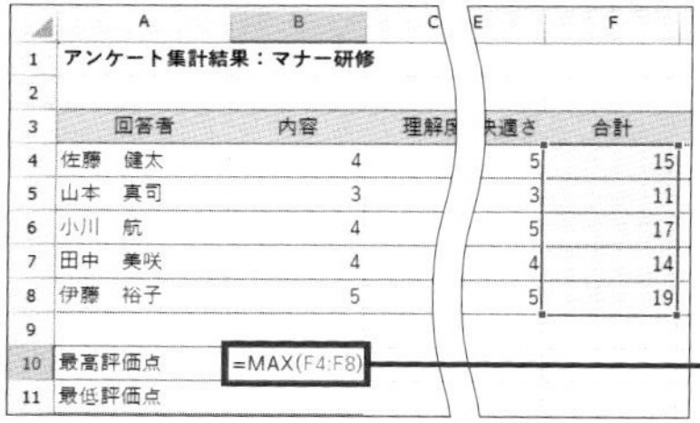

	A	B	C	E	F
1	アンケート集計結果：マナー研修				
2					
3	回答者	内容	理解度	快適さ	合計
4	佐藤　健太	4		5	15
5	山本　真司	3		3	11
6	小川　航	4		5	17
7	田中　美咲	4		4	14
8	伊藤　裕子	5		5	19
9					
10	最高評価点	=MAX(F4:F8)			
11	最低評価点				

まずは、参加者の中から最高評価点を求めます。

❶セルB10に以下の式を入力

=MAX(F4:F8)

F4:F8 → 数値1

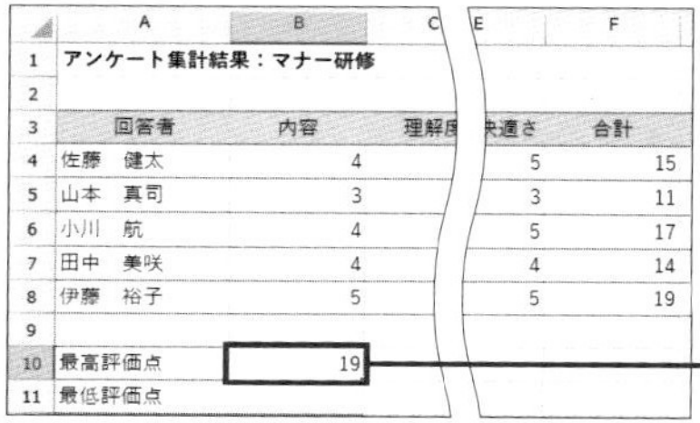

	A	B	C	E	F
1	アンケート集計結果：マナー研修				
2					
3	回答者	内容	理解度	快適さ	合計
4	佐藤　健太	4		5	15
5	山本　真司	3		3	11
6	小川　航	4		5	17
7	田中　美咲	4		4	14
8	伊藤　裕子	5		5	19
9					
10	最高評価点	19			
11	最低評価点				

❷ Enter キーを押すと、選択範囲内の最高評価点が表示された

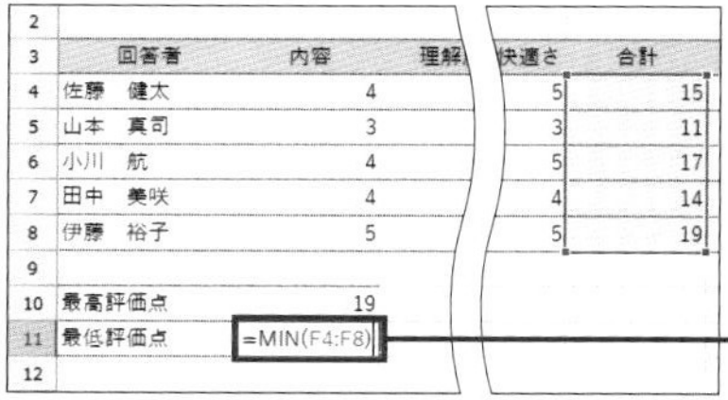

2					
3	回答者	内容	理解	快適さ	合計
4	佐藤　健太	4		5	15
5	山本　真司	3		3	11
6	小川　航	4		5	17
7	田中　美咲	4		4	14
8	伊藤　裕子	5		5	19
9					
10	最高評価点	19			
11	最低評価点	=MIN(F4:F8)			
12					

続けて、最低評価点を求めます。

❸セルB11に以下の式を入力

=MIN(F4:F8)

F4:F8 → 数値1

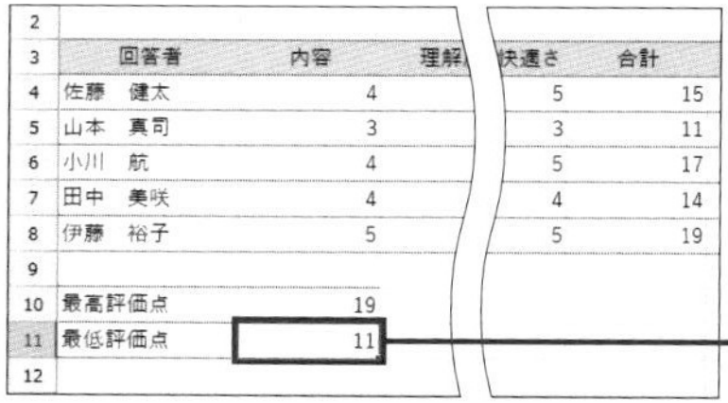

2					
3	回答者	内容	理解	快適さ	合計
4	佐藤　健太	4		5	15
5	山本　真司	3		3	11
6	小川　航	4		5	17
7	田中　美咲	4		4	14
8	伊藤　裕子	5		5	19
9					
10	最高評価点	19			
11	最低評価点	11			
12					

❹ Enter キーを押すと選択範囲内の最低評価点が表示された

MAX関数

書式	=MAX(数値1,[数値2],…)
説明	引数に指定した範囲の中から最大値を求める関数

MIN関数

書式	=MIN(数値1,[数値2],…)
説明	引数に指定した範囲の中から最小値を求める関数

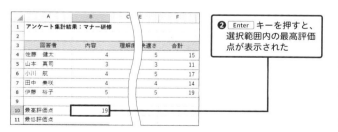

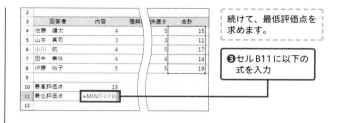

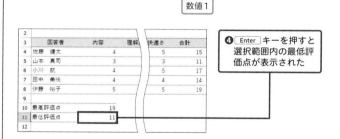

Drill

18

ch3-18.xlsx

月　日

#IF 関数　# IF+AND 関数　# IFS 関数

IF 関数で条件に応じた結果を表示させる

ここでは、英語の試験結果の表から合否の判定、成績優秀者の抽出、評価のランク分けを行います。Excelでは、値によって表示させる文字を変更したいといった条件分岐を行う際には、IF関数を使います。IF関数とほかの関数を組み合わせることで、多様な条件指定が可能になるので、練習しておきましょう。

Let's Try!

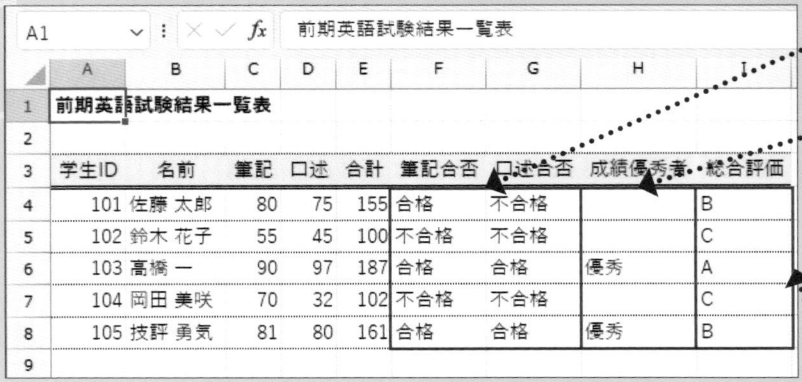

	A	B	C	D	E	F	G	H	I
1	前期英語試験結果一覧表								
2									
3	学生ID	名前	筆記	口述	合計	筆記合否	口述合否	成績優秀者	総合評価
4	101	佐藤 太郎	80	75	155	合格	不合格		B
5	102	鈴木 花子	55	45	100	不合格	不合格		C
6	103	高橋 一	90	97	187	合格	合格	優秀	A
7	104	岡田 美咲	70	32	102	不合格	不合格		C
8	105	技評 勇気	81	80	161	合格	合格	優秀	B
9									

Step 1 IF関数で80点を基準に合否判定を行う

Step 2 IF関数とAND関数を組み合わせて成績優秀者を求める

Step 3 IFS関数を利用して合計点180点／150点を基準に評価をつける

Hint　IF関数の使い分け

ここでは、通常のIF関数（Step1）に加えて、IF関数とAND関数の組み合わせ（Step2）、IFS関数（Step3）を使用します。2と3の関数は複数の論理式を判定する点は共通しています。しかし、2では指定したすべての論理式が真であるかどうか判定するのに対し、3では指定した論理式を順番に判定し、真である論理式を見つけた時点で、それ以降の論理式の判定は行いません。つまり、複数の条件を指定する際に、すべての条件が当てはまるか判定したい場合はIF関数＋AND関数を、複数の条件のうちどれに当てはまるかを判定したい場合はIFS関数を使用しましょう。

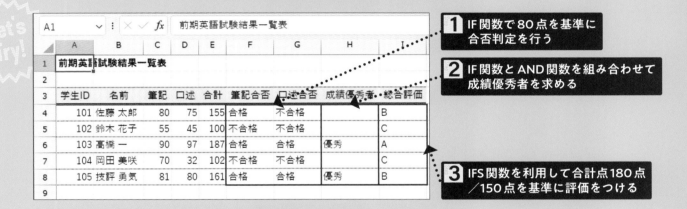

1回目 □　2回目 □

Step 1 IF関数で80点を基準に合否判定を行う

IF関数は、条件に応じて処理を分岐させる関数です。ここでは、試験の点数が80点以上の人に「合格」、80点未満の人には「不合格」と表示させる式を作りましょう。

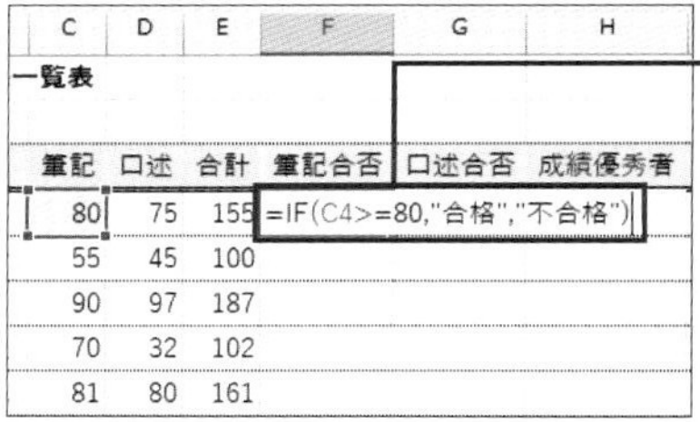

Memo

数式や関数の中で、文字列を指定したい場合はその前後を「"（ダブルクォート）」で囲みます。

=IF(C4>=80,"合格","不合格")

C4>=80：論理式
"合格"：値が真の場合
"不合格"：値が偽の場合

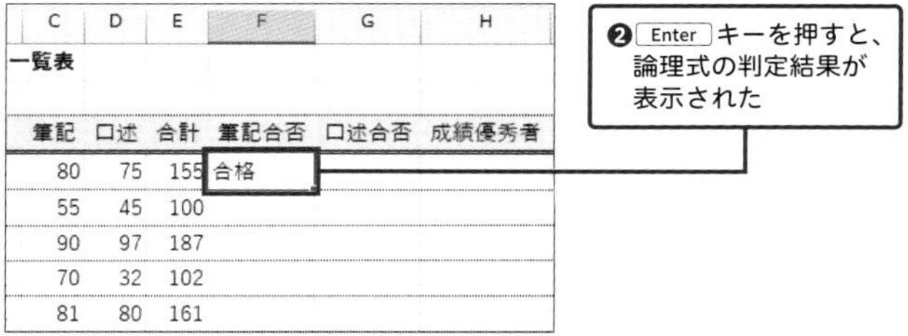

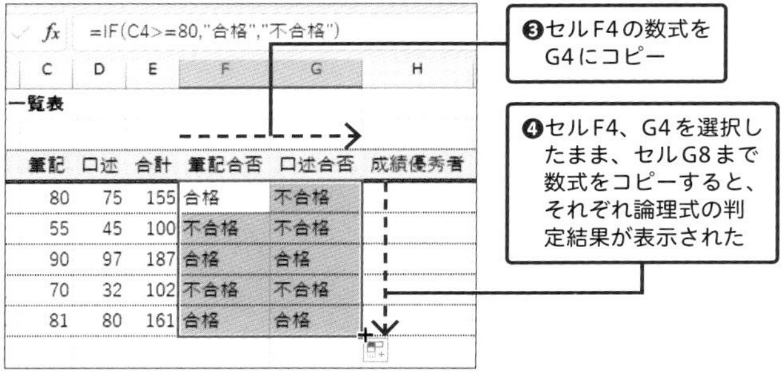

IF関数

書式	=IF(論理式, 値が真の場合, 値が偽の場合)
説明	「論理式」で指定した条件を判断し、条件を満たす場合は「値が真の場合」を、そうでないときは「値が偽の場合」を表示する

Point

論理式で使用する主な比較演算子をあわせて覚えておきましょう。比較演算子とは、数値の大小などを判定する記号のことです。

比較演算子	意味	書式
=	等しい	A1=B1
<>	等しくない	A1<>B1
>	より大きい	A1>B1
>=	以上	A1>=B1
<	より小さい	A1<B1
<=	以下	A1<=B1

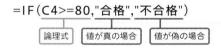

1回目 □ 2回目 □

Step 2 IF関数とAND関数を組み合わせて成績優秀者を求める

続いて、試験の結果がいずれも80点以上の場合、H列に「優秀」と表示させる論理式を設定します。このように、複数条件に一致するかを判定したい場合は、IF関数とAND関数を組み合わせて条件を指定します。

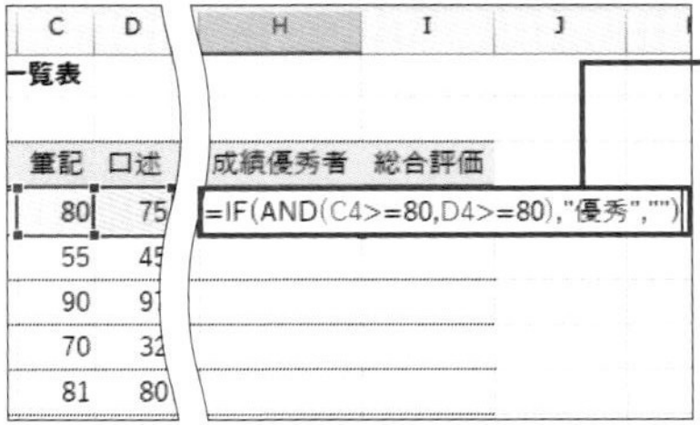

❶セルH4に以下の式を入力

Memo

ここでは、IF関数の偽の値に「""」と指定します。これは「何も表示しない（空白を表示する）」という意味です。

=IF(AND(C4>=80,D4>=80),"優秀","")

論理式1（C4>=80） 論理式2（D4>=80）

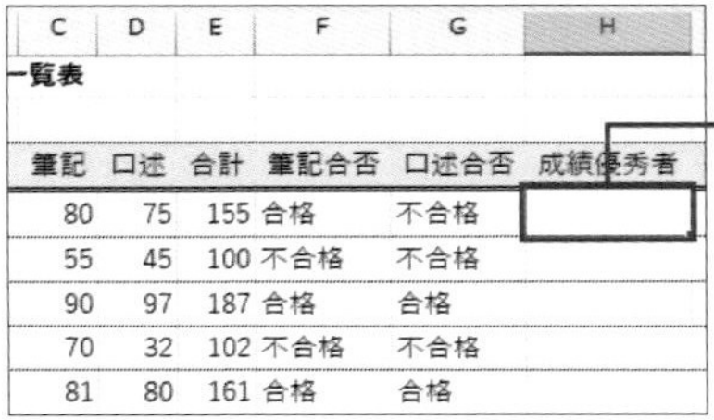

❷ Enter キーを押すと論理式の判定結果が表示された（セルH4は偽と判定されたので何も表示されなかった）

❸セルH8まで数式をコピーすると、それぞれ論理式の判定結果が表示された

■ AND関数

書式	=AND(論理式1,[論理式2],…)
説明	記述した論理式のすべての条件が満たされているかどうかを判定する関数。すべての条件を満たす場合「TRUE」を、そうでない場合に「FALSE」を返す

Point

ここでは、IF関数とAND関数を組み合わせて式を作りました。このように複数の関数を入れ子にすることを「ネスト」といいます。ネストしている関数では、内側の関数から先に処理が行われます。

=IF(AND(C4>=80,D4>=80),"優秀","")

❶AND関数で指定した2つの論理式の判定を行う

❷❶で判定した結果をIF関数の論理式として使う
❶の結果がTRUEの場合：
=IF(TRUE,"優秀","")となるため「優秀」と表示される
❶の結果がFALSEの場合：
=IF(FALSE,"優秀","")となるため空白が表示される

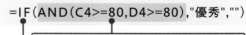

Step 3 IFS関数を利用して合計点180点／150点を基準に評価をつける

最後に、試験合計点による総合評価を求めます。筆記と口述試験の合計点が180点以上のときは「A」、150点以上かつ180点未満のときは「B」、それ以外のときは「C」と表示させる計算式を作りましょう。

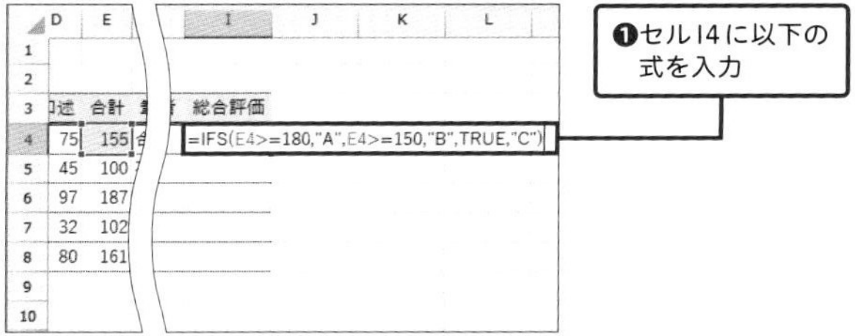

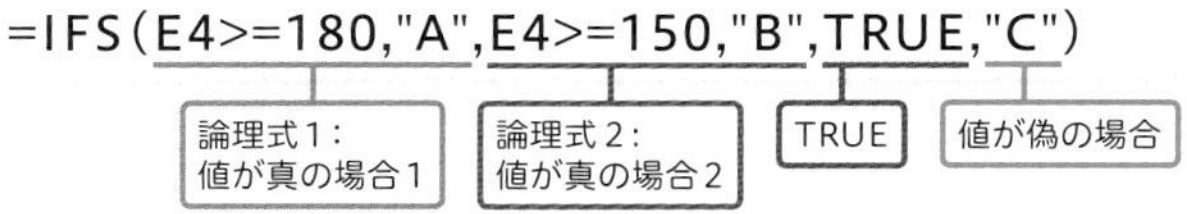

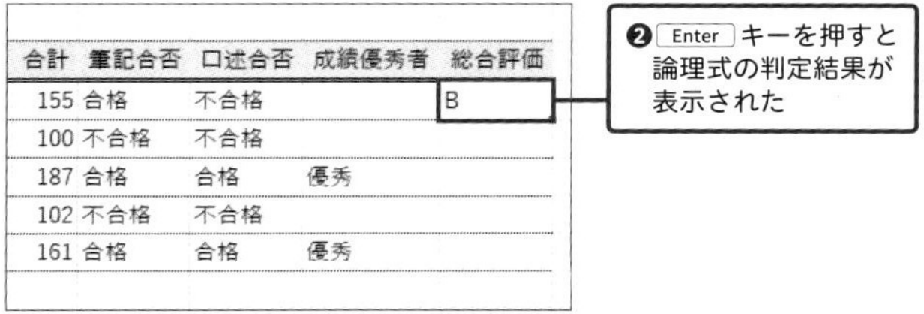

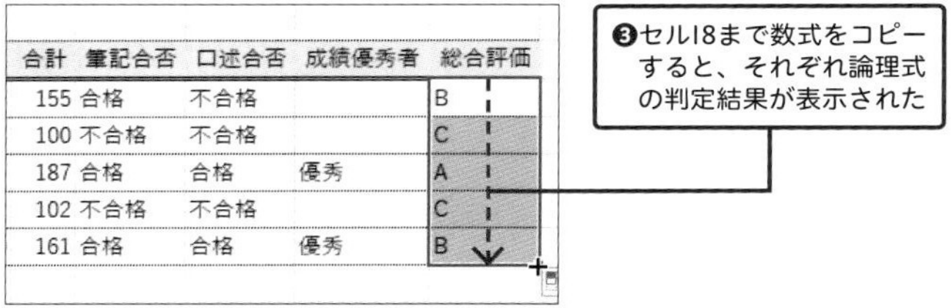

IFS関数

書式	=IFS(論理式1,値が真の場合1,[論理式2,値が真の場合2,…TRUE,値が偽の場合])
説明	複数の条件を前から順番に判定し、真となるところの値を返す。指定した論理式のいずれも当てはまらない場合は、TRUEの後に指定した値を返す

Point

IFS関数は、各論理式とそれに対応する結果が横並びのペアで並んでいるため、直感的にわかりやすい関数です。IFS関数自体はExcel2019より追加された機能で、それ以前はIF関数をネストする形で複数条件を指定していました。IF関数をネストさせると以下のような式となります。複数のIF関数をネストする場合は、例外的に外側から判定します。

=IF(E4>=180,"A",IF(E4>=150,"B","C"))

上図のように、IF文の論理式が増えていくと、論理式の切れ目がわかりづらく読みづらい印象になるため、IFS関数の利用をおすすめします。

Drill
19
ch3-19.xlsx
月　日

#COUNTA 関数　# COUNTBLANK 関数　# COUNTIF/IFS 関数

条件を満たすデータの個数を求める

Excelには、セルの個数を数える関数（ここではCOUNT系の関数と表現します）が複数あります。ここでは、COUNT系の関数を使い分けて、セミナー参加者の集計表を完成させましょう。具体的には、セミナーの出席者と欠席者の人数、所属や参加経験といった条件を満たす人数を求めていきます。

Let's Try!

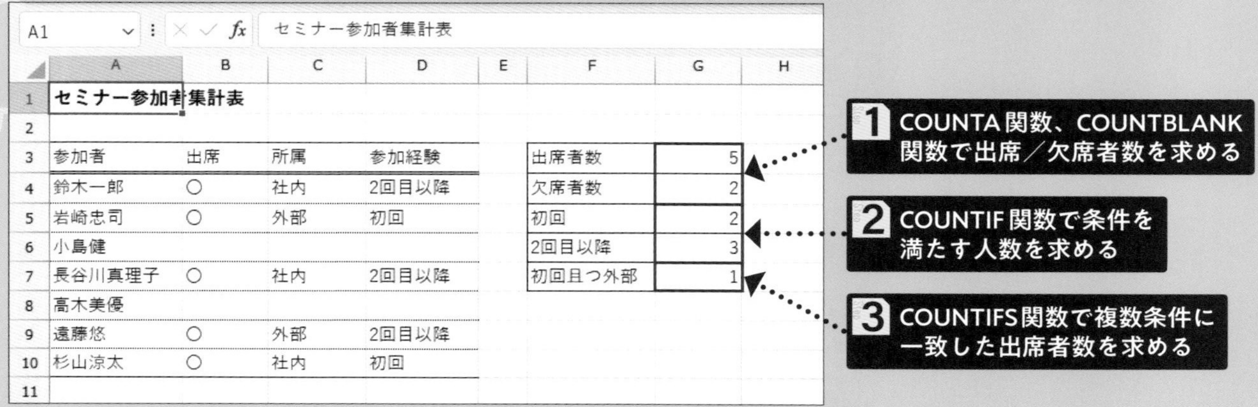

A1
セミナー参加者集計表
1 COUNTA関数、COUNTBLANK関数で出席／欠席者数を求める
2 COUNTIF関数で条件を満たす人数を求める
3 COUNTIFS関数で複数条件に一致した出席者数を求める

	A	B	C	D	E	F	G	H
1	セミナー参加者集計表							
2								
3	参加者	出席	所属	参加経験		出席者数	5	
4	鈴木一郎	○	社内	2回目以降		欠席者数	2	
5	岩崎忠司	○	外部	初回		初回	2	
6	小島健					2回目以降	3	
7	長谷川真理子	○	社内	2回目以降		初回且つ外部	1	
8	高木美優							
9	遠藤悠	○	外部	2回目以降				
10	杉山涼太	○	社内	初回				
11								

Hint　COUNT系関数の使い分け

セルの個数を数える関数にはいくつか種類があるので、目的に応じて使い分ける必要があります。選択範囲の空白セル以外の個数を数える場合はCOUNTA関数、空白セルを数える場合はCOUNTBLANK関数を使います。さらに、ある条件を満たすセルの個数を数える場合はCOUNTIF関数、複数の条件を満たすセルの個数を数える場合はCOUNTIFS関数を使います。

1回目 □ 2回目 □

Step 1 COUNTA関数、COUNTBLANK関数で出席／欠席者数を求める

まずは、セミナーの出席者と欠席者を求めていきます。ここでは、参加の場合はB列に○を入力し、欠席の場合は空欄というルールになっています。使用する関数を使い分けてそれぞれの人数を数えましょう。

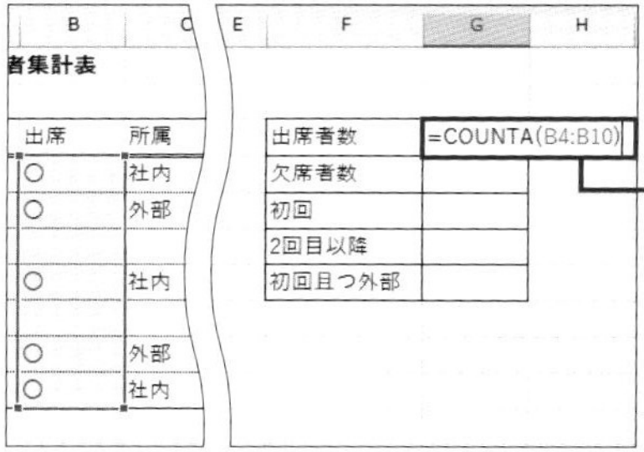

まずは、出席者の数を求めます。

❶セルG3に以下の式を入力

=COUNTA(B4:B10)

値1

❷ Enter キーを押すと、セル範囲のうち文字列が入力されているセルの個数が表示された

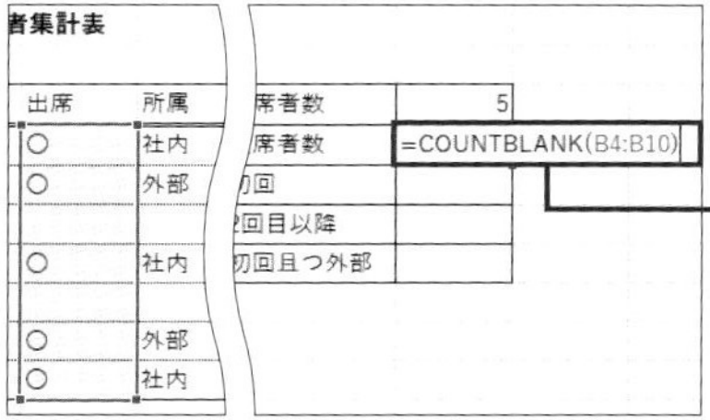

続いて、欠席者の数を求めます。

❸セルG4に以下の式を入力

=COUNTBLANK(B4:B10)

範囲

❹ Enter キーを押すと、セル範囲の空白セルの個数が表示された

COUNTA関数

書式	=COUNTA(値1,[値2],…)
説明	セル範囲の中で、文字列が入力されているセルの個数を数える関数

COUNTBLANK関数

書式	=COUNTBLANK(範囲)
説明	セル範囲の中から、空白セルの個数を数える関数

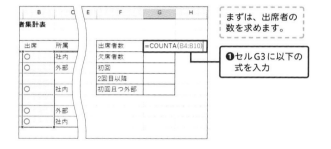

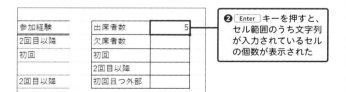

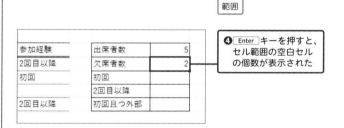

1回目 ☐ 2回目 ☐

Step 2 COUNTIF関数で条件を満たす人数を求める

COUNT関数とIF関数の機能が組み合わさったCOUNTIF関数では、検索条件を満たすデータの個数を数えます。ここでは、D列の参加経験で「初回」「2回目以降」と回答した人数をそれぞれ求めましょう。

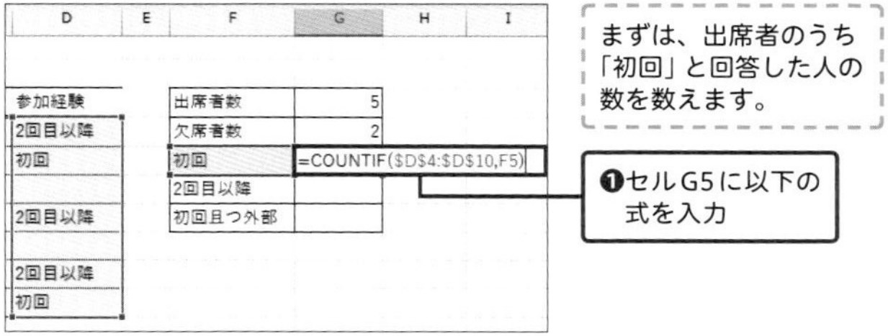

=COUNTIF($D$4:$D$10,F5)

範囲　検索条件

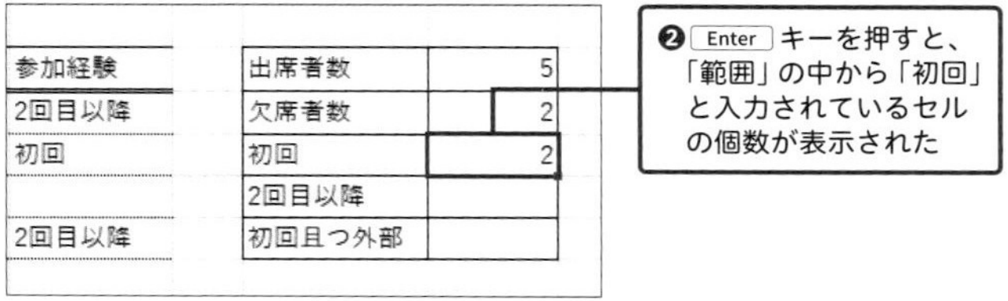

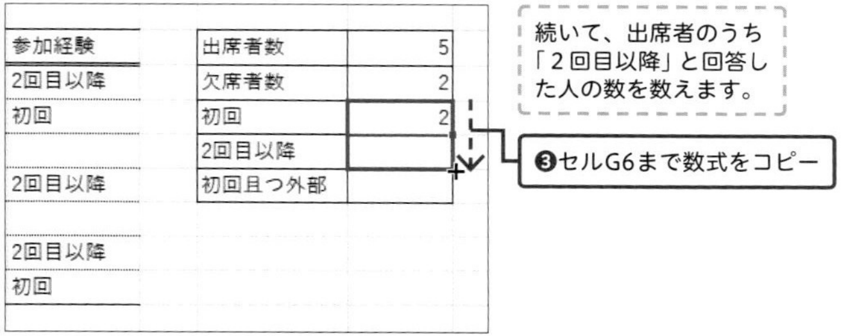

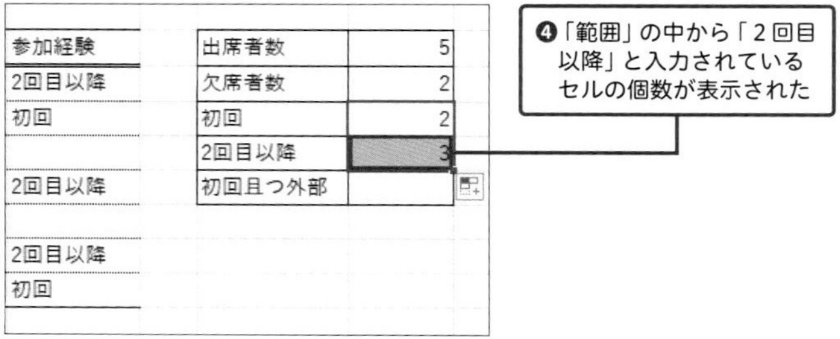

Memo

セルG6には、「=COUNTIF($D$4:$D$10,F6)」と入力されました。「範囲」は絶対参照ですが、「検索条件」は相対参照です。そのため、セルG5で指定した「範囲」と同じエリアからセルF6の値である「2回目以降」の文字列を検索してそのセルの個数が表示されています。

■ COUNTIF関数

書式	=COUNTIF(範囲, 検索条件)
説明	「範囲」の中から、「検索条件」と一致するセルの個数を数える関数。指定できる検索条件は1つのみ

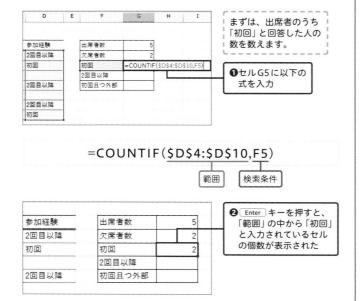

1回目 □ 2回目 □

Step 3 COUNTIFS関数で複数条件に一致した出席者数を求める

COUNTIFS 関数は、複数条件を満たすセルの個数を数えます。ここでは、文字列の条件を指定しましたが、数値を指定すると、「○以上かつ■以下」といった特定範囲内の数値の個数を求められます。

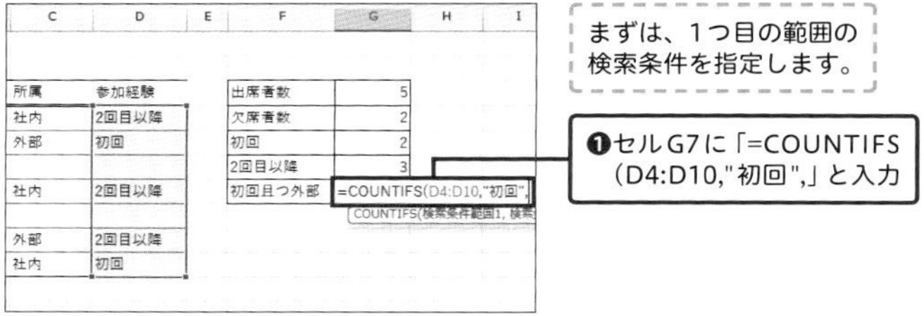
まずは、1つ目の範囲の検索条件を指定します。
❶セルG7に「=COUNTIFS(D4:D10,"初回",」と入力
=COUNTIFS(D4:D10,"初回",

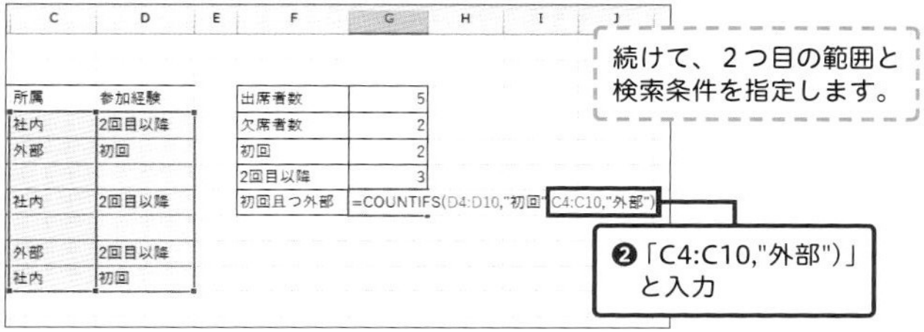
続けて、2つ目の範囲と検索条件を指定します。
❷「C4:C10,"外部")」と入力
=COUNTIFS(D4:D10,"初回",C4:C10,"外部")

=COUNTIFS(D4:D10,"初回",C4:C10,"外部")

検索条件範囲1　検索条件1　検索条件範囲2　検索条件2

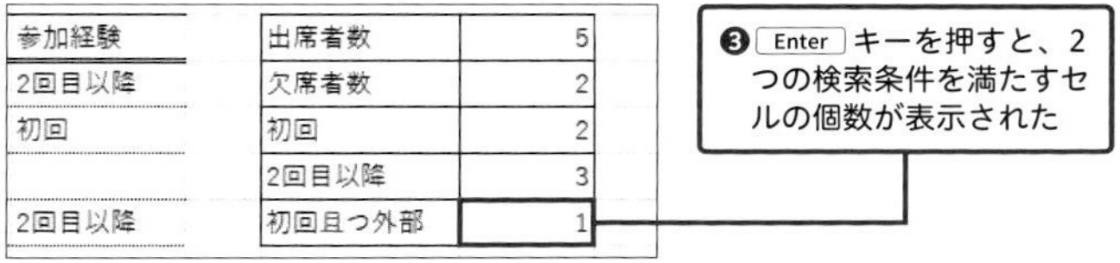
❸ Enter キーを押すと、2つの検索条件を満たすセルの個数が表示された
参加経験
2回目以降
初回
2回目以降
出席者数 5
欠席者数 2
初回 2
2回目以降 3
初回且つ外部 1

■ COUNTIFS関数

書式	=COUNTIFS(検索条件範囲1,検索条件1,[検索条件範囲2,検索条件2],…)
説明	「検索条件範囲」の中から、「検索条件」と一致するセルの個数を数える関数。COUNTIF関数とは異なり、引数に複数の検索条件を指定できる

Point

データの個数や合計などを少し確認したいだけなら「オートカルク」の機能を利用するのもよいでしょう。オートカルク機能とは、ステータスバーのデータの個数などを表示する機能です。たとえば、下図のようにセルB4からB10までを選択すると、Excelのステータスバーに文字列が入力されているセルの個数が表示されます。さらに、ステータスバーを右クリックすると、表示する項目のメニューが表示されるので、追加したい項目がある場合はチェックを入れましょう。

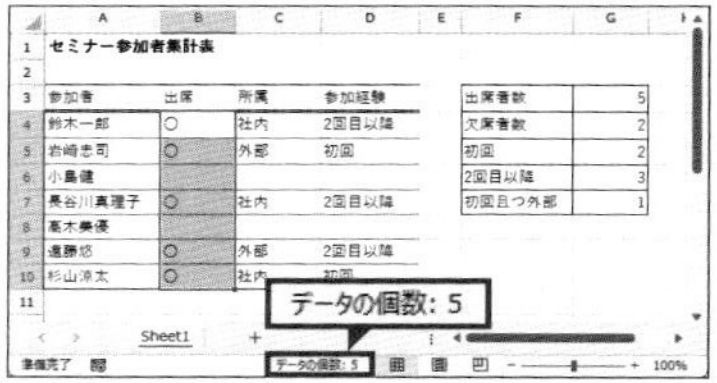
セミナー参加者集計表
データの個数：5

Drill 20

ch3-20.xlsx

月　日

#TODAY 関数　# EDATE 関数　# DATEDIF 関数

関数を使って日付の計算を行う

月によって日数が異なる場合もあるため、日付の計算を自力で行うのは意外と厄介です。そのため日付に関する計算には、関数を使いましょう。ここでは、社員名簿を使って、現在の日付と半年後の日付を求める方法と、生年月日から年齢を求める方法を練習します。

Let's Try!

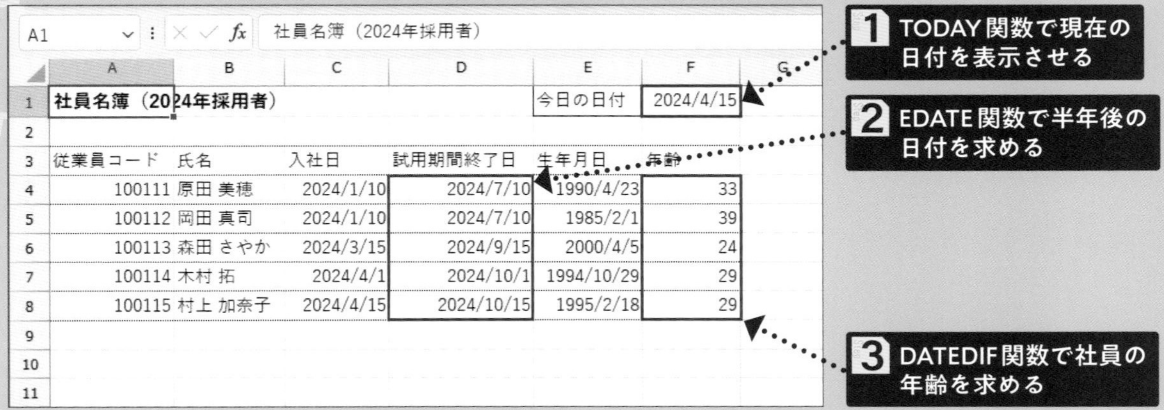

A1
社員名簿（2024年採用者）
1 TODAY 関数で現在の日付を表示させる
2 EDATE 関数で半年後の日付を求める
3 DATEDIF 関数で社員の年齢を求める

	A	B	C	D	E	F	G
1	社員名簿（2024年採用者）				今日の日付	2024/4/15	
2							
3	従業員コード	氏名	入社日	試用期間終了日	生年月日	年齢	
4	100111	原田 美穂	2024/1/10	2024/7/10	1990/4/23	33	
5	100112	岡田 真司	2024/1/10	2024/7/10	1985/2/1	39	
6	100113	森田 さやか	2024/3/15	2024/9/15	2000/4/5	24	
7	100114	木村 拓	2024/4/1	2024/10/1	1994/10/29	29	
8	100115	村上 加奈子	2024/4/15	2024/10/15	1995/2/18	29	
9							
10							
11							

Hint　日付の表示形式を設定しておこう

日付の計算を行う関数では、戻り値はシリアル値になります（P.19）。これはExcel内部では、日付をシリアル値として計算しているためです。そのため、関数の戻り値を表示する範囲には、事前にセルの表示形式を［短い日付形式］などに設定しておくとよいでしょう。なお、このサンプルファイルではすでに、対象のセル範囲には日付の表示形式を設定してあります。

Step 1 TODAY関数で現在の日付を表示させる

現在の日付を表示したい場合は、TODAY関数を使いましょう。TODAY関数は、常に「現在」の日付を表示するため、ファイルを利用する日にちが変わると、セルの表示も自動で更新されます。

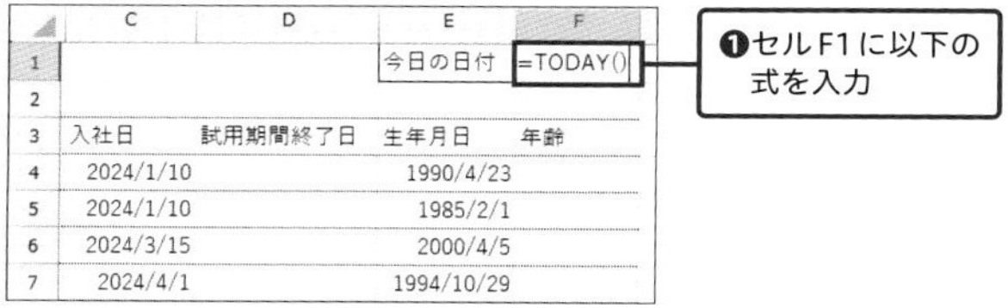

❶ セルF1に以下の式を入力

$$=TODAY()$$

❷ Enter キーを押すと、現在の日付が表示された

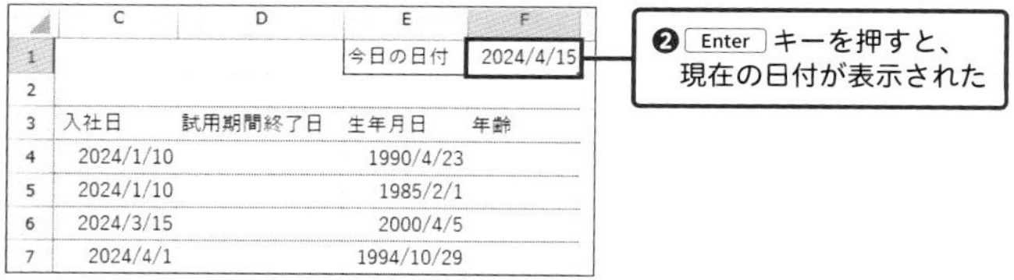

■ TODAY関数

書式	=TODAY()
説明	現在の日付を表示する関数。引数は指定しないが()の記述は必須

■ 今日の日付を固定値として入力する

今日の日付を入力したあとに、その日程を更新する必要がない場合は、関数ではなく、下記のショートカットを利用しましょう。

セルを選択し、Ctrl + ; キーを押すと今日の日付が固定値として入力される

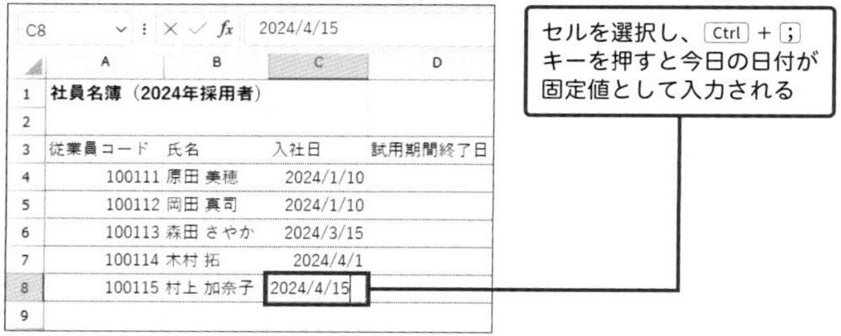

Short Cut

Ctrl + ; 現在の日付を入力する

Point

日時についての関数は、そのほかにも以下のようなものがあります。あわせて覚えておきましょう。

関数	書式	説明
NOW関数	=NOW()	現在の日付と時刻を表示する関数
MONTH関数	=MONTH(シリアル値)	引数として指定したシリアル値（P.19）から「月」の部分の値を表示する関数
DAY関数	=DAY(シリアル値)	引数として指定したシリアル値から「日」の部分の値を表示する関数

1回目 ☐　2回目 ☐

Step 2 EDATE関数で半年後の日付を求める

今日から○か月後の日付を求めたいといったとき、月によって日数が異なるため単純な計算では求められないこともあります。そのような場合には、EDATE関数を活用しましょう。

	A	B	C	D
1	社員名簿（2024年採用者）			
2				
3	従業員コード	氏名	入社日	試用期間終了日
4	100111	原田 美穂	2024/1/10	=EDATE(C4,6)
5	100112	岡田 真司	2024/1/10	
6	100113	森田 さやか	2024/3/15	
7	100114	木村 拓	2024/4/1	
8	100115	村上 加奈子	2024/4/15	
9				

❶セルD4に以下の式を入力

=EDATE(C4,6)

C4：開始日　6：月

氏名	入社日	試用期間終了日
原田 美穂	2024/1/10	2024/7/10
岡田 真司	2024/1/10	
森田 さやか	2024/3/15	
木村 拓	2024/4/1	
村上 加奈子	2024/4/15	

❷Enter キーを押すと、セルC4から6ヶ月後の日付が表示された

❸セルD8まで数式をコピー

氏名	入社日	試用期間終了日
原田 美穂	2024/1/10	2024/7/10
岡田 真司	2024/1/10	2024/7/10
森田 さやか	2024/3/15	2024/9/15
木村 拓	2024/4/1	2024/10/1
村上 加奈子	2024/4/15	2024/10/15

❹それぞれ半年後の日付が表示された

EDATE関数

書式	=EDATE(開始日, 月)
説明	「開始日」を起点として、「月」に指定した月分、前もしくは後の日付を表示する関数

Point

EDATE関数の引数の「月」に、「－（マイナス）」を指定することで、過去の日付を求めることもできます。たとえば、3ヶ月前の日付を求める場合は、「=EDATE(開始日,-3)」と入力します。また、○年後を指定したい場合は、「月」の引数を12倍することで求められます。

C1　fx　2024/4/22

	A	B	C	D
1	現在の日付		2024/4/22	
2				
3	求めたい日付	入力する関数	表示される日付	
4	1か月後の日付	=EDATE(C1,1)	2024/5/22	
5	1か月前の日付	=EDATE(C1,-1)	2024/3/22	
6	1年後の日付	=EDATE(C1,12)	2025/4/22	
7				

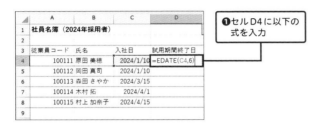

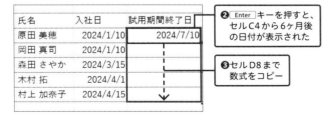

Step 3 DATEDIF関数で社員の年齢を求める

DATEDIF関数は、２つの日付から期間を求める関数です。ここでは、今日の日付と生年月日から、社員の年齢を計算します。ほかにも勤続年数や学習期間などを求めるときに活用できます。

	D	E	F	G	H
1		今日の日付	2024/4/15		
2					
3	試用期間終了日	生年月日	年齢		
4	2024/7/10	1990/4/23	=DATEDIF(E4,$F$1,"Y")		
5	2024/7/10	1985/2/1			
6	2024/9/15	2000/4/5			
7	2024/10/1	1994/10/29			
8	2024/10/30	1995/2/18			

❶セルF4に以下の式を入力

=DATEDIF(E4,$F$1,"Y")

開始日（E4）　終了日（$F$1）　単位（"Y"）

試用期間終了日	生年月日	年齢
2024/7/10	1990/4/23	33
2024/7/10	1985/2/1	
2024/9/15	2000/4/5	
2024/10/1	1994/10/29	
2024/10/15	1995/2/18	

❷ Enter キーを押すと、開始日から終了日を引いた値の「年」の数のみ表示された

❸セルF8まで数式をコピー

Memo

DATEDIF関数は、Excel公式ではサポートしていない関数なので、入力候補には表示されません。そのため、数式をすべて手入力する必要があります。

試用期間終了日	生年月日	年齢
2024/7/10	1990/4/23	33
2024/7/10	1985/2/1	39
2024/9/15	2000/4/5	24
2024/10/1	1994/10/29	29
2024/10/15	1995/2/18	29

❹それぞれ年齢が表示された

DATEDIF関数

書式	=DATEDIF(開始日, 終了日, 単位)
説明	「開始日」から「終了日」の期間を「単位」に指定した方法で計算した結果を表示する関数。単位には、年を求めたいときは"Y"、月の場合"M"、日の場合"D"と指定する

Point

DATEDIFに似た関数として、EOMONTH関数があります。引数を２つ持ち、引数１に開始日、引数２に月を指定します。指定した月の最終日の日付を表示する関数で、月末に発生する期日などを計算する際に役立ちます。

A1 fx

	A	B	C
1			
2	請求書発行日	振込期日(発行日から１か月後の末日)	入力した関数
3	2024/1/1	2024/2/29	=EOMONTH(A2,1)
4	2024/2/10	2024/3/31	=EOMONTH(A3,1)
5			

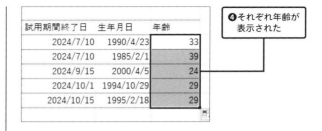

Drill

21

ch3-21.xlsx

月　日

#LEFT/MID/RIGHT 関数　# CONCAT 関数　# LEN 関数

文字列の結合や切り出し方法をマスターする

関数には、これまで練習してきたような四則演算などの計算処理を行うものだけでなく、文字列の結合や切り出しなどの操作を行うものもあります。ここでは、それらの関数を利用して、学籍番号から指定のコードを取り出したり、姓と名の２つの文字列を結合したりする操作を行いましょう。

Let's Try!

A1　試験対策講座希望者リスト

	A	B	C	D	E	F	G	H	I
1	試験対策講座希望者リスト								
2									
3	学籍番号	入学年	学部コード	姓	名	名前	郵便番号	郵便番号（ハイフンなし）	住所
4	202204030	2022	04	加藤	恵子	加藤 恵子	323-0827	3230827	埼玉県越谷市
5	202401305	2024	01	山本	愛	山本 愛	180-001	無効な郵便番号	東京都武蔵野市
6	202402257	2024	02	林	大輔	林 大輔	338-0832	3380832	埼玉県さいたま市
7	202403001	2024	03	加藤	繁	加藤 繁	254-0807	2540807	神奈川県平塚市
8	202305203	2023	05	中村	直人	中村 直人	152-0004	1520004	東京都目黒区
9	202103003	2021	03	井上	陽一	井上 陽一	350-1100	3501100	埼玉県川越市
10	202301002	2023	01	佐藤	正樹	佐藤 正樹	241-0061	2410061	神奈川県横浜市
11									

1 LEFT関数とMID関数で学籍番号から特定の位置にある文字列を取り出す

2 CONCAT関数で「姓」と「名」を文字列結合する

3 LEN関数とほかの関数を組み合わせて郵便番号からハイフンを除く

Hint　関数を組み合わせて利用しよう

ここで紹介する、LEFT関数、MID関数、LEN関数などの文字列操作に関する関数は、その関数単体で利用することもありますが、ほかの関数と組み合わせて利用することで、より複雑な処理に対応できるようになります。Step3は実際に関数を組み合わせた演習なので、ぜひチャレンジしてみましょう。

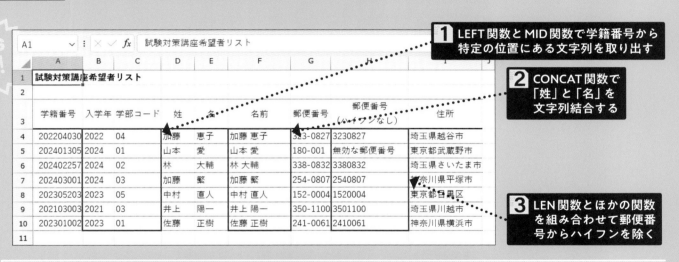

1回目 □ 2回目 □

Step 1 LEFT関数とMID関数で学籍番号から特定の位置にある文字列を取り出す

LEFT関数とMID関数を利用して、学籍番号から指定の数字を抽出します。なおここでは、学籍番号の左から4桁が「入学年」、次の2桁が「学部コード」、最後の3桁が「個人番号」としています。

	A	B	C	D	E
1	試験対策講座希望者リスト				
2					
3	学籍番号	入学年	学部コード	姓	名
4	202204030	=LEFT(A4,4)		加藤	恵子
5	202401305			山本	愛

まずは「入学年」から取り出します。

❶セルB4に以下の式を入力

=LEFT(A4,4)

文字列　文字数

Memo

LEFT関数と似た関数のRIGHT関数では、「文字列」の右から「文字数」分の文字列を抽出します。

3	学籍番号	入学年	学部コード	姓	名
4	202204030	2022		加藤	恵子
5	202401305	2024		山本	愛
6	202402257	2024		林	大輔
7	202403001	2024		加藤	繁
8	202305203	2023		中村	直人
9	202103003	2021		井上	陽一
10	202301002	2023		佐藤	正樹

❷ Enter キーを押して、セルB10まで数式をコピー

❸それぞれA列の先頭4文字が表示された

3	学籍番号	入学年	学部コード	姓	名
4	202204030	2022	=MID(A4,5,2)		恵子
5	202401305	2024		山本	愛
6	202402257	2024		林	大輔

続いて、「学部コード」を取り出します。

❹セルC4に以下の式を入力

=MID(A4,5,2)

文字列　開始位置　文字数

3	学籍番号	入学年	学部コード	姓	名
4	202204030	2022	04	加藤	恵子
5	202401305	2024	01	山本	愛
6	202402257	2024	02	林	大輔
7	202403001	2024	03	加藤	繁
8	202305203	2023	05	中村	直人
9	202103003	2021	03	井上	陽一
10	202301002	2023	01	佐藤	正樹

❺ Enter キーを押し、セルC10まで数式をコピー

❻それぞれA列の5文字目から2文字表示された

LEFT関数

書式	=LEFT(文字列,[文字数])
説明	「文字列」の先頭(一番左)から「文字数」分、文字列を返す関数

MID関数

書式	=MID(文字列, 開始位置, 文字数)
説明	「文字列」の「開始位置」の文字から「文字数」分だけの文字列を返す関数

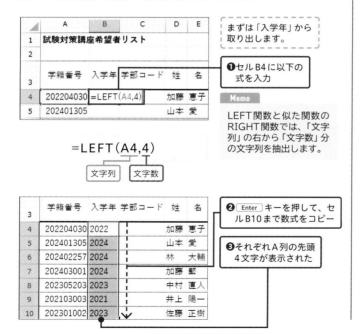

1回目 □　2回目 □

Step 2 CONCAT関数で「姓」と「名」を文字列結合する

続いて、CONCAT関数を利用して、別々のセルにある「姓」と「名」を結合して1つの文字列にしてみましょう。なお、引数にはセルではなく、文字列や半角スペースなどの指定も可能です。

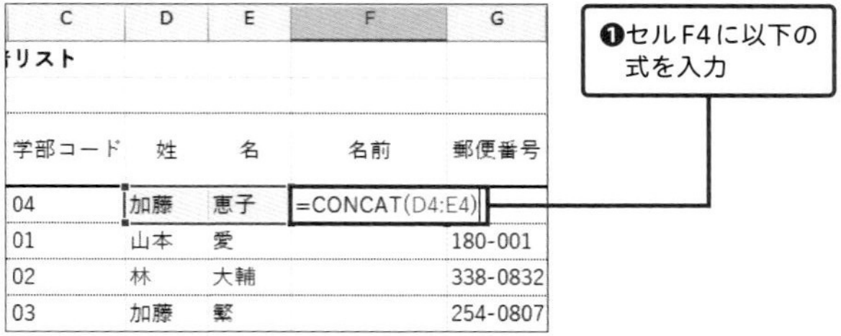

=CONCAT(D4:E4)

テキスト1

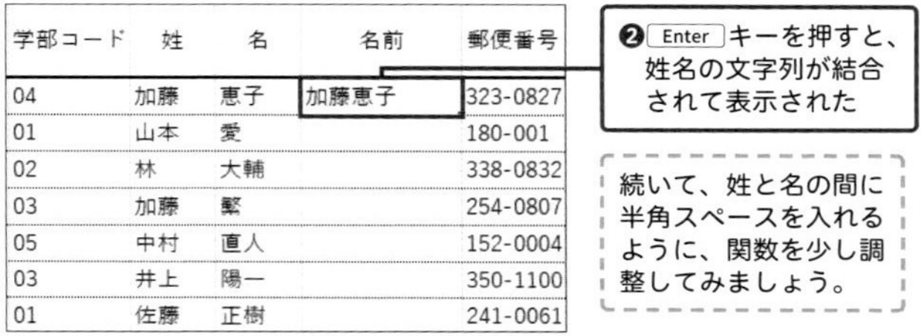

続いて、姓と名の間に半角スペースを入れるように、関数を少し調整してみましょう。

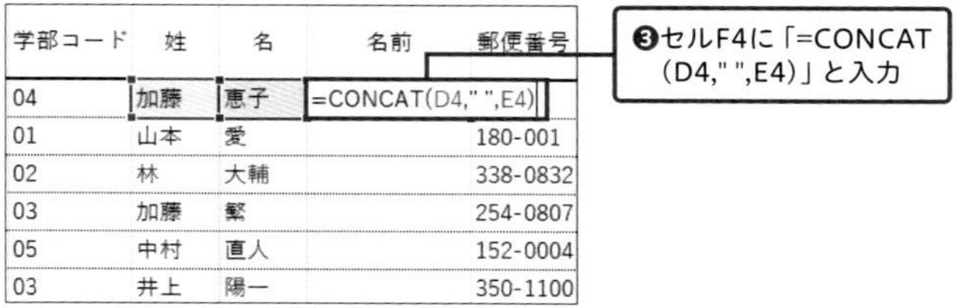

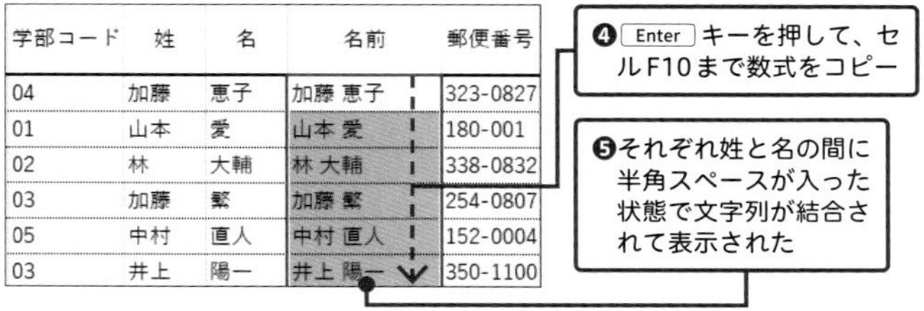

■ CONCAT関数

書式	=CONCAT(テキスト1,[テキスト2],…)
説明	「テキスト1」以降のテキストもしくは範囲を結合して表示する関数

Point

単純に2つのセルの文字列を結合する場合は、「=A1&B1」のように「&(アンパサンド)」で結ぶ方法で可能です。ただ、結合するセルが多い場合は、すべてを「&」でつなぐのは手間がかかります。そのため、「郵便番号」「都道府県」「市町村」「番地」「マンション名」のように多数のセル範囲を結合したい場合は、引数にドラッグ操作でセル範囲を指定できるCONCAT関数を使うのがよいでしょう。

Step 3 LEN関数とほかの関数を組み合わせて郵便番号からハイフンを除く

LEN関数は文字列の数を表示する関数です。ここでは、LEFT関数をほかの関数と組み合わせて、郵便番号からハイフンを除く練習をしてみましょう。

まずは、LEN関数を単体で利用して、使い方を確認します。

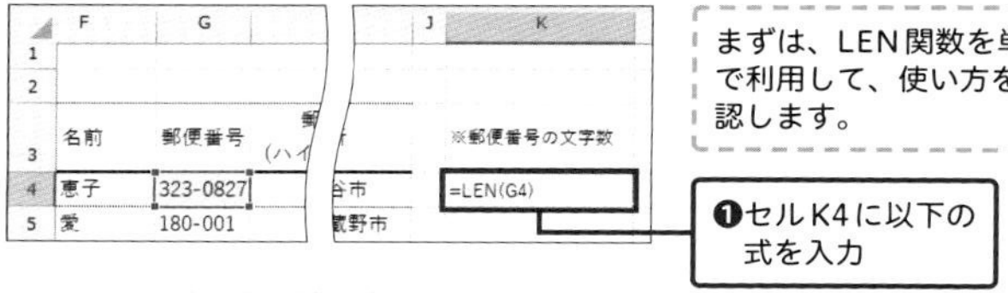

=LEN(G4)

文字列

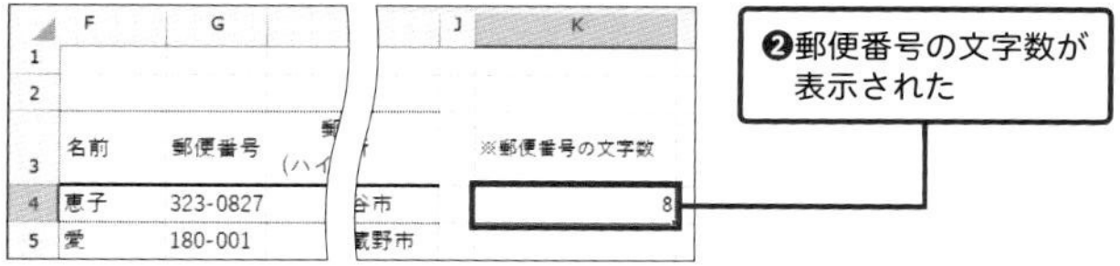

LEN関数

書式	=LEN(文字列)
説明	「文字列」の数を表示する関数。記号だけでなく、スペースや改行も1文字としてカウントする

続いて、IF関数、LEFT関数、RIGHT関数と組み合わせて、郵便番号からハイフンを取り除く操作を行います。

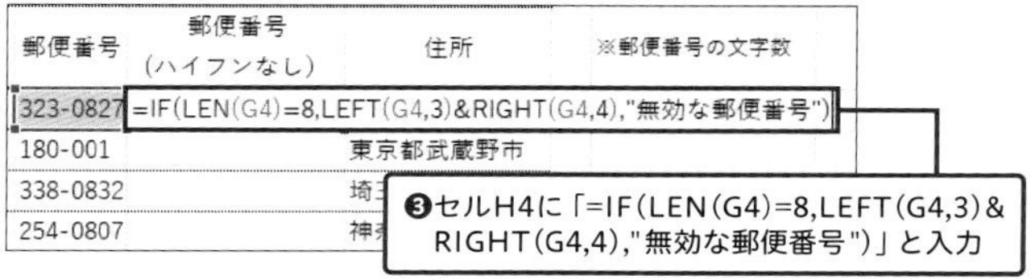

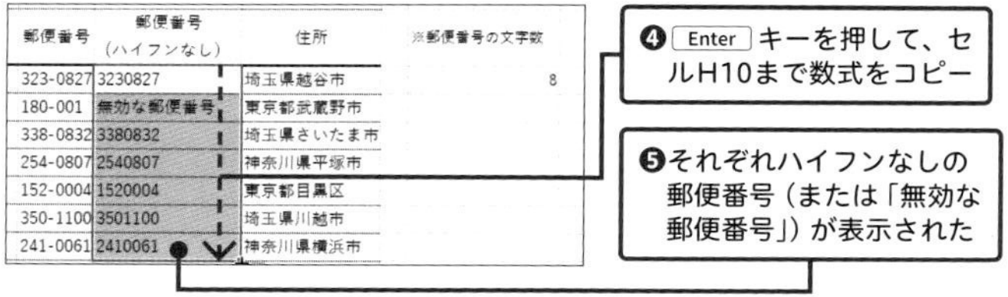

Point

式自体は少し長くなりましたが、構造自体はそこまで複雑ではありません。

=IF(LEN(G4)=8,LEFT(G4,3)&RIGHT(G4,4),"無効な郵便番号")

IFの論理式　真の場合　偽の場合

まず、IF関数の論理式として指定したLEN関数で8文字かどうかを判定しています。8文字の場合、真の場合の処理として、郵便番号のハイフンを除く箇所を結合し、それ以外の場合、偽の場合の処理として「無効な郵便番号」と表示させます。

Drill

22 文字列操作の関数を利用して名簿を作成する

ch3-22.xlsx

月　日

Drill21 に引き続き、文字列操作の関数を練習していきましょう。ここでは、英会話教室の講師と担当生徒をまとめた名簿を作成しています。講師の名前は半角、全角という表記別で列を作成し、生徒の名前にはフリガナを振りましょう。さらに、「,」で連結した住所データを作成して、名簿のすべての情報を埋めます。

Let's Try!

ABCXYZ英会話名簿（担当割）

ペアNo.	講師名	講師名（大文字/掲示用）	講師名（半角/DB登録用）	生徒氏名	フリガナ	郵便番号	都道府県	市町村	連結住所
001	Ｊａｍｅｓ　ｓｍｉｔｈ	ＪＡＭＥＳ　ＳＭＩＴＨ	JAMES SMITH	佐藤 湊	サトウ ミナト	150-0002	Tokyo	Shibuya	150-0002,Tokyo,Shibuya
002	Ｊａｍｅｓ　ｓｍｉｔｈ	ＪＡＭＥＳ　ＳＭＩＴＨ	JAMES SMITH	鈴木 葵	スズキ アオイ	330-0844	Saitama	Omiya	330-0844,Saitama,Omiya
003	Ｅｍｉｌｙ　Ｊｏｈｎｓｏｎ	ＥＭＩＬＹ　ＪＯＨＮＳＯＮ	EMILY JOHNSON	高橋 翔	タカハシ ショウ	153-0061	Tokyo	Meguro	153-0061,Tokyo,Meguro
004	Ｅｍｉｌｙ　Ｊｏｈｎｓｏｎ	ＥＭＩＬＹ　ＪＯＨＮＳＯＮ	EMILY JOHNSON	田中 結奈	タナカ ユイナ	210-0006	Kanagawa	Kawasaki	210-0006,Kanagawa,Kawasaki
005	Ｅｍｉｌｙ　Ｊｏｈｎｓｏｎ	ＥＭＩＬＹ　ＪＯＨＮＳＯＮ	EMILY JOHNSON	渡部 遊馬	ワタベ アスマ	273-0005	Chiba	Funabashi	273-0005,Chiba,Funabashi
006	ｍｉｃｈａｅｌ　ＢＲＯＷＮ	ＭＩＣＨＡＥＬ　ＢＲＯＷＮ	MICHAEL BROWN	井上 大和	イノウエ ヤマト	231-0023	Kanagawa	Yokohama	231-0023,Kanagawa,Yokohama
007	ｍｉｃｈａｅｌ　ＢＲＯＷＮ	ＭＩＣＨＡＥＬ　ＢＲＯＷＮ	MICHAEL BROWN	斉藤 咲良	サイトウ サクラ	260-0024	Chiba	Chiba	260-0024,Chiba,Chiba
008	ｍｉｃｈａｅｌ　ＢＲＯＷＮ	ＭＩＣＨＡＥＬ　ＢＲＯＷＮ	MICHAEL BROWN	石川 陸	イシカワ リク	333-0833	Saitama	Kawaguchi	333-0833,Saitama,Kawaguchi

1 UPPER関数とASC関数で大文字と半角に変換する

2 PHONETIC関数で名前のフリガナを表示する

3 TEXTJOIN関数でカンマごとに区切ったデータを作成する

Hint 関数名を忘れてしてしまったときは［関数の検索］ダイアログを利用しよう

ここまで色々な関数を紹介してきました。ときには関数の名前を忘れてしまうこともあるでしょう。そのような場合は、［数式］タブの［関数の挿入］をクリックして、［関数の検索］ダイアログを表示しましょう。［関数の検索］に実施したいことを入力し、［検索開始］をクリックすると関数の候補が表示されます。

Step 1 UPPER関数とASC関数で大文字と半角に変換する

UPPER関数は英字を大文字表記にする関数、ASC関数は全角の英字やカタカナを半角表記にする関数です。これらの関数は、特に名簿などの表記統一時によく利用されます。

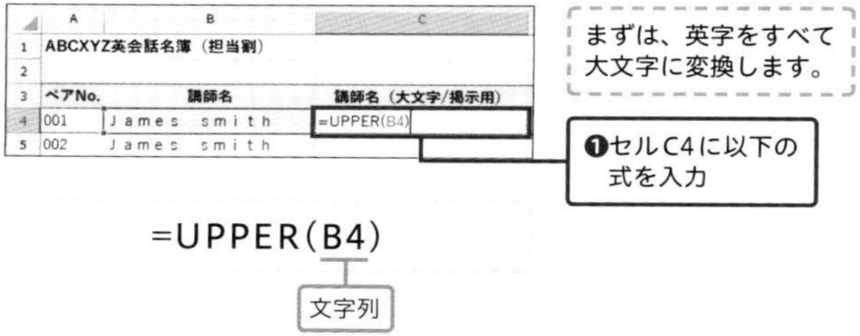

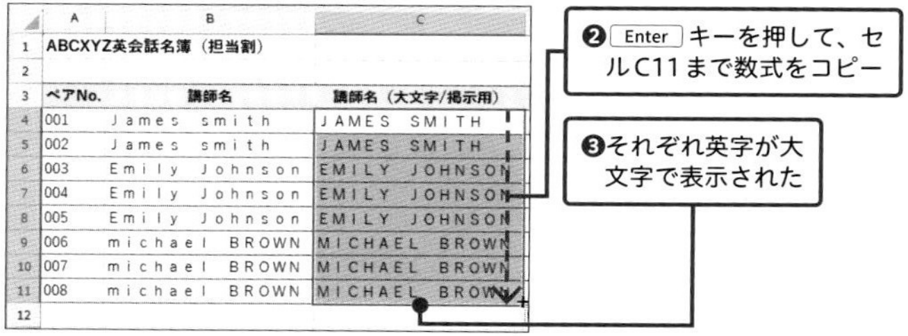

Memo

表記の統一は、検索と置換機能（Drill10）からも操作できますが、関数の場合はもとのデータを残したまま新しいデータを作成できます。

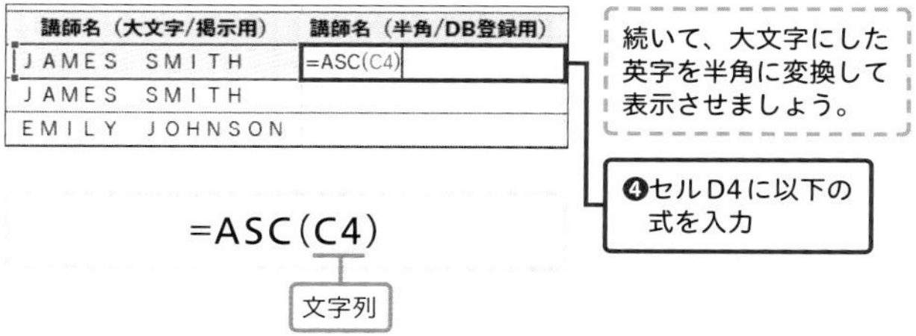

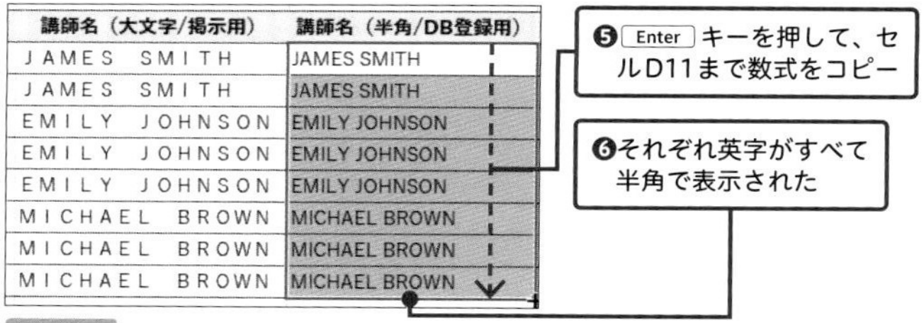

Memo

英字をすべて小文字にしたいは「LOWER関数」を、半角の文字を全角にしたいときは「JIS関数」を利用します。

UPPER関数

書式	=UPPER(文字列)
説明	「文字列」に含まれる英字をすべて大文字にして表示する関数

ASC関数

書式	=ASC(文字列)
説明	「文字列」に含まれる全角の文字をすべて半角にして表示する関数

Step 2 PHONETIC関数で名前のフリガナを表示する

名簿には、漢字の横にフリガナを並列して表示させると便利です。PHONETIC関数を利用して、F列にE列の漢字のフリガナを表示させましょう。

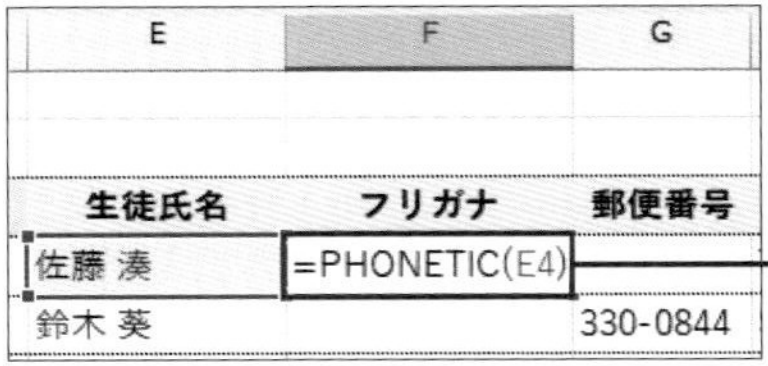

❶セルF4に以下の式を入力

$$=PHONETIC(E4)$$

参照

❷ Enter キーを押して、セルF11まで数式をコピー

❸それぞれフリガナが表示された

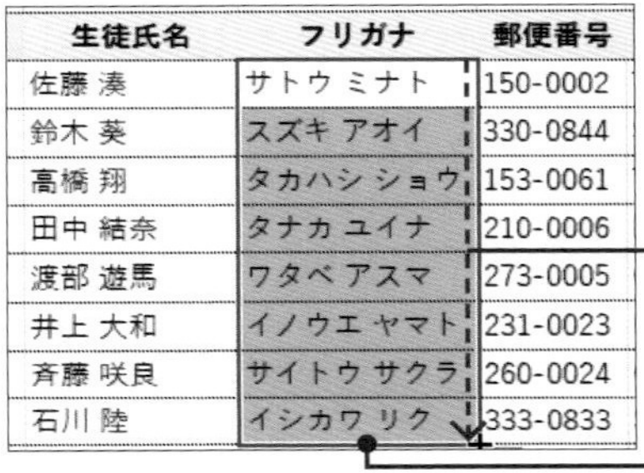

■ フリガナを同じセルに表示させる場合

関数を使わずに、同じセルの漢字の上にフリガナを表示することもできます。

フリガナを表示したい範囲を選択して、[ホーム]タブの[ふりがなの表示]をクリック

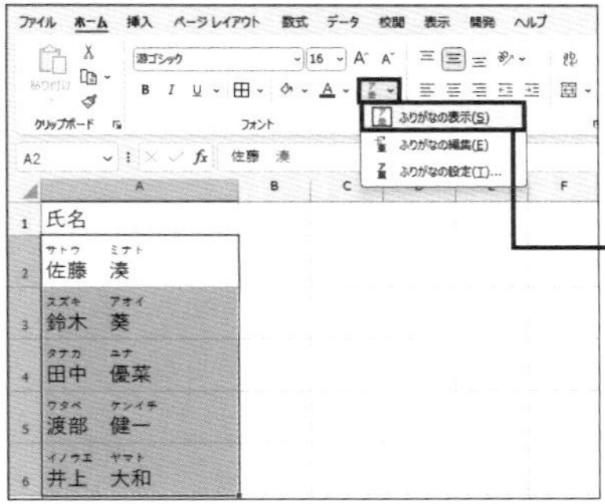

■ PHONETIC関数

書式	=PHONETIC(参照)
説明	参照に指定したセルのフリガナを表示する関数。文字列を入力したときの情報をもとにフリガナを表示する。よって、ほかのシートからコピーしてきた文字列には、入力時の「かな」情報がないため、関数の引数に指定してもフリガナが表示されない

Point

ここでは、フリガナに「全角カタカナ」が表示されていましたが、「ひらがな」「半角カタカナ」にも変更可能です。氏名が入力されたセルを選択後、[ホーム]タブの[ふりがなの設定]をクリックし、[種類]から指定のものを選択します。

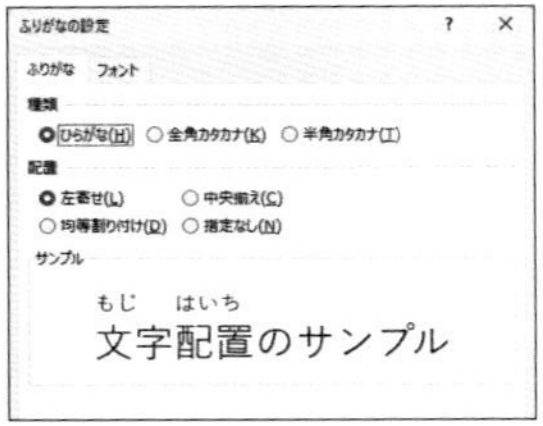

1回目 □　2回目 □

Step 3 TEXTJOIN関数でカンマごとに区切ったデータを作成する

TEXTJOIN関数で文字列を結合しましょう。CONCAT関数との違いは、連結する文字列の間に「区切り文字」を挿入できるところです。ここでは、住所の文字列を「,」区切りで連結した文字列を作成します。

G	H	I	J
郵便番号	都道府県	市町村	連結住所
150-0002	Tokyo	Shibuya	=TEXTJOIN(",",TRUE,G4:I4)
330-0844	Saitama	Omiya	
153-0061	Tokyo	Meguro	
210-0006	Kanagawa	Kawasaki	
273-0005	Chiba	Funabashi	
231-0023	Kanagawa	Yokohama	
260-0024	Chiba	Chiba	
333-0833	Saitama	Kawaguchi	

❶セルJ4に以下の式を入力

= TEXTJOIN(",",TRUE,G4:I4)

区切り文字　空白セルの扱い　テキスト1

G	H	I	J
郵便番号	都道府県	市町村	連結
150-0002	Tokyo	Shibuya	150-0002,Tokyo,Shibuya
330-0844	Saitama	Omiya	
153-0061	Tokyo	Meguro	
210-0006	Kanagawa	Kawasaki	
273-0005	Chiba	Funabashi	
231-0023	Kanagawa	Yokohama	
260-0024	Chiba	Chiba	
333-0833	Saitama	Kawaguchi	

❷ Enter キーを押すと、セルG4からI4の文字列が連結して表示された

G	H	I	J
郵便番号	都道府県	市町村	連結住所
150-0002	Tokyo	Shibuya	150-0002,Tokyo,Shibuya
330-0844	Saitama	Omiya	330-0844,Saitama,Omiya
153-0061	Tokyo	Meguro	153-0061,Tokyo,Meguro
210-0006	Kanagawa	Kawasaki	210-0006,Kanagawa,Kawasaki
273-0005	Chiba	Funabashi	273-0005,Chiba,Funabashi
231-0023	Kanagawa	Yokohama	231-0023,Kanagawa,Yokohama

❸セルJ11まで数式をコピーすると、それぞれ「,」区切りで結合された住所が表示された

TEXTJOIN関数

書式	=TEXTJOIN(区切り文字,空白セルの扱い,テキスト1,[テキスト2]...)
説明	「テキスト1」以降に指定したセルもしくはセル範囲を、「区切り文字」で連結して表示する。「テキスト1」以降に空白セルが含まれていた場合の処理として、「空白セルの扱い」には、「TRUE」か「FALSE」を指定する。

Point

空白セルの扱いが、FALSEの場合はどのように表示されるのか、下図のD、E列を比較して確認してみましょう。空白セルがある場合、引数に指定した区切り文字の「,」が表示されます。これにより、文字列の間に挟まれていない「,」の部分は空白のデータであるという目印になり、あとから調整しやすくなります。目的に応じて空白セルの扱いの指定を決めましょう。

	A	B	C	D	E	F
1						
2	郵便番号	都道府県	市町村	連結（TRUE指定）	連結（FALSE指定）	
3	150-0002	Tokyo	Shibuya	150-0002,Tokyo,Shibuya	150-0002,Tokyo,Shibuya	
4	330-0844	Saitama	Omiya	330-0844,Saitama,Omiya	330-0844,Saitama,Omiya	
5		Tokyo	Meguro	Tokyo,Meguro	,Tokyo,Meguro	
6	210-0006	Kanagawa	Kawasaki	210-0006,Kanagawa,Kawasaki	210-0006,Kanagawa,Kawasaki	
7	273-0005		Funabashi	273-0005,Funabashi	273-0005,,Funabashi	
8	231-0023	Kanagawa	Yokohama	231-0023,Kanagawa,Yokohama	231-0023,Kanagawa,Yokohama	

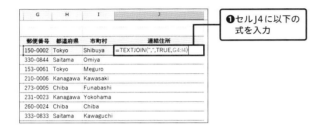

Drill 23

ch3-23.xlsx

月　日

VLOOKUP 関数を利用して特定の値を取り出す

VLOOKUP関数とは、表から特定の値を検索し、それに対応するデータを取り出す関数です。この関数は非常に便利ですが、少し複雑な構造をしているので難しく感じる人も多いでしょう。そのためここで、3つの類似問題を解くことで、VLOOKUP関数の利用に慣れていきましょう。

Let's Try!

1 商品IDに対応する商品名を表示する

2 売上管理表に商品の単価を表示する

3 別のシートから商品在庫数を検索して表示する

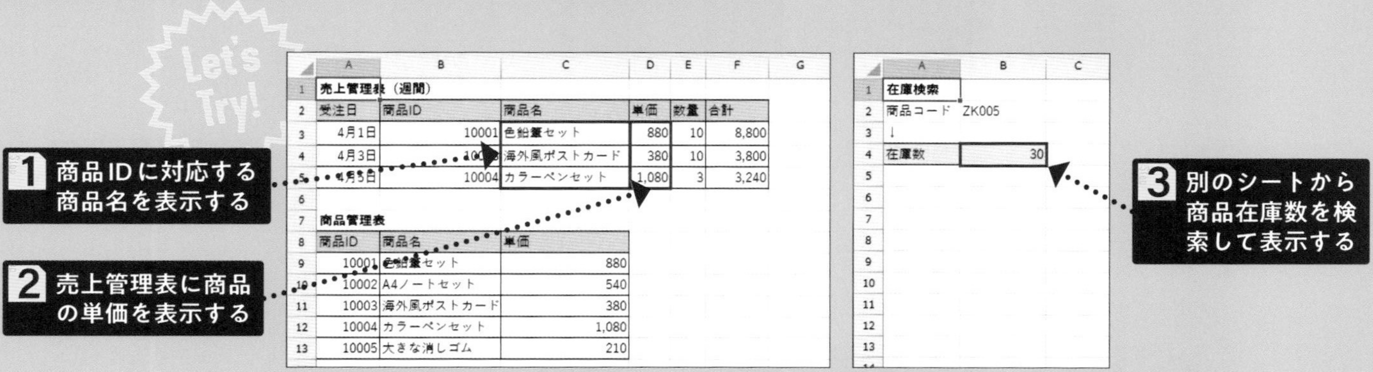

Hint｜VLOOKUP関数でできることのイメージを掴もう

VLOOKUP関数の動作は少しイメージしづらい部分があるので、具体例とあわせて考えてみましょう。右図の例では、商品ID「A0003」に紐づく商品名を、商品管理表から検索し、「サインペン」というデータを自動でセルB3に表示させています。つまり、表の中身を確認し、対応するデータをコピペで貼り付けるという操作を手動でせずとも、VLOOKUP関数が一瞬で行ってくれるということです。さらに、数式でリンクしているので、もとの表の内容が変わった場合も自動で表示される内容が反映されるメリットもあります。

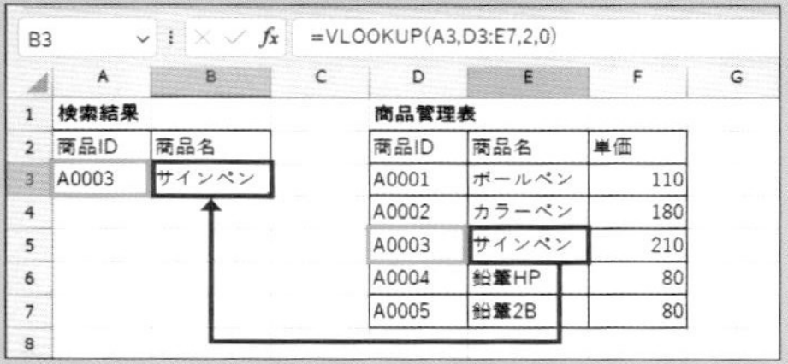

1回目 □ 2回目 □

Step 1 商品IDに対応する商品名を表示する

ここでは、Step1、2を通して、商品管理表から必要な情報を表示する操作を行います。まずは、商品IDをもとにして、対応する商品名を売上管理表に表示させせましょう。

これまでの関数と比べて構造がわかりづらいので、ここでは引数を1つずつ指定しながら解説していきます。

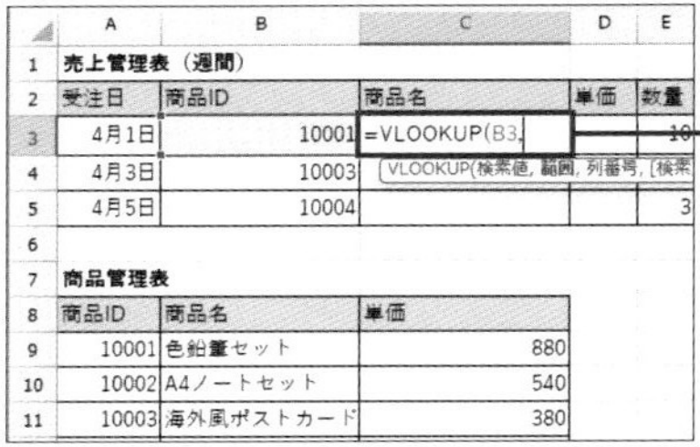

❶「売上管理表」シートのセルC3に「=VLOOKUP(」と入力し、「検索値」として、セルB3を選択。続けて「,」を入力

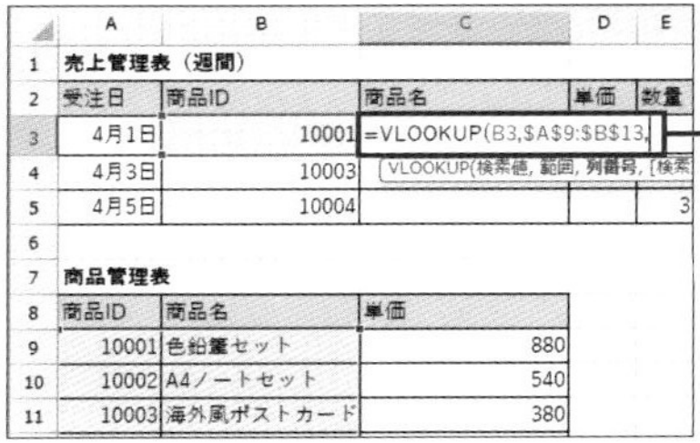

❷「範囲」として、セルA9からB13までを範囲指定し、F4 キーを押し、絶対参照にする。続けて「,」を入力

Step2でこの数式をコピーするので、参照先がずれないように絶対参照にしておきます。

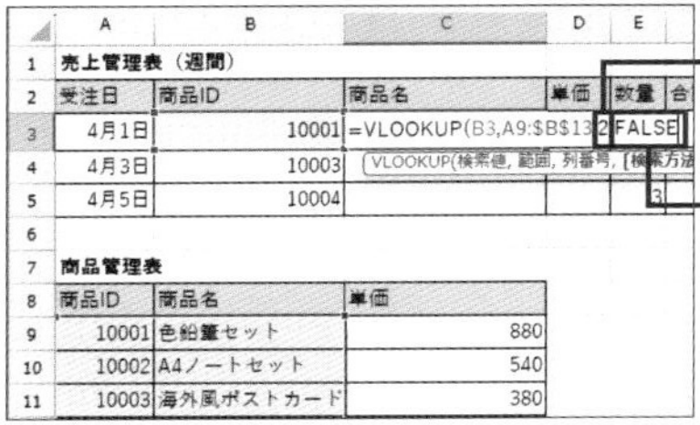

❸「列番号」として、「2」と入力し、「,」を入力

❹「検索方法」として、「FALSE」を入力

❺ Enter キーを押すと、商品IDに対応する商品名が表示された

=VLOOKUP(B3,$A$9:$B$13,2,FALSE)

検索値　範囲　列番号　検索方法

VLOOKUP関数

書式	=VLOOKUP(検索値,範囲,列番号,[検索方法])
説明	「範囲」に指定したセル範囲の先頭列（一番左の列）から、「検索値」の値を検索し、それに対応する（その行にある）「列番号」の値を取り出す関数。「列番号」は「検索範囲」の一番左の列を「1」として数える。「検索方法」は「TRUE」「FALSE」の2種類を指定できる。「TRUE」の場合は、「最も近い値」を検索し、「FALSE」の場合は「完全一致する値」を検索する

Step 2 売上管理表に商品の単価を表示する

続いて、売上管理表に単価を表示させます。Step1と類似の数式になりますが、ここでは「単価」を表示させるため、指定する「列番号」が異なります。

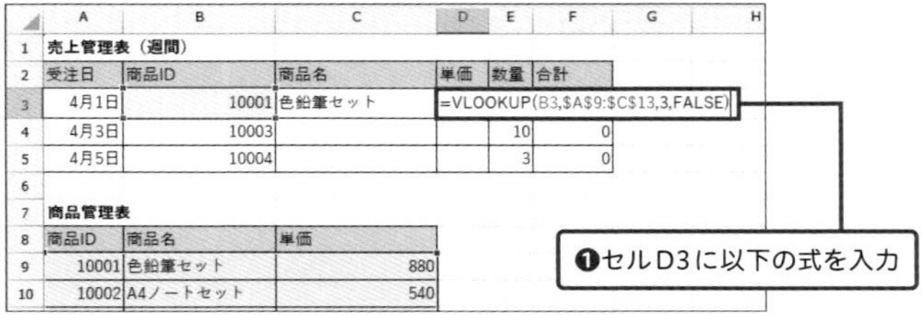

❶セルD3に以下の式を入力

$$=VLOOKUP(B3,\$A\$9:\$C\$13,3,FALSE)$$

検索値　範囲　列番号　検索方法

❷ Enter キーを押すと、商品IDに対応する単価が表示された

---

❸セルC3からD3を選択した状態で、フィルハンドルをセルD5までドラッグして数式をコピーする

❹それぞれ商品IDに対応する商品名と単価が表示された

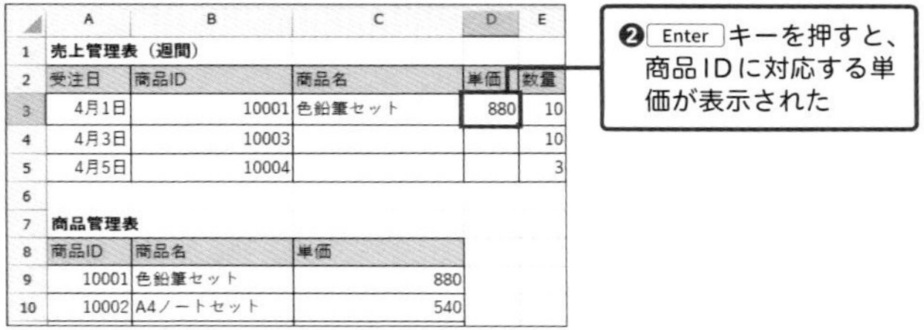

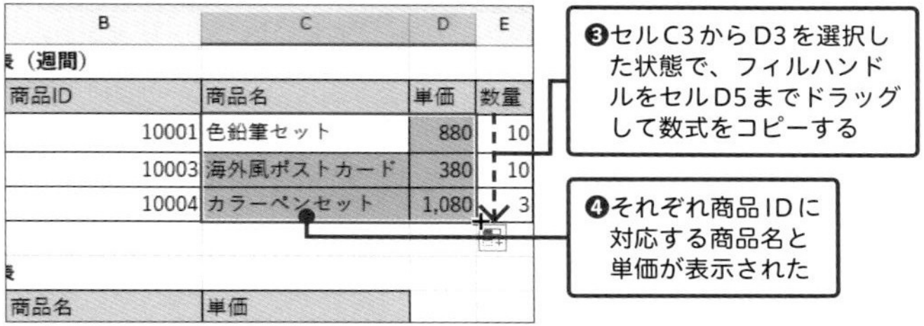

Point

引数の構造が少し複雑なため、下図を確認してVLOOKUP関数の理解を深めましょう。

$$=VLOOKUP(B3,\$A\$9:\$C\$13,3,FALSE)$$
❶　　　　　❷　　　　❸　　❹

❶検索値

❸列番号

「880」がVLOOKUP関数の「戻り値」となる

❷範囲

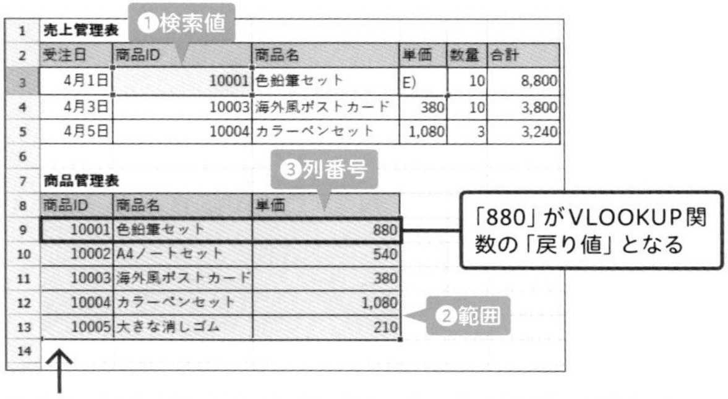

※VLOOKUP関数は「範囲」の一番左の列から「検索値」を検索する。
　そのため検索値が一番左にある状態で範囲を指定する必要がある。

1回目 □ 2回目 □

Step 3 別のシートから商品在庫数を検索して表示する

ここでは、在庫検索表と在庫表が別のシートにあります。検索範囲が異なるシートにある場合でも、範囲指定の際にシートを切り替えて操作することで、これまでと同様にVLOOKUP関数を利用できます。

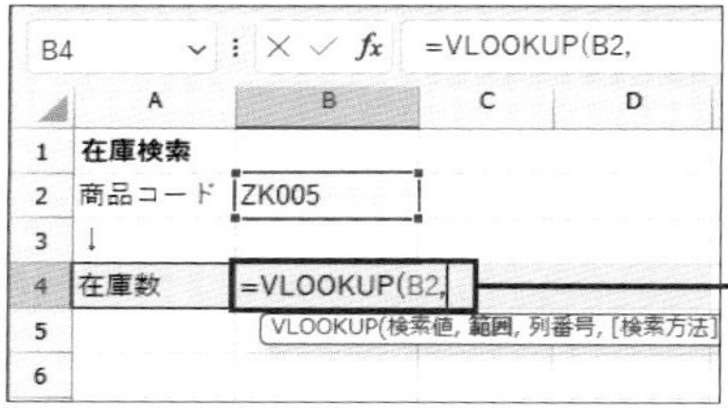

❶「在庫検索」シートのセルB4に「=VLOOKUP(B2,」と入力

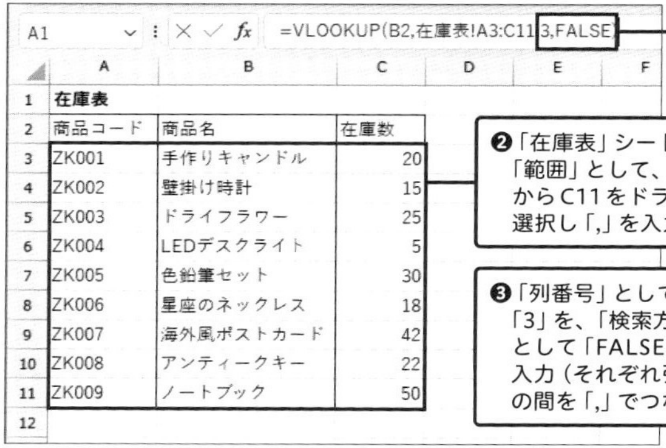

❷「在庫表」シートを開き、「範囲」として、セルA3からC11をドラッグして選択し「,」を入力

❸「列番号」として「3」を、「検索方法」として「FALSE」と入力（それぞれ引数の間を「,」でつなぐ）

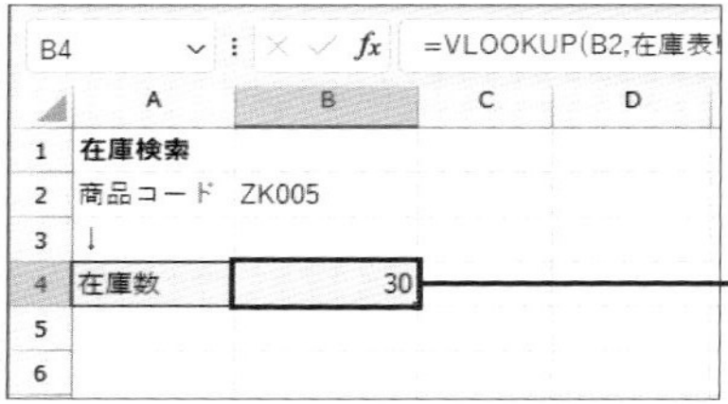

❹ Enter キーを押すと、自動で「在庫検索」シートに戻り、商品コードに対応する在庫数が表示された

=VLOOKUP(B2,在庫表!A3:C11,3,FALSE)

検索値　範囲　列番号　検索方法

Point

VLOOKUP関数は、縦方向に表を検索したいときに利用する関数です。表を横方向に検索したいときは「HLOOKUP関数」を利用しましょう。使い方はVLOOKUP関数と同様です。下図では、セル「A3」の商品IDを検索値として、セル「B6からE8」の範囲内で検索し、「3」行目の値であるセルC8の値「1500」が戻り値として表示されます。

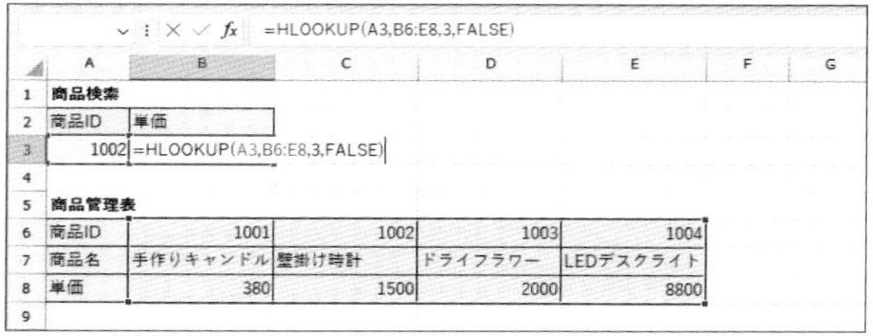

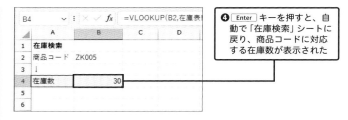

Drill

24

ch3-24.xlsx

月　日

XLOOKUP関数でより直感的にデータを取り出す

Drill23に引き続き、データの転記を行う関数であるXLOOKUP関数を練習しましょう。XLOOKUP関数は、VLOOKUP関数の進化系であり、より直感的な操作や、自由度の高い検索が行える関数です。ここでは、取引IDに対応するデータの転記や、IDが見つからない場合のメッセージの設定を操作していきます。

Let's Try!

	A	B	C	D	E
1	取引先情報検索				
2		入力欄	担当者		
3	取引ID	TD003	佐藤 恵子		
4	電話番号	090-1111-2222	山田 太郎		
5					
6	取引先一覧表				
7	取引ID	担当者	会社名	部署名	電話番号
8	TD001	山田 太郎	有限会社あさがお	営業部	090-1111-2222
9	TD002	鈴木 一郎	森電気株式会社	営業部	080-3333-4444
10	TD003	佐藤 恵子	松田通信合同会社	営業部	070-1234-5678
11	TD004	田中 まゆみ	株式会社アメリカ工業	研究開発部	090-7777-8888
12	TD005	伊藤 涼子	株式会社象運輸	営業部	080-9999-0000

Step 1 取引IDに対応する担当者を表示する

Step 2 電話番号に対応する担当者を表示する

Step 3 取引IDが見つからない場合に「該当なし」と表示させる

Hint VLOOKUP関数との違いは？

XLOOKUP関数はVLOOKUP関数をより便利にした関数です。2つの関数の違いについては、このあと詳しく解説していきますが、大きな違いとしては、XLOOKUP関数では、検索値が検索範囲の一番左の列になくても検索できるという点でしょう。VLOOKUP関数では、検索範囲に指定した別表には、検索値が左列にくるように表を整形する必要がありました。一方で、XLOOKUP関数では、検索値の位置に指定がないので、検索値が左列にくるように表を作成する必要がありません。

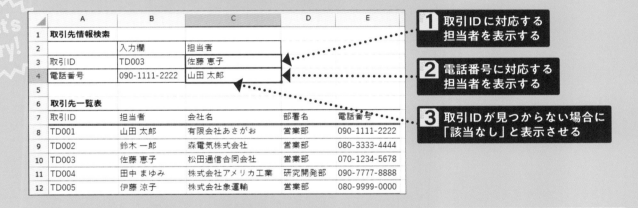

Step 1 取引IDに対応する担当者を表示する

まずは、取引IDに対応する担当者を検索表に表示させます。検索値が表の左列にあるためVLOOKUP関数でも操作可能ですが、関数の構造の違いを理解するためにXLOOKUP関数を利用してみましょう。

❶ セルC3に「=XLOOKUP(B3,」と入力

❷「検索範囲」として「A8:A16,」と入力

❸「戻り値」として「B8:B16)」と入力

$$=XLOOKUP(B3,A8:A16,B6:B16)$$

検索値　　検索範囲　　戻り範囲

❹ Enter キーを押すと、取引IDに対応する担当者の名前が表示された

Memo

この数式をVLOOKUP関数で表す場合、「=VLOOKUP(B3,A8:B16,2,FALSE)」となります。

■ XLOOKUP関数

書式	=XLOOKUP(検索値,検索範囲,戻り範囲,[見つからない場合],[一致モード],[検索モード])
説明	「検索範囲」の中で「検索値」の検索を行い、それに対応する項目を「戻り範囲」から表示する関数

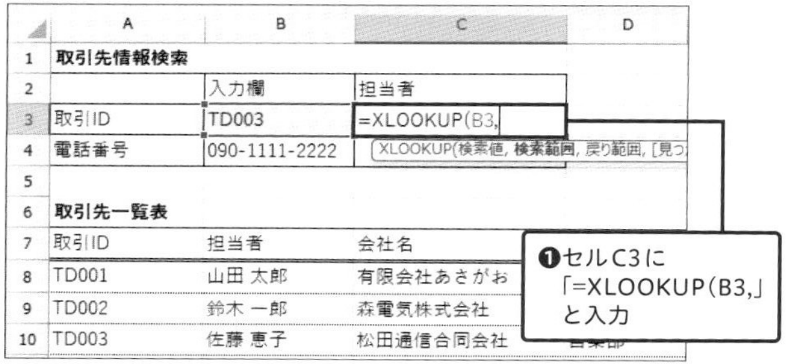

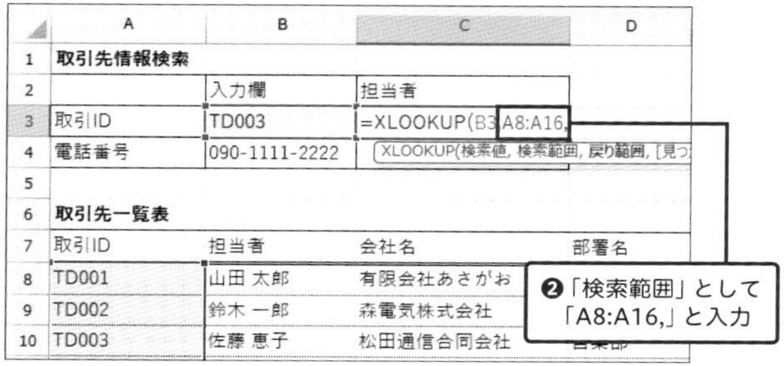

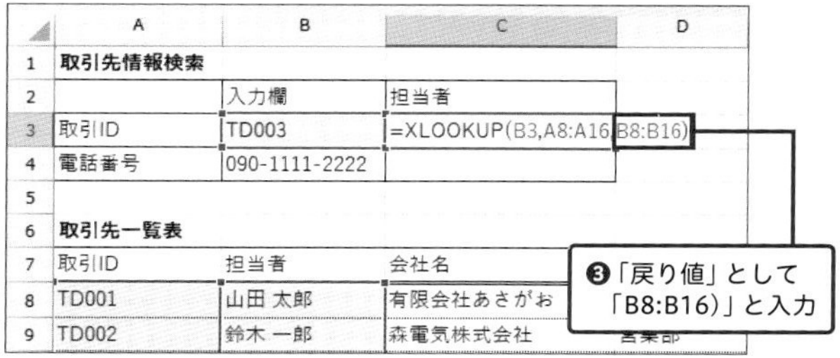

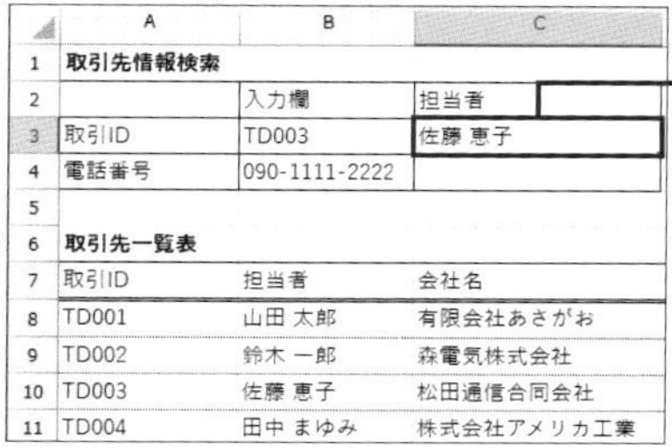

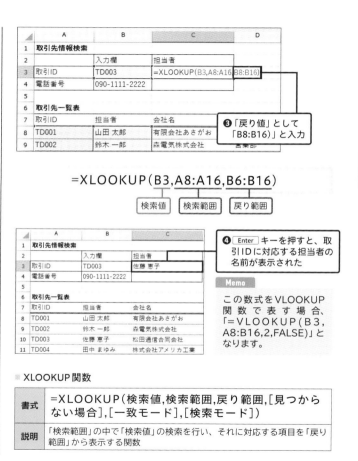

1回目 □　2回目 □

Step 2 電話番号に対応する担当者を表示する

続いて、一覧表から電話番号を検索値として、対応する担当者を検索表に転記します。XLOOKUP 関数であれば、検索値が表のどの行や列にあっても自由に検索することができます。

	A	B	C	D
1	取引先情報検索			
2		入力欄	担当者	
3	取引ID	TD003	佐藤 恵子	
4	電話番号	090-1111-2222	=XLOOKUP(B4,E8:E16,B8:B16)	
5				
6	取引先一覧表			
7	取引ID	担当者	会社名	部署名
8	TD001	山田 太郎	有限会社あさがお	営業部
9	TD002	鈴木 一郎	森電気株式会社	営業部
10	TD003	佐藤 恵子	松田通信合同会社	営業部

❶セルC4に以下の式を入力

=XLOOKUP(B4,E8:E16,B8:B16)

検索値　検索範囲　戻り範囲

	A	B	C
1	取引先情報検索		
2		入力欄	担当者
3	取引ID	TD003	佐藤 恵子
4	電話番号	090-1111-2222	山田 太郎
5			
6	取引先一覧表		
7	取引ID	担当者	会社名
8	TD001	山田 太郎	有限会社あさがお
9	TD002	鈴木 一郎	森電気株式会社

❷ Enter キーを押すと、電話番号に対応する行の担当者が表示された

■「#VALUE!」とエラーが表示された場合

EDATE　=XLOOKUP(B4,E8:E16,B8:B10)

	A	B	C	D	E
1	取引先情報検索				
2		入力欄	担当者		
3	取引ID	TD003	佐藤 恵子		
4	電話番号	090-1111-2222	B8:B10)		
5					
6	取引先一覧表				
7	取引ID	担当者	会社名	部署名	電話番号
8	TD001	山田 太郎	有限会社あさがお	営業部	090-1111-2222
9	TD002	鈴木 一郎	森電気株式会社	営業部	080-3333-4444
10	TD003	佐藤 恵子	松田通信合同会社	営業部	070-1234-5678
11	TD004	田中 まゆみ	株式会社アメリカ工業	研究開発部	090-7777-8888
12	TD005	伊藤 涼子	株式会社象運輸	営業部	080-9999-0000
13	TD006	渡辺 直美	株式会社加藤食品	営業部	070-5555-6666
14	TD007	小林 俊介	港銀行合同会社	営業部	080-1111-3333
15	TD008	高橋 美咲	有限会社なかがわ	人事部	070-2222-4444
16	TD009	中村 悠一	希望興行	営業部	090-5555-7777

検索範囲と戻り範囲の選択範囲の高さが異なるとエラーが表示されるので、範囲の行数を統一する

Point

下図を参考に、XLOOKUP関数の構造も詳しく確認しておきましょう。

=XLOOKUP(B4,E8:E16,B8:B16)

❶　❷　❸

1	取引先情報検索				
2		入力欄	担当者		
3	取引ID	TD003	佐藤 恵子		
4	電話番号	090-1111-2222	=XLOOKUP(B4,E8:E16,B8:B16)		
5					
6	取引先一覧表				
7	取引ID	担当者	会社名	部署名	電話番号
8	TD001	山田 太郎	有限会社あさがお	営業部	090-1111-2222
9	TD002	鈴木 一郎	森電気株式会社	営業部	080-3333-4444
10	TD003	佐藤 恵子	松田通信合同会社	営業部	070-1234-5678
11	TD004	田中 まゆみ	株式会社アメリカ工業	研究開発部	090-7777-8888
12	TD005	伊藤 涼子	株式会社象運輸	営業部	080-9999-0000
13	TD006	渡辺 直美	株式会社加藤食品	営業部	070-5555-6666
14	TD007	小林 俊介	港銀行合同会社	営業部	080-1111-
15	TD008	高橋 美咲	有限会社なかがわ	人事部	070-2222-
16	TD009	中村 悠一	希望興行	営業部	090-5555-

❶検索値

❷検索範囲

❸戻り範囲

「山田太郎」がXLOOKUP関数の「戻り値」となる

1回目 □ 2回目 □

Step 3 取引IDが見つからない場合に「該当なし」と表示させる

Excelのデフォルトでは、検索値が検索範囲から見つからない場合は、「#N/A」と表示されます。エラーの原因がわかりにくいので、「該当なし」と表示されるように、XLOOKUP関数の引数を設定しましょう。

	A	B	C
1	取引先情報検索		
2		入力欄	担当者
3	取引ID	TD003	佐藤 恵子
4	電話番号	090-1111-2224	#N/A
5			
6	取引先一覧表		

❶セルB4に一覧表にない電話番号である「090-1111-2224」に変更。すると、セルC4に「#N/A」と表示された

	A	B	C	D	E
1	取引先情報検索				
2		入力欄	担当者		
3	取引ID	TD003	佐藤 恵子		
4	電話番号	090-1111-2224	=XLOOKUP(B4,E8:E16,B8:B16,"該当なし")		
5					
6	取引先一覧表				
7	取引ID	担当者	会社名	部署名	電話番号
8	TD001	山田 太郎	有限会社あさがお	営業部	090-1111-22
9	TD002	鈴木 一郎	森電気株式会社	営業	
10	TD003	佐藤 恵子	松田通信合同会社	営業	
11	TD004	田中 まゆみ	株式会社アメリカ工業	研究	
12	TD005	伊藤 涼子	株式会社象運輸	営業	
13	TD006	渡辺 直美	株式会社加藤食品	営業部	070-5555-66

セルC4に入力されている数式を修正しましょう。

❷セルC4の数式のB16に続けて、「,"該当なし"」と入力

=XLOOKUP(B4,E8:E16,B8:B16,"該当なし")

B4：検索値　E8:E16：検索範囲　B8:B16：戻り範囲　"該当なし"：見つからない場合

	A	B	C
1	取引先情報検索		
2		入力欄	担当者
3	取引ID	TD003	佐藤 恵子
4	電話番号	090-1111-2224	該当なし
5			
6	取引先一覧表		
7	取引ID	担当者	会社名
8	TD001	山田 太郎	有限会社あさがお
9	TD002	鈴木 一郎	森電気株式会社
10	TD003	佐藤 恵子	松田通信合同会社
11	TD004	田中 まゆみ	株式会社アメリカ工業
12	TD005	伊藤 涼子	株式会社象運輸
13	TD006	渡辺 直美	株式会社加藤食品

❸ Enter キーを押すと、「該当なし」と表示された

Point

VLOOKUP関数とXLOOKUP関数の主な違いを以下の表にまとめました。なお、XLOOKUP関数のほうができることが多いので、データの転記を行う場合は、基本的にXLOOKUP関数の利用をおすすめします。

ただし、XLOOKUP関数は比較的新しい関数のため、EXCEL 2021とMicrosoft365のバージョンのみ対応しています。

	VLOOKUP関数	XLOOKUP関数
検索範囲	列方向のみ検索する。行方向を検索したい場合はHLOOKUP関数を使用する。検索範囲の先頭列に検索値が存在する必要がある	検索範囲を行方向、列方向問わず指定できる。検索値は検索範囲のどの列、行にあっても検索できる
検索値が見つからない場合	エラーが表示される	エラーが生じたときに表示するメッセージを指定できる
一致モード	検索値と完全一致のデータを探す場合、引数に「FALSE」を指定する必要がある	検索値との完全一致による検索が規定の設定とされている

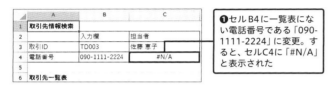

Drill

25

ch3-25.xlsx

月　日

#スピル　# TEXTSPLIT 関数　# FILTER 関数

スピル×関数で作業効率を格段にアップする

本章の最後にスピル機能を活用した関数について練習します。まず、九九表を完成させてスピルの使い方について理解しましょう。そのあと、TEXTSPLIT関数で「,」区切りの文字列の分割を、FILTER関数で条件に合うデータの抽出を行います。

Let's Try!

1 スピルを使って九九表を完成させる

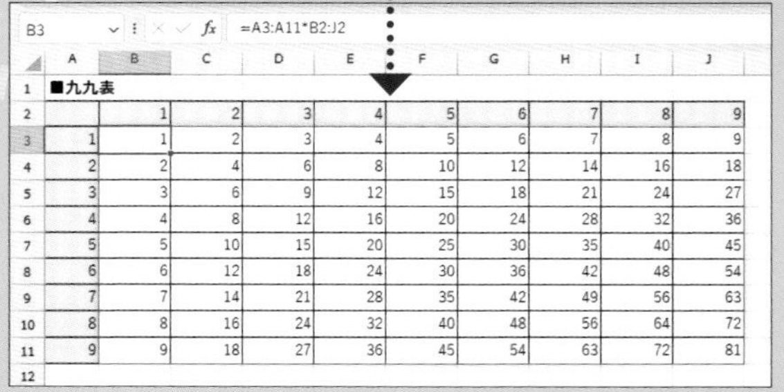

B3　=A3:A11*B2:J2

	A	B	C	D	E	F	G	H	I	J
1	■九九表									
2		1	2	3	4	5	6	7	8	9
3	1	1	2	3	4	5	6	7	8	9
4	2	2	4	6	8	10	12	14	16	18
5	3	3	6	9	12	15	18	21	24	27
6	4	4	8	12	16	20	24	28	32	36
7	5	5	10	15	20	25	30	35	40	45
8	6	6	12	18	24	30	36	42	48	54
9	7	7	14	21	28	35	42	49	56	63
10	8	8	16	24	32	40	48	56	64	72
11	9	9	18	27	36	45	54	63	72	81
12										

2 TEXTSPLIT 関数で「,」ごとに文字列を分割する

3 FILTER 関数で条件に合うデータを抽出する

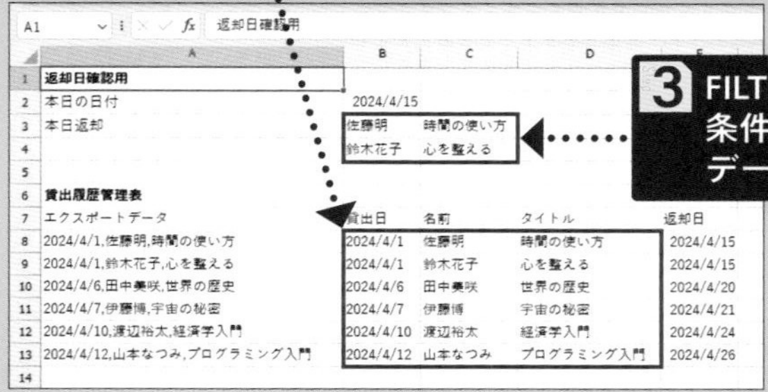

A1　返却日確認用

	A	B	C	D	E
1	返却日確認用				
2	本日の日付	2024/4/15			
3	本日返却	佐藤明	時間の使い方		
4		鈴木花子	心を整える		
5					
6	貸出履歴管理表				
7	エクスポートデータ	貸出日	名前	タイトル	返却日
8	2024/4/1,佐藤明,時間の使い方	2024/4/1	佐藤明	時間の使い方	2024/4/15
9	2024/4/1,鈴木花子,心を整える	2024/4/1	鈴木花子	心を整える	2024/4/15
10	2024/4/6,田中美咲,世界の歴史	2024/4/6	田中美咲	世界の歴史	2024/4/20
11	2024/4/7,伊藤博,宇宙の秘密	2024/4/7	伊藤博	宇宙の秘密	2024/4/21
12	2024/4/10,渡辺裕太,経済学入門	2024/4/10	渡辺裕太	経済学入門	2024/4/24
13	2024/4/12,山本なつみ,プログラミング入門	2024/4/12	山本なつみ	プログラミング入門	2024/4/26
14					

Hint　スピルって何？

スピル（Spill）とは、「こぼれる、あふれる」という意味です。Excelにおいてのスピルとは、隣接するセルに同じ式がこぼれるように自動で入力される機能のことです。これにより、対象の範囲に数式を手動でコピーする手間が省け時短につながります。

また、スピルにより自動で入力された数式を「ゴースト」といいます。数式を修正したい場合は、ゴーストのセルではなく、実際に数式を入力したセル（親セルという）を修正しましょう。

B4　=A3:A11*B2:J2

	A	B	C	D	E	F	G
1	■九九表						
2		1				5	6
3	1	1	2	3	4	5	6
4	2	2	4	6	8	10	12
5	3	3	6	9	12	15	18

1回目 □ 2回目 □

Step 1 スピルを使って九九表を完成させる

まずは、スピルの便利さを実感するために、九九の表を完成させましょう。セルB3にスピルを利用した数式を入力すると、一瞬で表のすべてのセルにも同様の数式が入力され、計算結果が表示されます。

■ 複合参照で表を完成させる場合

複合参照（P.78）を利用した数式を使用して、表を完成させる場合は、行方向、列方向にそれぞれ数式をドラッグしてコピーする手間がかかります。

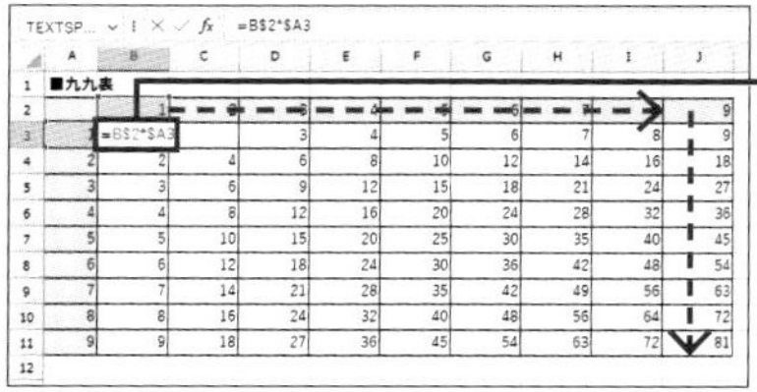

「九九表」シートを開き、セルB3に「=B$2*$A3」と入力し、数式を行方向、列方向にコピーする

■ スピル機能を利用して表を完成させる場合

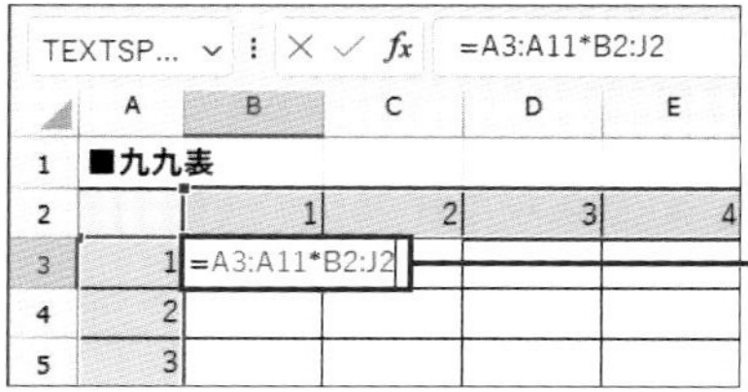

❶セルB3に「=A3:A11*B2:J2」と入力し、Enter キーを押す

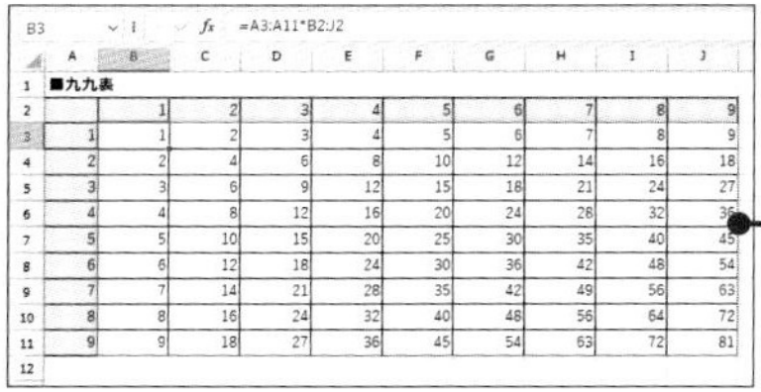

❷表内のすべてのセルに数式が入力され、計算結果が表示された

Memo

スピルが適用されている範囲は薄い青枠で囲まれます。

Point

スピル機能の理解をより深めるために、簡単な掛け算を行う表で、オートフィルを利用した従来の数式と、スピルの式を比較してみましょう。
従来は表の1行目に対応する数式（セルC2に「=A2*B2」）を入力して、下のセルに数式をコピーしていました。一方でスピルを利用する場合は、数式をほかのセルにコピーしない分、1行目のセルにはスピルを展開する範囲全体を考えた数式を入力する必要があります。つまり、セルD2には「A2:A5*B2:B5」のようにセル範囲同士の掛け算の入力をします。
しかし、スピルを利用した表では並べ替えができないという欠点があります。並べ替える必要がある表では、スピルを使用せずに従来の方法で数式をコピーしましょう。

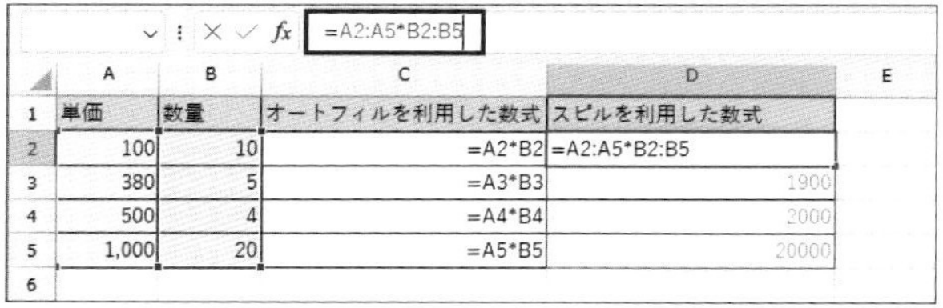

1回目 □ 2回目 □

Step 2 TEXTSPLIT関数で「,」ごとに文字列を分割する

スピル機能を使う関数の1つにTEXTSPLIT関数があります。この関数では、引数に指定した区切り文字ごとに文字列を分割でき、結果はスピルを利用して隣接するセルにも自動で入力されます。

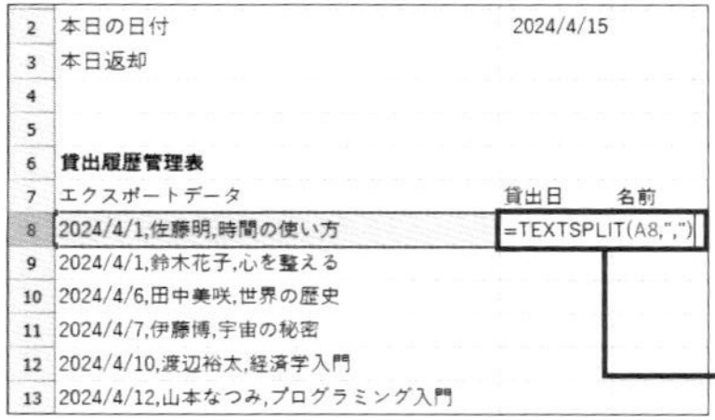

「貸出表」シートを開きます。ここでは、図書の貸出履歴がCSVデータとして入力されています。このデータを「,」ごとに分割して表示させましょう。

❶セルB8に以下の式を入力

=TEXTSPLIT(A8,",")

文字列　横区切り文字

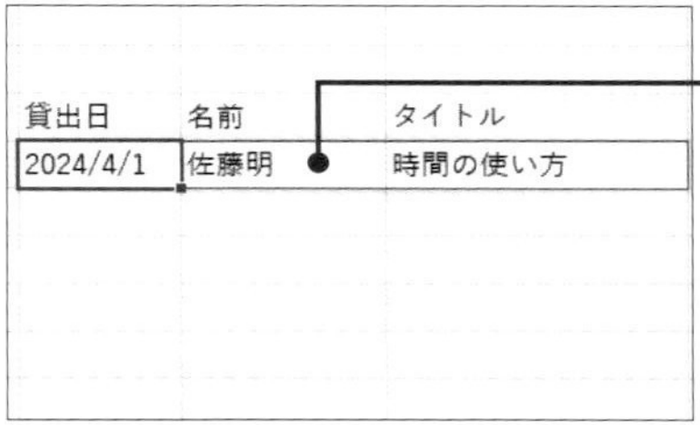

❷ Enter キーを押すと、セルA8の文字列が分割して表示された

Memo

スピルが働き、数式を入力していないセルC8、D8にも自動で分割データが表示されました。

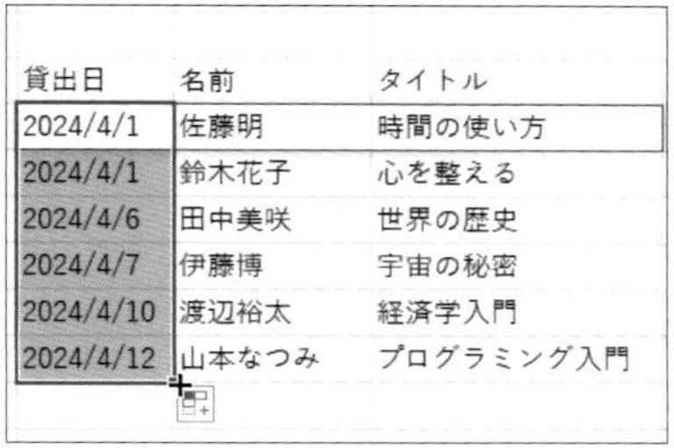

❸セルB13まで数式をコピーすると、それぞれ「,」ごとに文字列が分割して表示された

■ TEXTSPLIT関数

書式	=TEXTSPLIT(文字列,[横区切り文字],[縦区切り文字],[空白処理],[一致モード],[列数不足時の処理])
説明	指定した「文字列」のデータを、「区切り文字」ごとに分割して表示する関数

Point

ここでは、CSV(カンマ区切りのデータのこと)の1部データをExcelシートに貼り付けて利用する状況を想定していますが、CSVファイル自体をExcelで見やすく開く方法についてもあわせて解説しておきます。
まず、Excelを起動させ、[ファイル]タブの[開く]から指定のCSVファイルを選択します。すると、ウィザードが開くので、[コンマやタブなどの~]にチェックを入れ、[次へ]をクリックし、さらに区切り文字に[コンマ]を選択し[次へ]をクリックしましょう。列のデータ形式は必要に応じて変更し、[完了]をクリックすると、カンマごとにセルが区切られたExcelシートが表示されます。

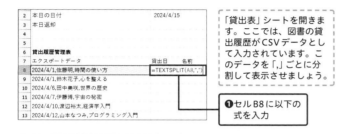

1回目 □　2回目 □

Step 3 FILTER関数で条件に合うデータを抽出する

FILTER関数もスピルを活用した関数です。FILTER関数は指定した条件に当てはまるデータを抽出する関数で、スピルが自動で働きます。ここでは、返却日が本日の人のデータを取り出しましょう。

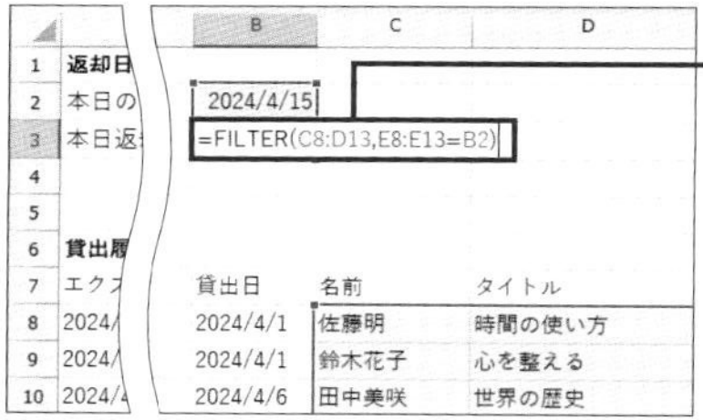

❶セルB3に以下の式を入力

=FILTER(C8:D13,E8:E13=B2)

C8:D13 → 範囲　E8:E13=B2 → 条件

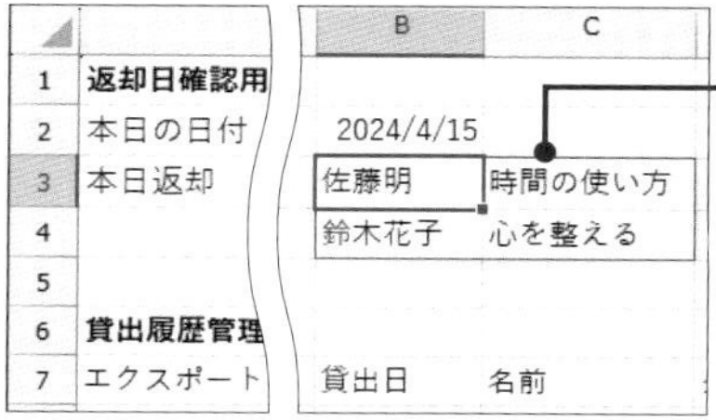

❷ Enter キーを押すと、関数の条件に当てはまるデータが表示された

Memo

スピルが働き、隣接する範囲にも自動で数式が入力されました。

■ セルB2の日付が変化した場合

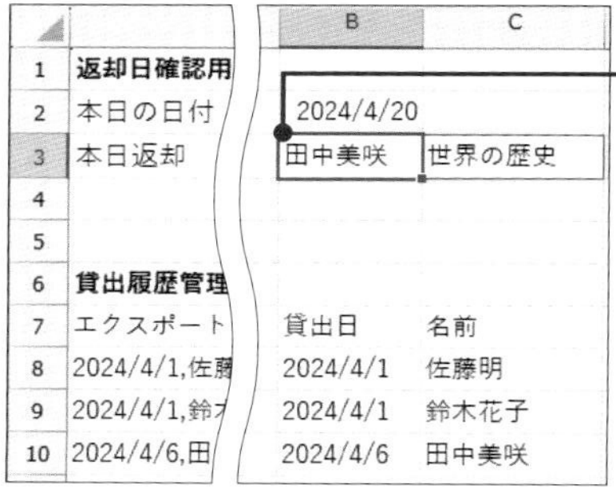

本日の日付がかわると、関数の表示結果も自動で更新される

ここでは説明の都合上、セルB2に固定の日付データを入れていますが、実際にはTODAY関数を入力すると実用的です。

■ FILTER関数

書式	=FILTER(範囲,条件,[空の場合])
説明	指定した「範囲」から、「条件」を満たすデータを抽出して表示する関数

Point

スピルで計算結果を表示する範囲に、すでにデータが入力されている場合、「#スピル！」というエラーが表示されます。スピル範囲のセルをすべて空白にして、エラーを解消しましょう。

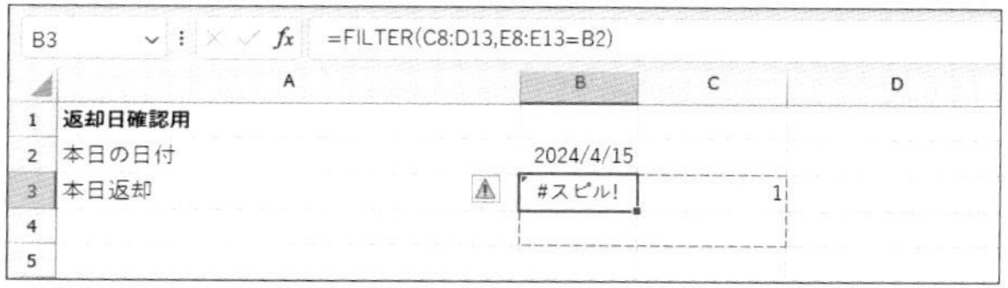

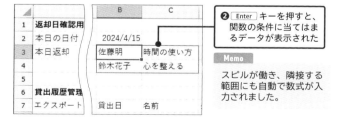

Drill

26

ch4-26.xlsx

月　日

目的に合わせてデータを並べ替える

Excelでは、指定の順番にデータを並べ替えられます。この機能により、氏名の50音順やスコアの高い順といった目的に合わせた表を作成できます。ここでは、データを昇順、降順に並べ替えるという基本的な操作から、複数条件や、昇順・降順以外の独自ルールを用いた並べ替え操作までを練習していきます。

Let's Try!

1 氏名の50音順に並べ替える

2 高得点順に並べ替える

3 高得点順かつ社員番号の若い順に並べ替える

4 希望支局を独自のルールで並べ替える

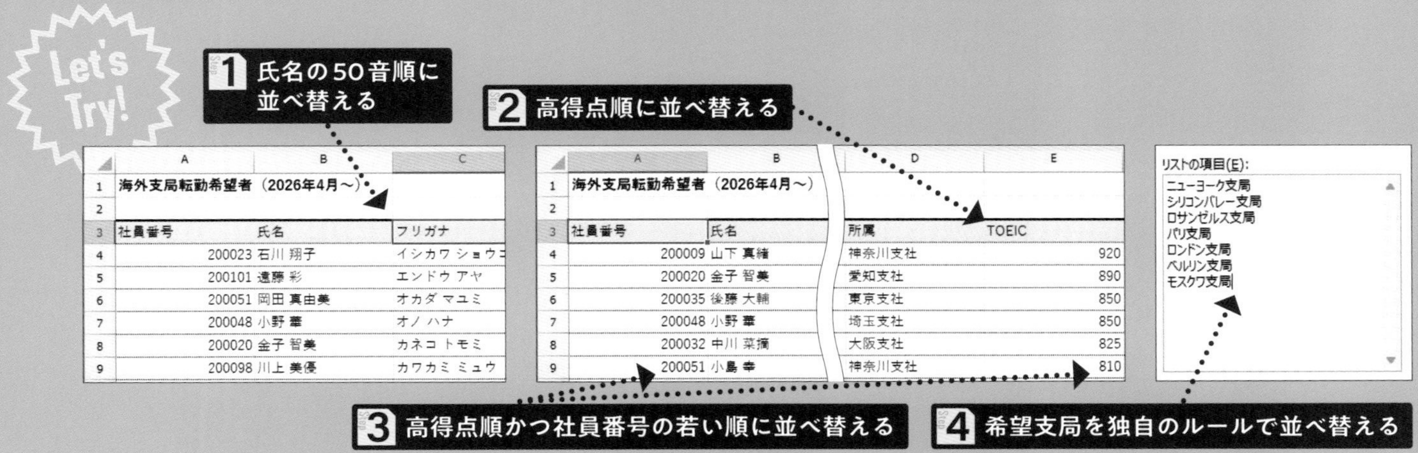

| Hint | 並べ替え機能を利用しよう

データの並べ替えには、[データ]タブの[並べ替え]機能を利用しましょう。昇順、降順などの単純なルールだけでなく、複数ルールの指定や独自ルール（ユーザー設定リスト）の設定も可能です。なお、データを並べ替えたあとにExcelファイルを保存すると、以前の並び順には戻せなくなります。そのため、データの1列目には、もとのデータに戻せるように社員番号などの通し番号を設定しておくとよいでしょう。

1回目 □　2回目 □

Step 1 氏名の50音順に並べ替える

50音順に並べ替えた名簿を作成することは多いでしょう。文字列を50音順に並べ替えるには、[データ] タブの [昇順] をクリックします。ここでは、C列のフリガナを選択して並べ替えます。

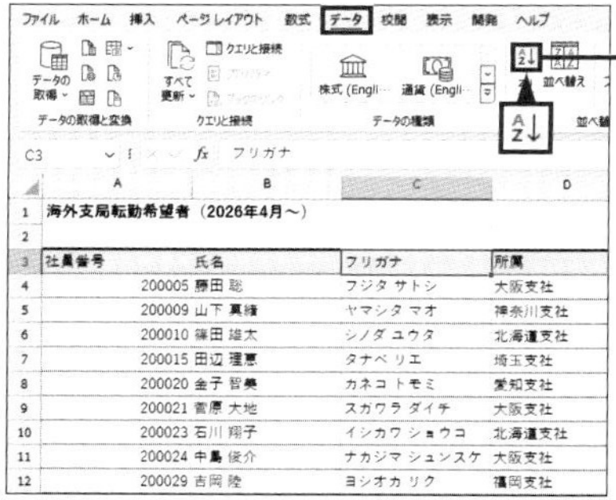

❶C列のセル（ここではセルC3）を選択し、[データ] タブの [昇順] をクリック

❷表が氏名の50音順に並べ替えられた

Memo

文字列の「昇順」とは50音順、「降順」とはその逆の順番のことを指します。

1回目 □　2回目 □

Step 2 高得点順に並べ替える

続いて、数値が高い順に並べ替える操作を練習しましょう。ここでは、TOEICの点数が高い順に表を並べ替えるために、E列を選択し、[データ] タブの [降順] をクリックします。

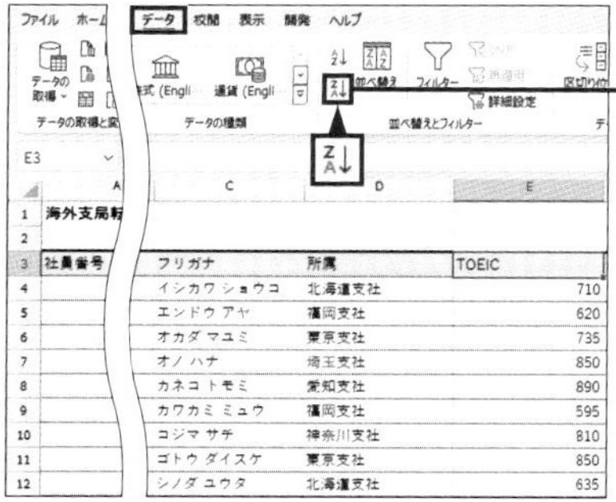

❶E列のセル（ここではセルE3）を選択し、[データ] タブの [降順] をクリック

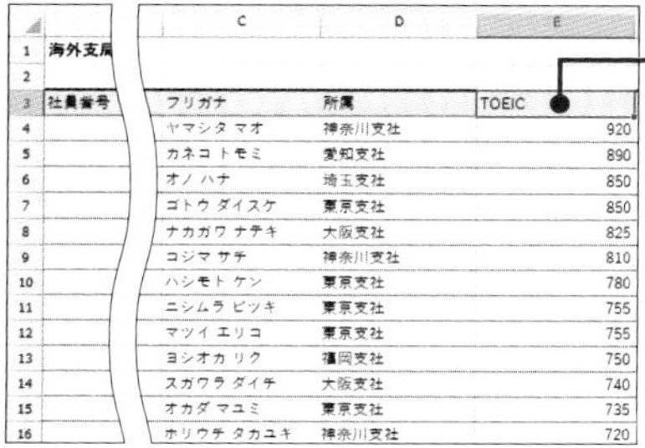

❷表がTOEICの点数が高い順に並べ替えられた

Memo

数字の「昇順」とは数値が小さい順、「降順」とは数値が大きい順を指します。

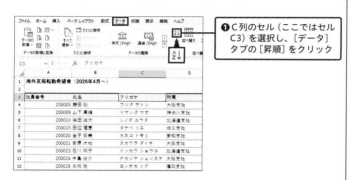

1回目 □　2回目 □

Step 3 高得点順かつ社員番号の若い順に並べ替える

複数の条件を組み合わせた並べ替えを行うことも可能です。ここでは、まずTOEICの点数が高い順に並べ替え、同じ点数の場合は、さらにその中で社員番号が若い順に並べるという２つのルールを設定します。

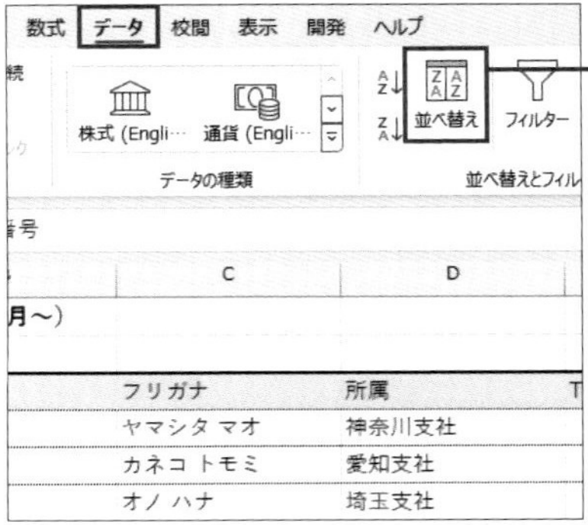

❶表内のセルを選択し、［データ］タブの［並べ替え］をクリック

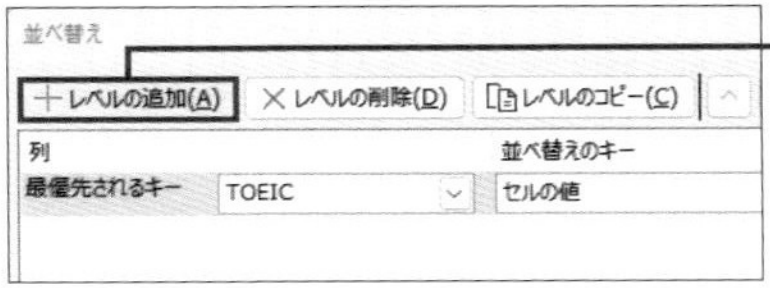

❷［レベルの追加］をクリック

ここでは、Step2から続けて操作を行っているため、すでに［TOEIC］のキーが設定されています。社員番号のキーを追加していきましょう。

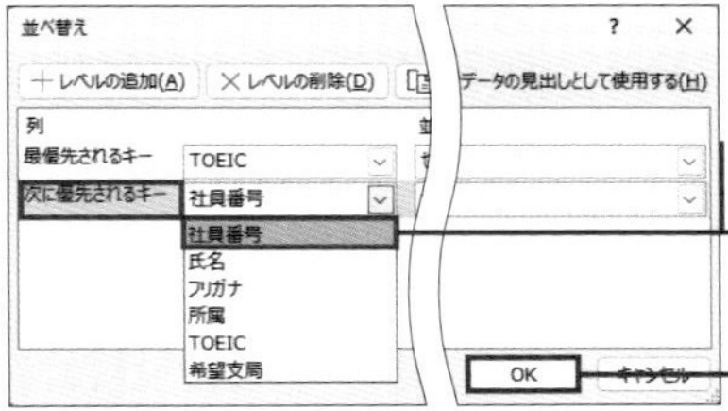

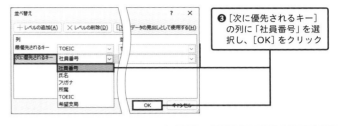

❸［次に優先されるキー］の列に「社員番号」を選択し、［OK］をクリック

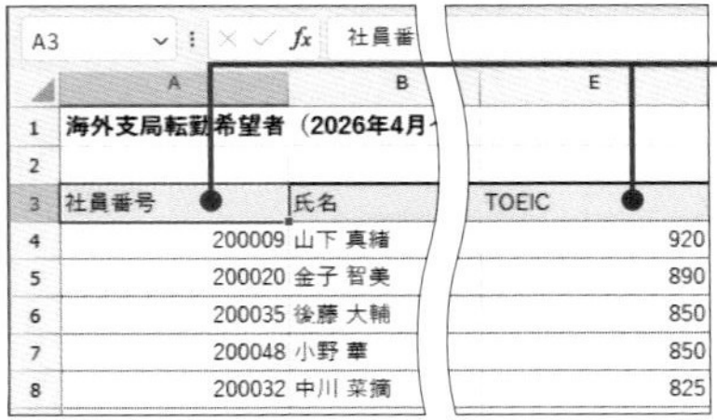

❹設定した優先順位通りに表データが並べ替えられた

Point

並べ替えの項目の優先順位を変更したい場合は、［並べ替え］ダイアログの［^］［v］から変更しましょう。また並べ替えの項目が不要になった場合は［レベルの削除］をクリックすると削除できます。

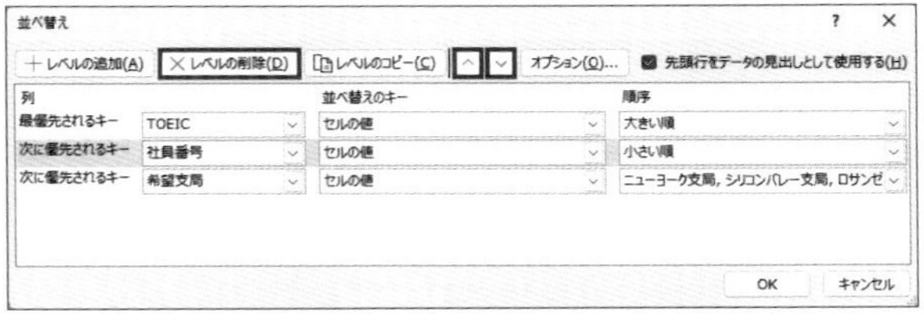

Step 4 希望支局を独自のルールで並べ替える

最後に、並べ替えに独自のルールを設定しましょう。昇順や降順のように固定の順番だけでなく、部署名や支局といった会社独自のルールであっても、その順番で並べ替えができます。

> ここでは、Step3から続けて操作を行います。すでに［TOEIC］と［社員番号］のキーが表示されているので、これらのキーを一旦削除してから新しいキーを設定しましょう。

❶表内のセルを選択し［並べ替え］ダイアログを表示し、［最優先されるキー］と［次に優先されるキー］をそれぞれ選択して［レベルの削除］をクリック

❷［レベルの追加］をクリックし、［最優先されるキー］に「希望支局」を選択し、順序に［ユーザー設定リスト］をクリック

Memo

一度入力したリストは、ユーザ設定リストに自動で登録されるので、2回目以降はそのリストを呼び出すだけで利用できます。

❸［リストの項目］に、左図の通り支局名を入力

❹［追加］→［OK］をクリック

❺［OK］をクリック

❻設定した優先順位通りに表データが並べ替えられた

フリガナ	所属	TOEIC	希望支局
マツイ エリコ	東京支社	755	ニューヨーク支局
オカダ マユミ	東京支社	735	ニューヨーク支局
タケウチ タクロウ	愛知支社	630	ニューヨーク支局
スガワラ ダイチ	大阪支社	740	シリコンバレー支局
フジタ サトシ	大阪支社	646	シリコンバレー支局

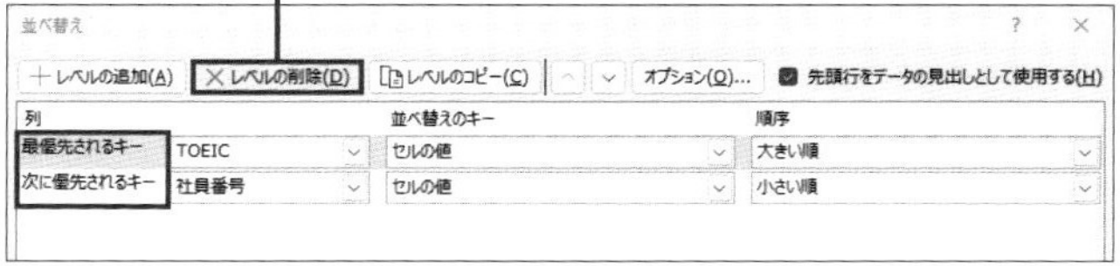

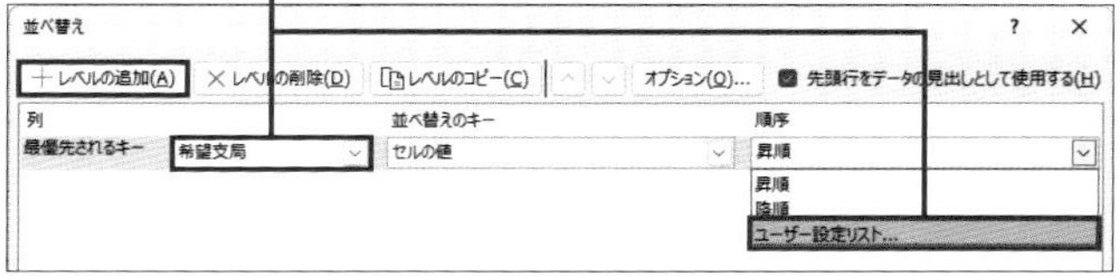

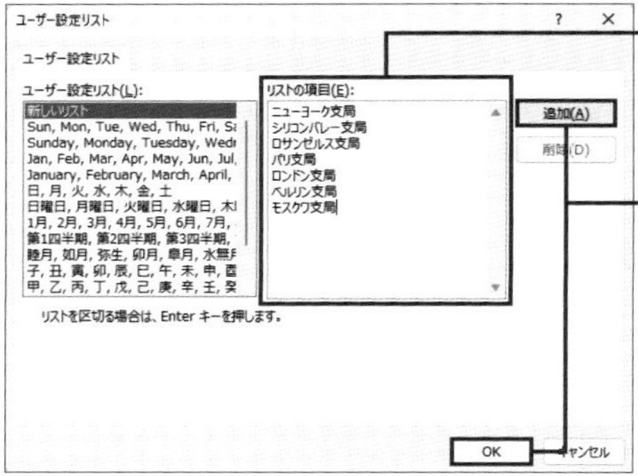

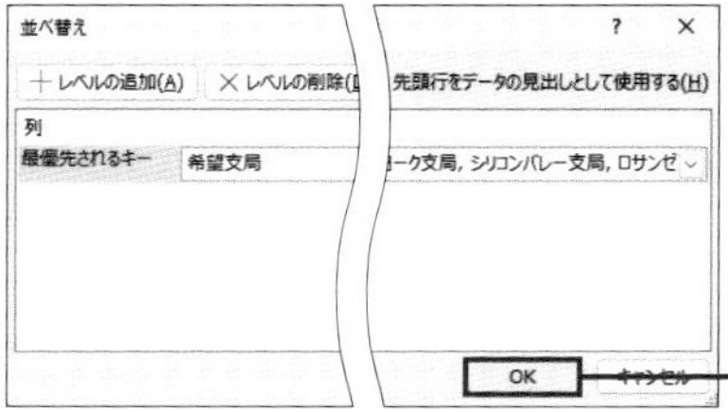

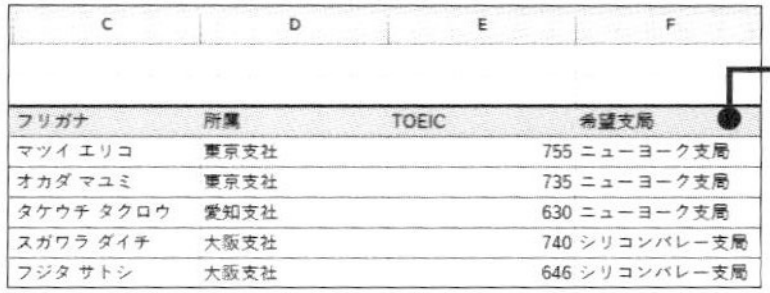

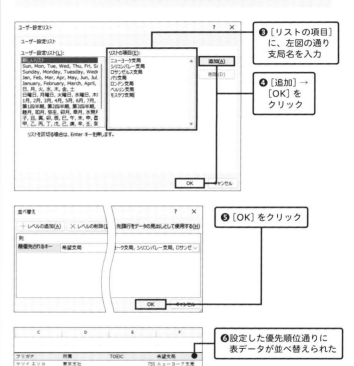

Drill
27

ch4-27.xlsx

月　　日

テーブル

表をテーブルに変換して作業効率を上げる

テーブルとは、表形式のデータを扱う機能のことで、データの管理や分析に役立ちます。テーブルには自動拡張機能があり、行列を追加すると、書式が反映されるだけでなく、数式の参照も自動で更新されます。さらに集計行を追加すると、合計や平均なども簡単に表示できます。ここでは、テーブルの基本操作について練習しましょう。

Let's Try!

1 表をテーブルに変換する

2 テーブルにデータを追加する

3 テーブルに数式を追加する

4 集計行を追加して、平均値を表示する

| Hint | もとの表を選択して、テーブルに変換しよう

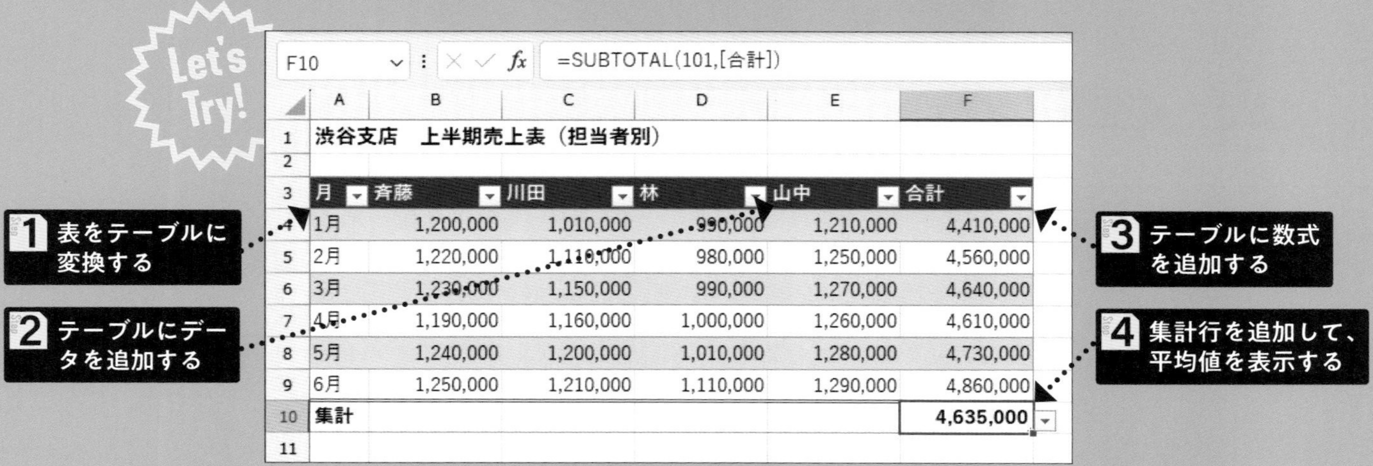

表をテーブルに変換するには、表を選択して、[挿入] タブの [テーブル] をクリックします。その後、テーブル内のセルを選択しているときには、[テーブルデザイン] タブが表示されるので、ここから集計行の追加などといったテーブルの機能を利用できます。

1回目 □ 2回目 □

Step 1 表をテーブルに変換する

まずは、表をテーブルに変換する操作を行いましょう。テーブルにすると、視覚的にわかりやすい書式が自動設定されます。テーブルデザインは多数用意されているので、最適なものに設定しましょう。

❶セルA3を選択（表内のセルならどこでも可）

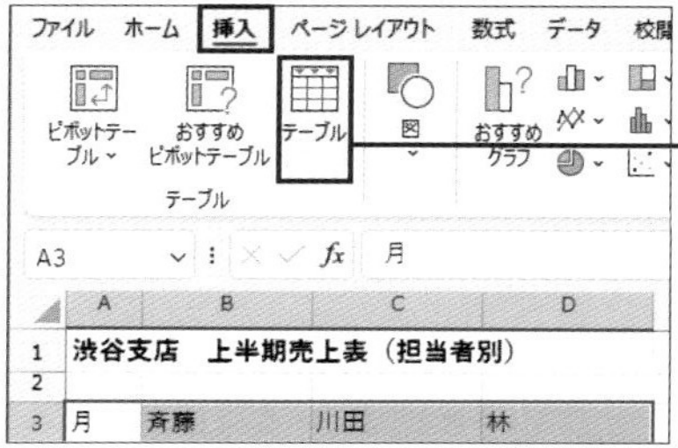

❷［挿入］タブの［テーブル］をクリック

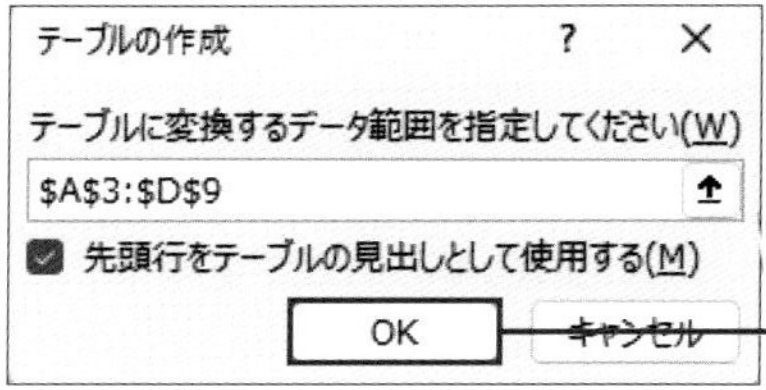

❸［OK］をクリック

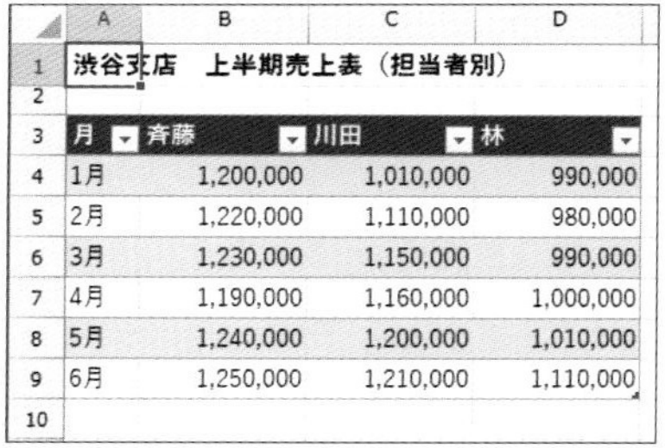

❹表がテーブルに変換された

Point

［テーブルデザイン］タブの［テーブルスタイル］からテーブルのカラーや書式を選択できます。自分好みのスタイルを選びましょう。

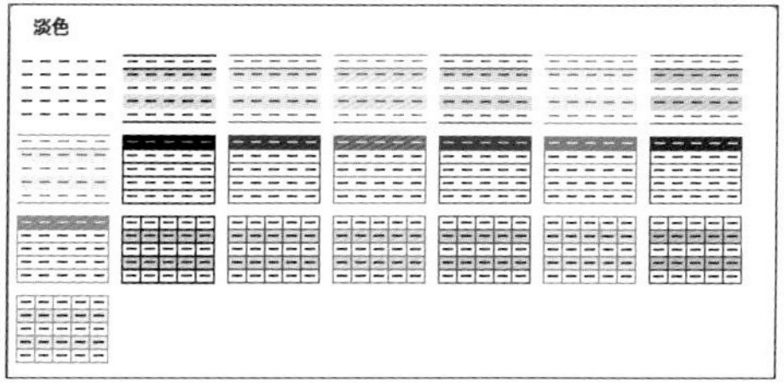

Step 2 テーブルにデータを追加する

続いて、テーブルにデータを追加します。単純な表であれば行列を追加した場合、新たに書式を手動で設定する必要がありますが、テーブルの場合、追加したデータにも自動で書式が反映されます。

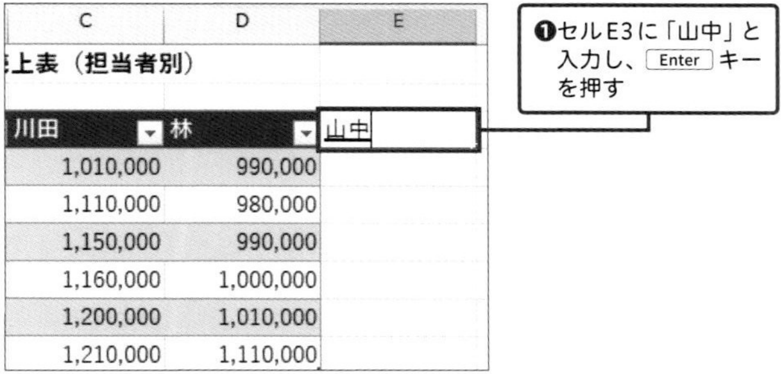

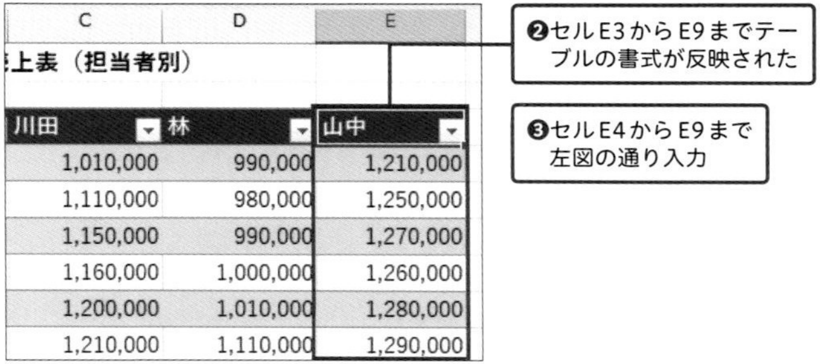

❶セルE3に「山中」と入力し、Enterキーを押す

❷セルE3からE9までテーブルの書式が反映された

❸セルE4からE9まで左図の通り入力

Step 3 テーブルに数式を追加する

テーブル内のいずれかのセルに数式を入力すると、その行列にあるすべてのセルに同様の数式が自動入力されます。そのため、数式を手動でコピーする手間を省けとても便利です。

❶セルF3に「合計」と入力

❷セルF4に「=SUM(」と入力し、セルB4からE4を選択し、「)」と入力し、Enterキーを押す

❸セルF4からF9まで数式の結果が反映された

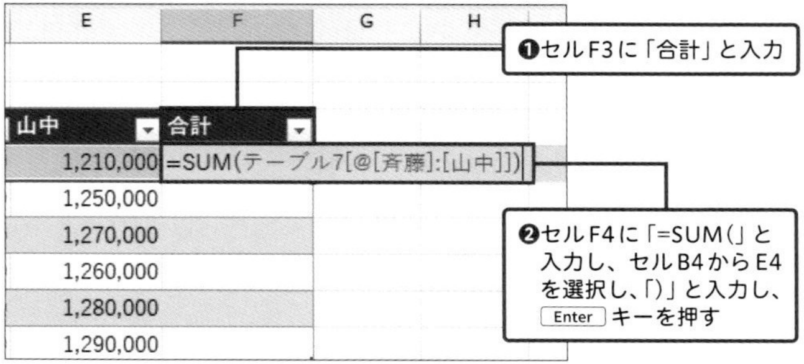

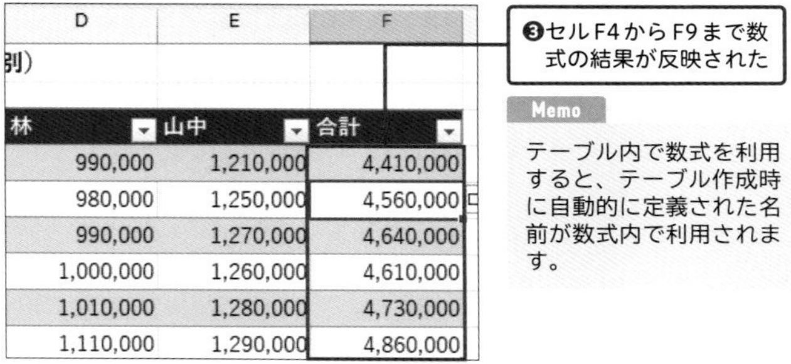

Memo

テーブル内で数式を利用すると、テーブル作成時に自動的に定義された名前が数式内で利用されます。

1回目 □ 2回目 □

Step 4 集計行を追加して、平均値を表示する

最後に、テーブルに集計行を追加しましょう。これにより、数式を入力しなくても簡単に合計値や平均値を算出できます。さらに、テーブルにデータを追加した際は、集計行も自動で更新されます。

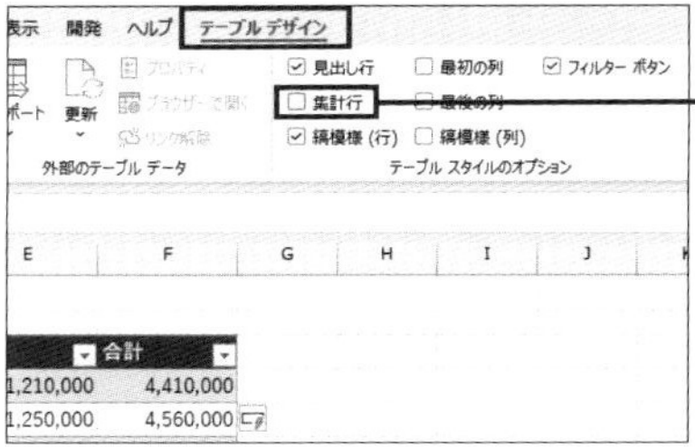

❶テーブル内のセルを選択し、[テーブルデザイン] タブの [集計行] をクリックしてチェックを入れる

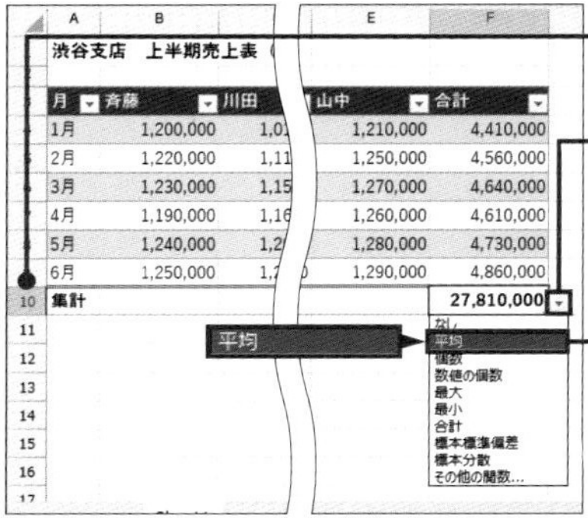

❷集計行が追加された

❸セルF10を選択し ▼ → [平均] をクリック

Memo

セルF10に「#」が表示されたときは、列の幅を広げて調整しましょう (P.41)。

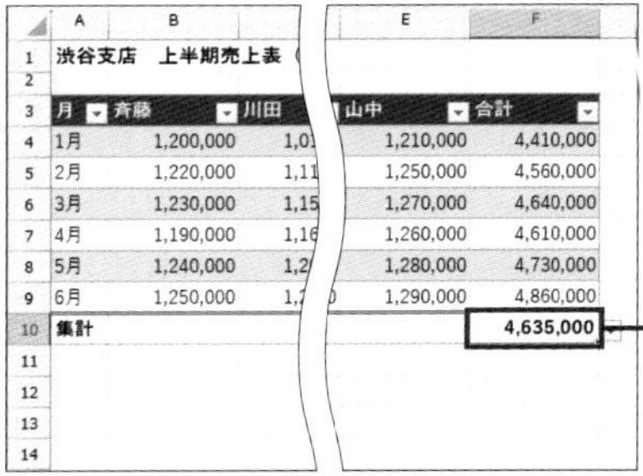

❹セルF4からセルF9の金額の平均が表示された

Point

テーブルを解除して通常のセルに戻したい場合は、[テーブルデザイン] タブの [範囲に変換] をクリックします。テーブルの書式は残りますが、テーブルとしての機能は解除されます。
なお、テーブルの書式自体も解除したい場合は、[範囲に変換] をクリックする前に、[テーブルデザイン] タブの [テーブルスタイル] → [クリア] をクリックしましょう。

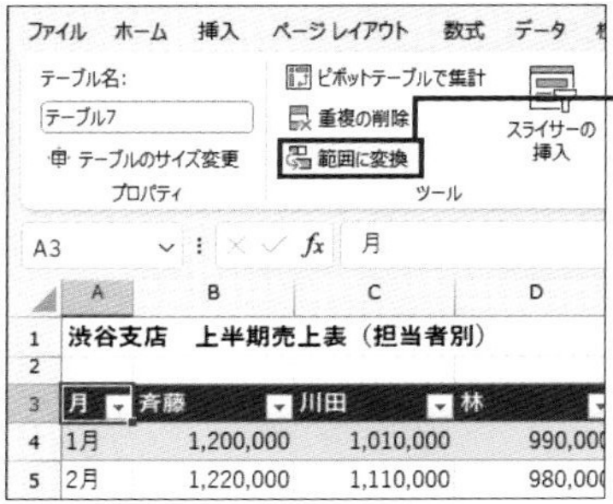

[テーブルデザイン] タブの [範囲に変換] から、テーブル機能を解除できる

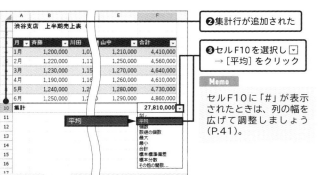

Drill

28

ch4-28.xlsx

月　　日

\# フィルター　# スライサー

テーブルから特定のデータを抽出する

Excelには、テーブルから特定のデータを抽出するフィルター機能があります。大量のデータから一時的に必要なものだけを参照できるので、データ分析などにも役立つ機能です。また、テーブル機能の１つであるスライサーを設定すると、フィルターよりも直感的な操作でデータを絞り込めます。

Let's Try!

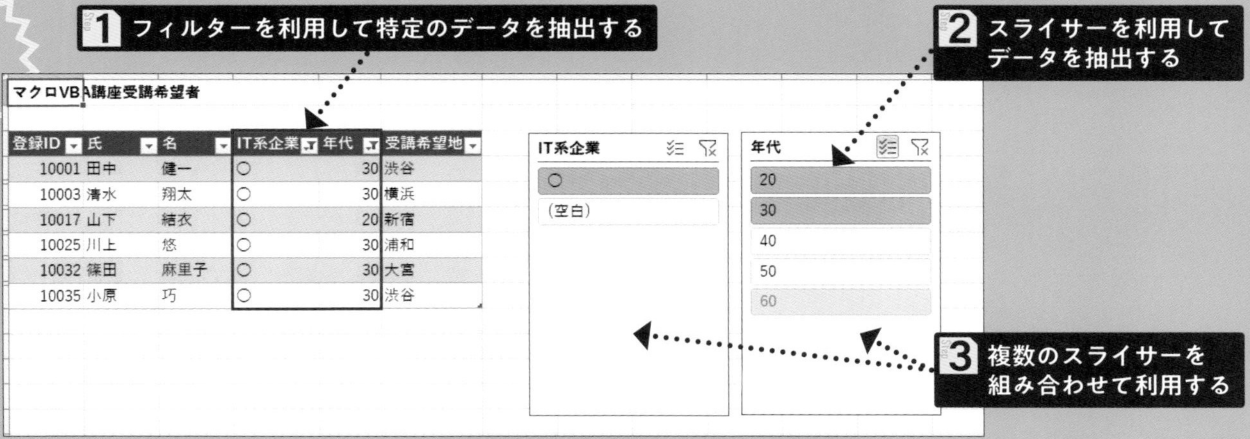

Hint フィルターはタイトル行の▼から、スライサーは［挿入］タブの［スライサー］から利用しよう

テーブルのタイトル行には▼が表示されています。ここをクリックして、表示されたフィルターのメニューから指定の項目を選択しましょう。また、テーブルのスライサーを利用する場合は、［挿入］タブの［スライサー］を選択し、スライサーの画面が表示されたら、表示させたい項目をクリックします。

Step 1 フィルターを利用して特定のデータを抽出する

まずはフィルター操作です。ここでは、IT 系企業かつ20、30代の人のみ表示させます。なお、フィルターは、テーブルではない通常の表の場合もほぼ同様の操作でデータを抽出できます。

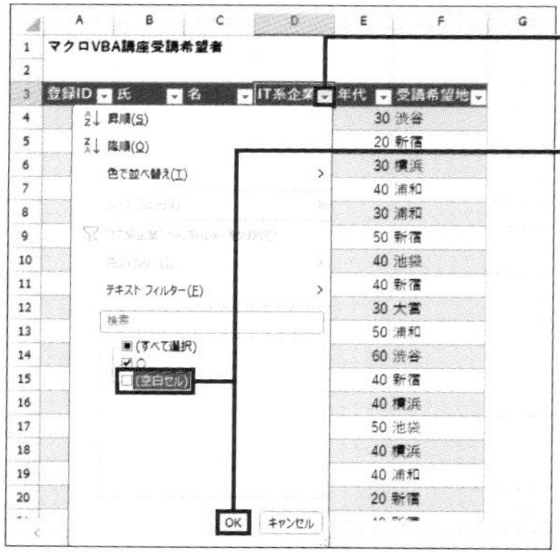

❶セルD3の▼をクリック

❷［空白セル］のチェックをオフにし［OK］をクリック

Memo

通常の表の場合、タイトル行を選択し、［データ］タブの［フィルター］を選択します。以降の操作はテーブルと同様です。

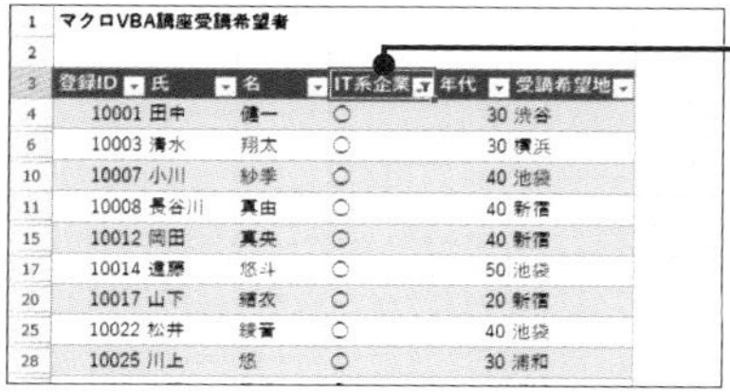

❸IT系企業の人のみ表示された

続いて、年代の列のフィルターを操作してフィルター条件を追加します。

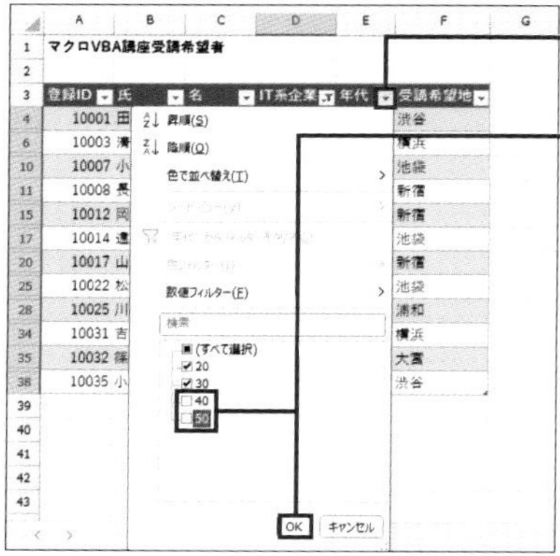

❹セルE3の▼をクリック

❺「40」「50」のチェックをオフにし［OK］をクリック

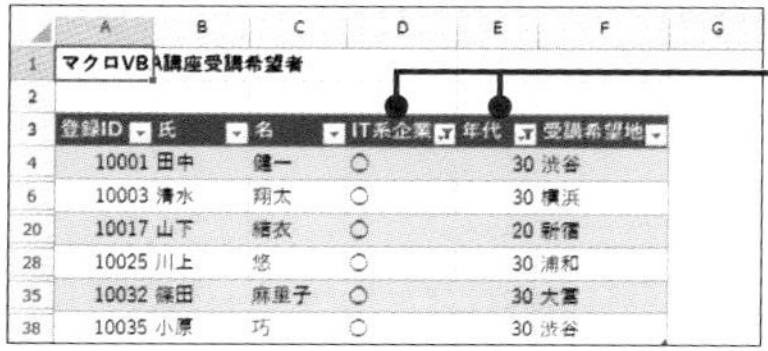

❻IT系企業かつ20、30代の人のみ表示された

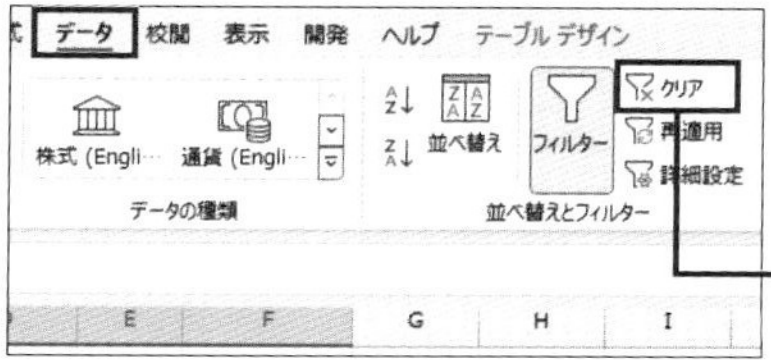

次のStepでもテーブルの抽出操作をするので、一度フィルターを解除します。

❼［データ］タブの［クリア］をクリックして、すべてのフィルターを解除する

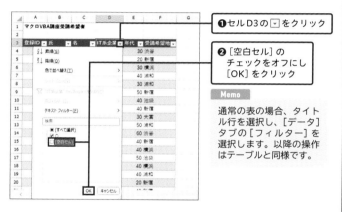

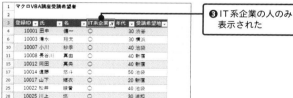

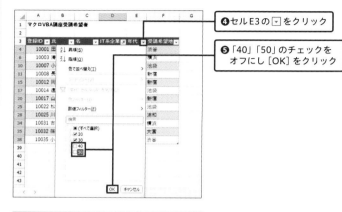

1回目 ☐　2回目 ☐

Step 2 スライサーを利用してデータを抽出する

続いて、テーブルのスライサー機能を利用します。フィルターよりも直感的かつシンプルな操作でデータを抽出できます。ここではまず、年代の絞り込みを行いましょう。

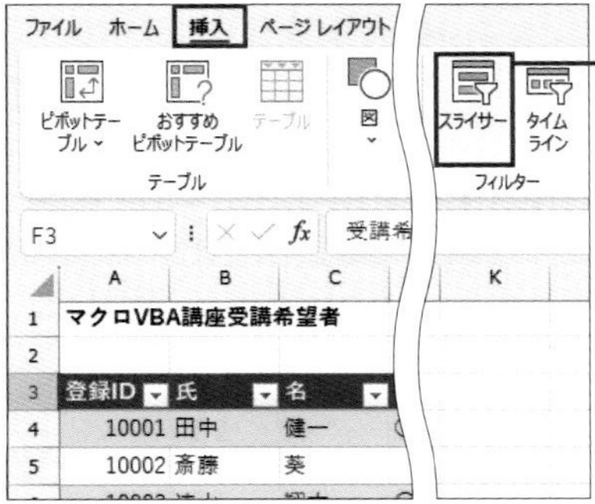

❶テーブル内のセルを選択し、[挿入] タブの [スライサー] をクリック

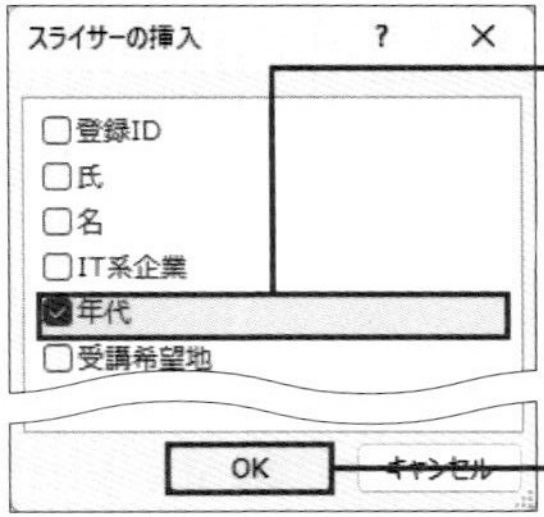

❷ [年代] → [OK] をクリック

Memo

スライサーは、テーブル以外の通常の表では利用できません。表でデータの抽出を行う場合は、フィルターを利用しましょう。

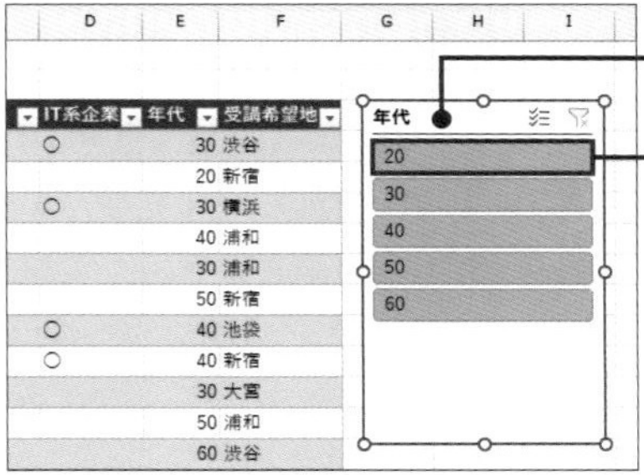

❸年代のスライサーが表示された

❹ [20] をクリック

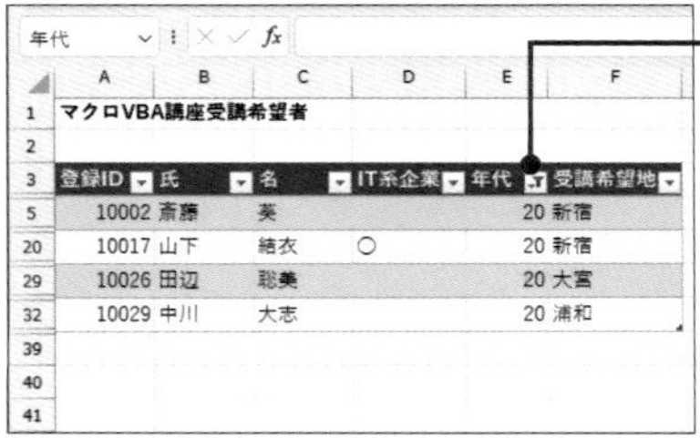

❺20代の人のみ表示された

Memo

スライサーは、抽出する条件の項目（ここでは20代）が青色で表示されます。これにより、抽出条件を瞬時に確認できて便利です。

Step3では複数のスライサーを利用するので、ここでのスライサーは解除しておきます。

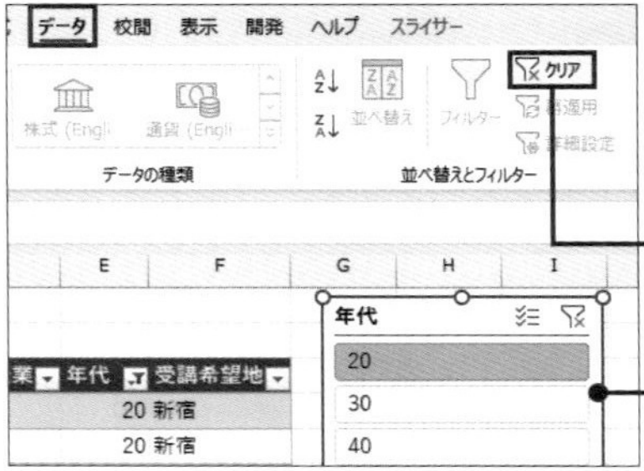

❻ [データ] タブの [クリア] をクリックして、データの抽出を解除する

❼スライサーを選択した状態で Delete キーを押す

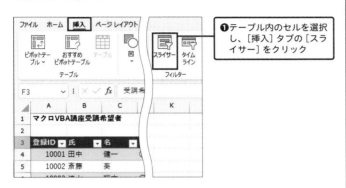

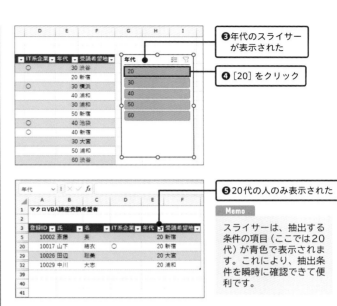

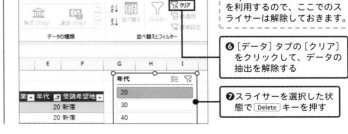

Step 3 複数のスライサーを組み合わせて利用する

最後に、複数のスライサーを組み合わせてデータの抽出を行います。複数のスライサーを利用することで、IT系企業の人かつ20代の人といったさまざまパターンの組み合わせにも対応できるようになります。

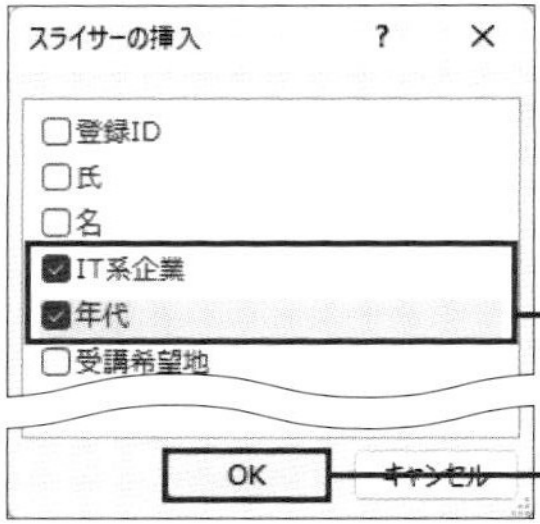

❶テーブル内のセルを選択し、[挿入]タブの[スライサー]をクリック

❷[IT系企業]と[年代]をクリックし、[OK]をクリック

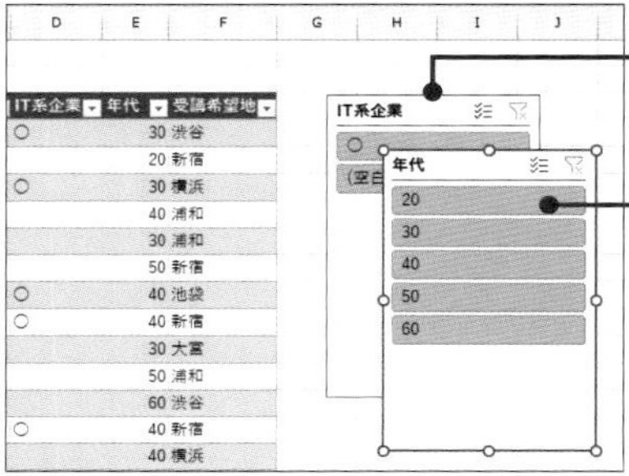

❸[IT系企業]と[年代]のスライサーが表示された

❹スライサーが重なっているので、ドラッグして見やすい位置に移動

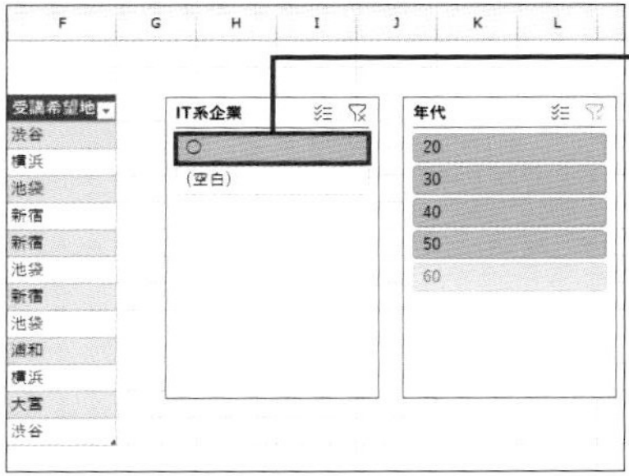

❺[IT系企業]の[○]をクリック

Memo

複数のスライサーは連動しています。IT系企業の人を選択したときに、年代のスライサーの「60」がグレーアウトしたのは、60代の人でIT系企業の人のデータが存在しないことを示しています。

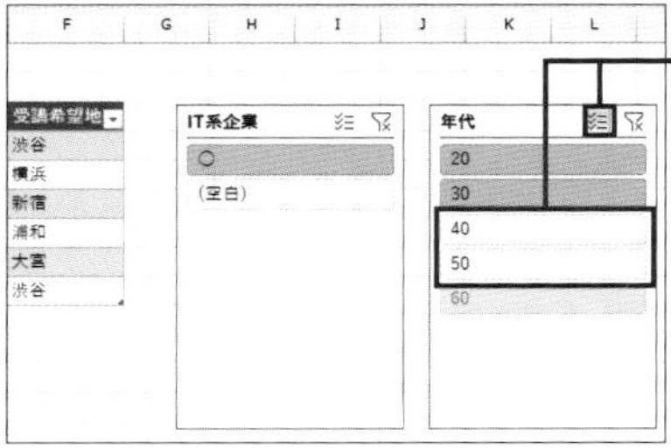

❻[年代]のをクリックしたあと、「40」「50」をクリックしてオフにする

Memo

をクリックするか、Ctrl キーを押しながら項目をクリックすると、複数の項目を選択できます。

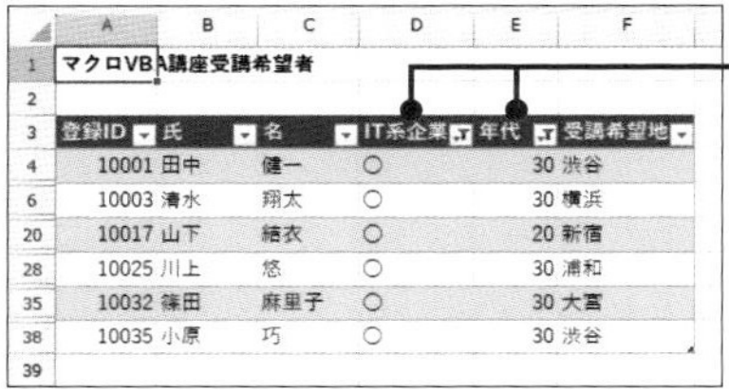

❼IT系企業で20、30代の人のみ表示された

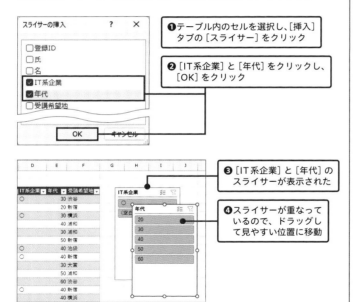

Drill

29

ch4-29.xlsx

月　日

データの集計が自由自在！ ピボットテーブル基本操作

ピボットテーブルは、簡単に大量のデータの集計や分析ができる機能です。商品別の売上金額、取引先別の売上金額といった多角的な集計や分析を行う場合に特に有効です。ここでは、ピボットテーブルの基本的な使い方から、集計項目の変更、さらにクロス集計の作成手順について練習します。

Let's Try!

Step 1 ピボットテーブルで商品別の売上を集計する

	A	B
1		
2		
3	行ラベル	合計 / 合計
4	ウーロン茶	610000
5	みかんスムージー	495000
6	りんごスムージー	384000
7	野菜ジュース	182000
8	緑茶	520000
9	総計	2191000
10		

Step 2 集計する項目を取引先に変更する

	A	B
1		
2		
3	行ラベル	合計 / 合計
4	（株）ABCDEカンパニー	830000
5	（株）わくわくスマイル	320500
6	ヘルシーフレッシュ（株）	423000
7	第一健康株式会社	617500
8	総計	2191000
9		
10		

Step 3 取引先×担当者のクロス集計表に変更する

	A	B	D	E	F
1					
2					
3	合計 / 合計　列ラベル				
4	行ラベル	（株）ABCDEカンパニー	レッシュ（株）	第一健康株式会社	総計
5	坂木	165000	78000	120000	363000
6	斉藤	21200	66000	121500	399500
7	倉本	27600		100000	376000
8	大森	6500	229000	16000	522000
9	林	112000	50000	260000	530500
10	総計	830000	423000	617500	2191000

Hint ピボットテーブルのフィールド画面から操作しよう

［挿入］タブの［ピボットテーブル］からピボットテーブルを作成すると、画面右側に［ピボットテーブルのフィールド］画面が表示されます。集計したい項目を［行］［列］［値］などのセクションにドラッグして移動するという直感的な操作で、表を作成できます。表の集計項目を変更する場合も、フィールド画面の操作から簡単に行えます。

1回目 □ 2回目 □

Step 1 ピボットテーブルで商品別の売上を集計する

まずは、ピボットテーブルを利用して商品別の売上金額の表を作成しましょう。[ピボットテーブルのフィールド] 画面から、商品名と合計の項目を指定の位置に移動すると表が作成されます。

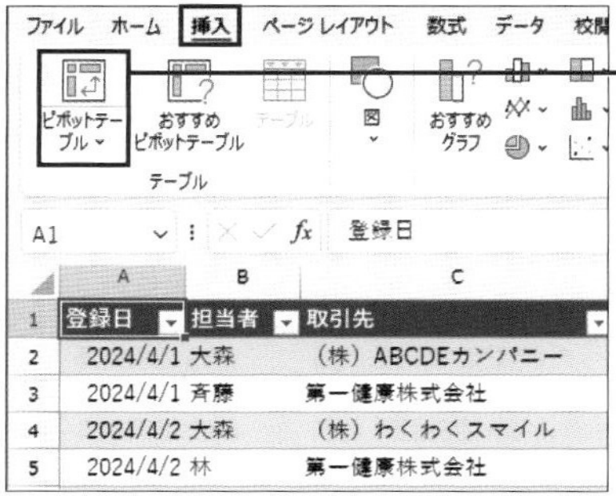

❶テーブル内のセルを選択し、[挿入] タブの [ピボットテーブル] をクリック

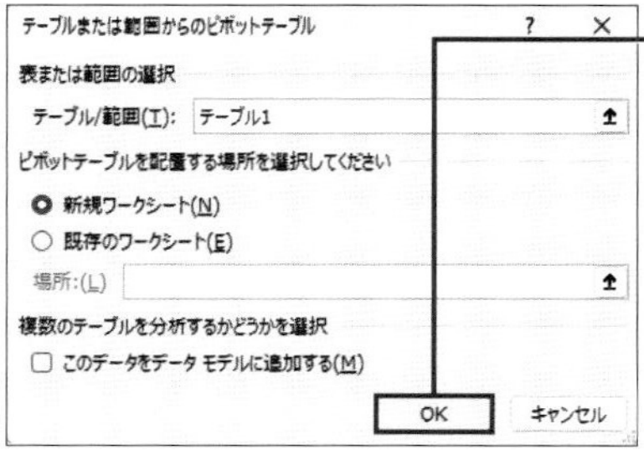

❷ [OK] をクリック

Memo

テーブルからピボットテーブルに変換した際に、元のテーブルの値が変更になった場合は、[ピボットテーブルの分析] タブ→[更新] をクリックすると、ピボットテーブルの内容も更新されます。

❸新しいシートが作成され、[ピボットテーブルのフィールド] 画面が表示された

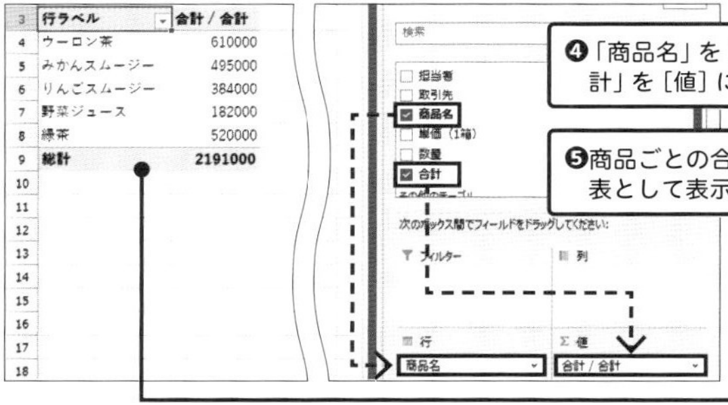

❹「商品名」を [行] に、「合計」を [値] にドラッグ

❺商品ごとの合計額が表として表示された

Point

[ピボットテーブルのフィールド] 画面の構造について理解しておきましょう。フィールドセクションには、もとのテーブルの1行目の値(セルA1の登録日からセルG1の合計まで) が表示されています。これをフィールドと呼び、表の見出しになります。

エリアセクションは、[フィルター] [列] [行] [値] の4種類に分かれています。フィールドをエリアにドラッグして配置することで、表のレイアウトが決まります。ここでは、商品名を行に選択したことで、集計表のA列に商品の見出しが並びました。そして合計を値に選択したことで、商品ごとの売上額が自動で計算されました。

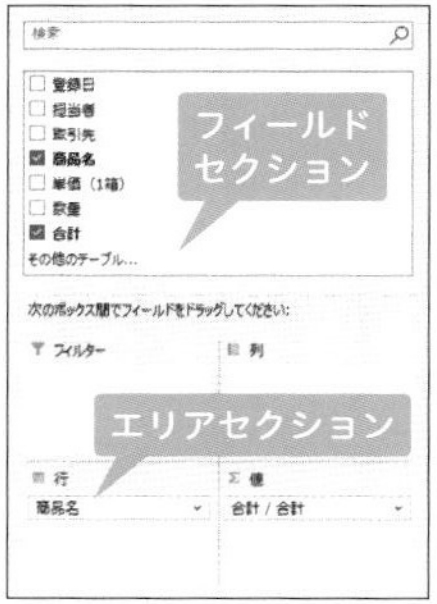

✎ 1回目 □ 2回目 □

Step 2 集計する項目を取引先に変更する

ピボットテーブルを利用すると、項目（フィールド）を変更するだけで、さまざまなレイアウトの表を作成できます。Step1では商品別の合計額を表示したので、取引先ごとの合計額の表に変更してみましょう。

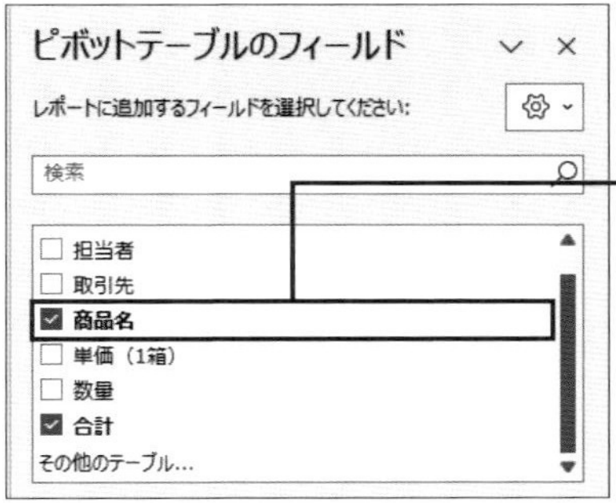

Step1から続けて操作しています。

❶「商品名」をクリックしてチェックを外す

Memo

エリアセクションから指定の項目を外側にドラッグしても、項目のチェックが外れます。

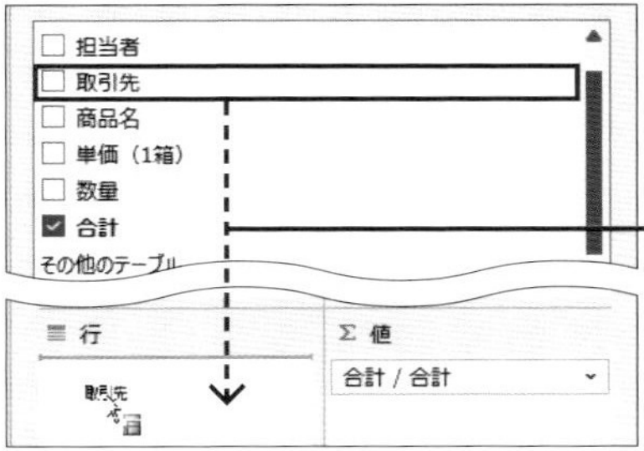

❷「取引先」を［行］にドラッグ

	行ラベル	合計 / 合計
3	行ラベル	合計 / 合計
4	（株）ABCDEカンパニー	830000
5	（株）わくわくスマイル	320500
6	ヘルシーフレッシュ（株）	423000
7	第一健康株式会社	617500
8	総計	2191000

❸取引先ごとの合計額が表として表示された

Point

ピボットテーブルのエリアセクションには、複数のフィールドを設定することも可能です。複数のフィールドを設定すると、一番上のフィールドが大分類、次のフィールドが小分類として扱われます。大分類ごとに、小分類のデータを集計したいときに便利です。

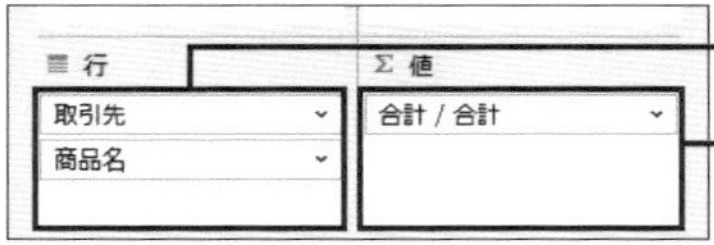

❶「取引先」→「商品名」の順番で［行］にドラッグ

❷「合計」を［値］にドラッグ

	行ラベル	合計 / 合計
3	行ラベル	合計 / 合計
4	⊟（株）ABCDEカンパニー	830000
5	ウーロン茶	80000
6	みかんスムージー	297000
7	りんごスムージー	128000
8	野菜ジュース	65000
9	緑茶	260000
10	⊟（株）わくわくスマイル	320500
11	みかんスムージー	16500
12	りんごスムージー	144000
13	緑茶	160000
14	⊟ヘルシーフレッシュ（株）	423000
15	ウーロン茶	50000

❸「取引先」を大分類、「商品名」を小分類として集計された

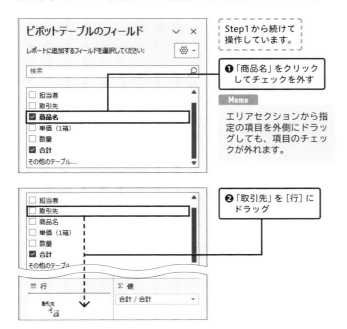

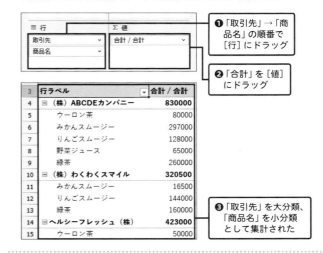

1回目 □　2回目 □

Step 3 取引先×担当者のクロス集計表に変更する

最後にクロス集計表を作成します。クロス集計とは、2つの項目を掛け合わせて同時に集計する方法のことです。ここでは、取引先における担当者ごとの売上金額を算出します。

Step2から続けて操作しています。

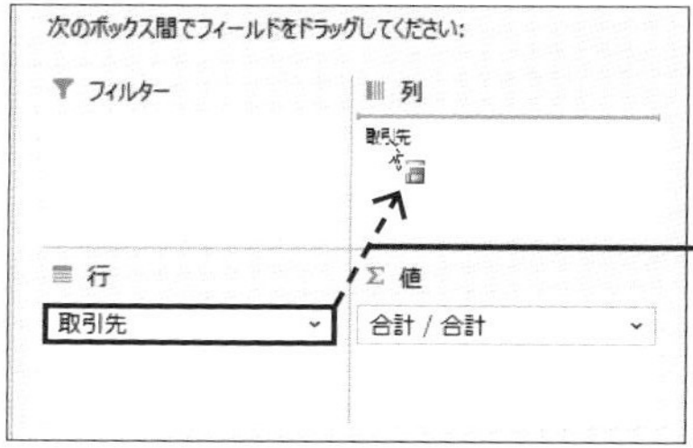

❶「取引先」を［列］にドラッグ

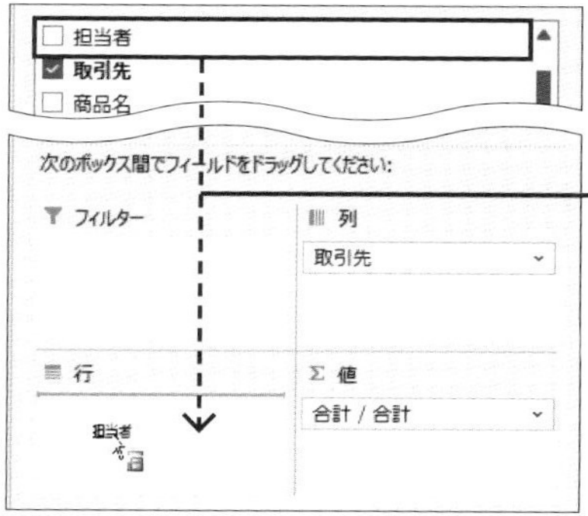

❷「担当者」を［行］にドラッグ

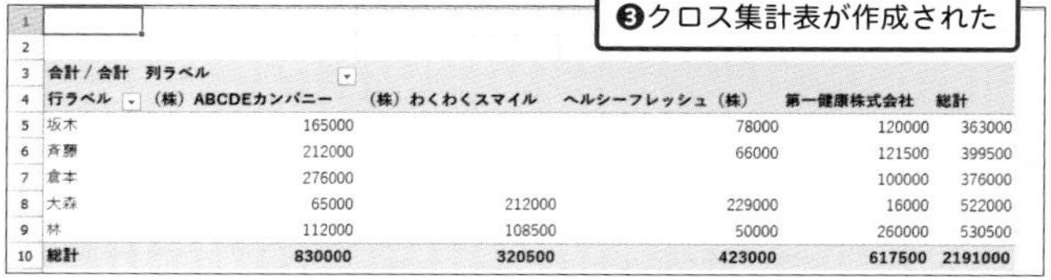

合計 / 合計	列ラベル				
行ラベル	(株) ABCDEカンパニー	(株) わくわくスマイル	ヘルシーフレッシュ (株)	第一健康株式会社	総計
坂木	165000		78000	120000	363000
斉藤	212000		66000	121500	399500
倉本	276000			100000	376000
大森	65000	212000	229000	16000	522000
林	112000	108500	50000	260000	530500
総計	830000	320500	423000	617500	2191000

❸クロス集計表が作成された

表示する項目を絞る場合

表やテーブルのように、ピボットテーブルで作成した集計表にもフィルターの設定が可能です。

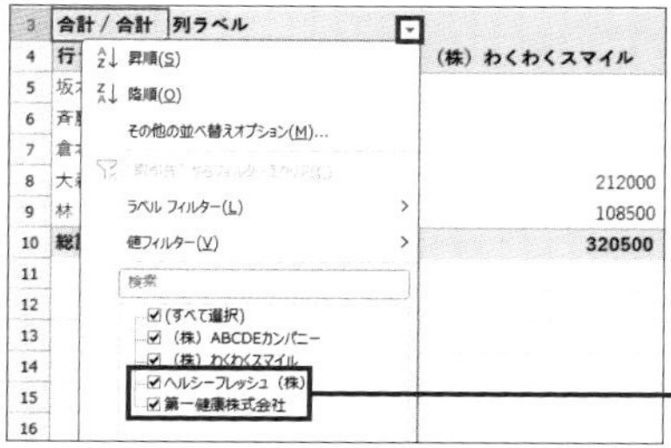

❶列ラベルの ▼ をクリックして、「ヘルシーフレッシュ（株）」「第一健康株式会社」のチェックを外し、［OK］をクリック

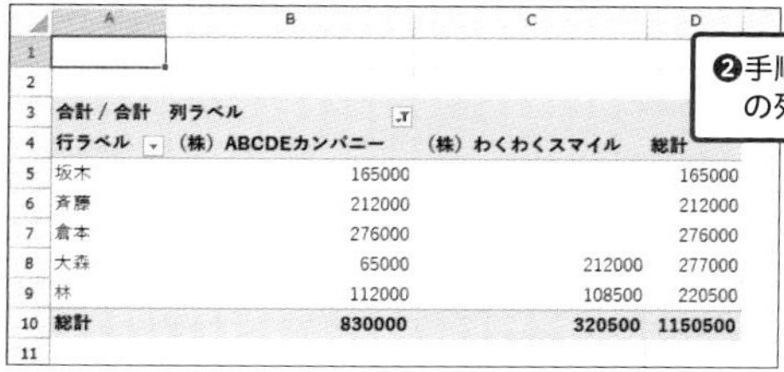

合計 / 合計	列ラベル		
行ラベル	(株) ABCDEカンパニー	(株) わくわくスマイル	総計
坂木	165000		165000
斉藤	212000		212000
倉本	276000		276000
大森	65000	212000	277000
林	112000	108500	220500
総計	830000	320500	1150500

❷手順❶で選択した項目の列が非表示になった

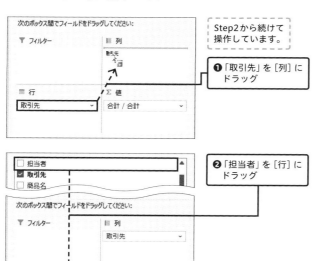

Drill

30

ch4-30.xlsx

月　日

条件付き書式を利用してタスク管理表を作成する

Excelでタスクの管理表を作成する場合は、条件付き書式を設定するとよいでしょう。条件付き書式とは、指定した条件に一致したデータの書式を設定する機能です。これにより、管理表のステータスによって色をつけて強調させたり、完了済みの業務をグレーアウトしたりいったことが可能なので、進捗がひと目でわかりやすくなります。

Let's Try!

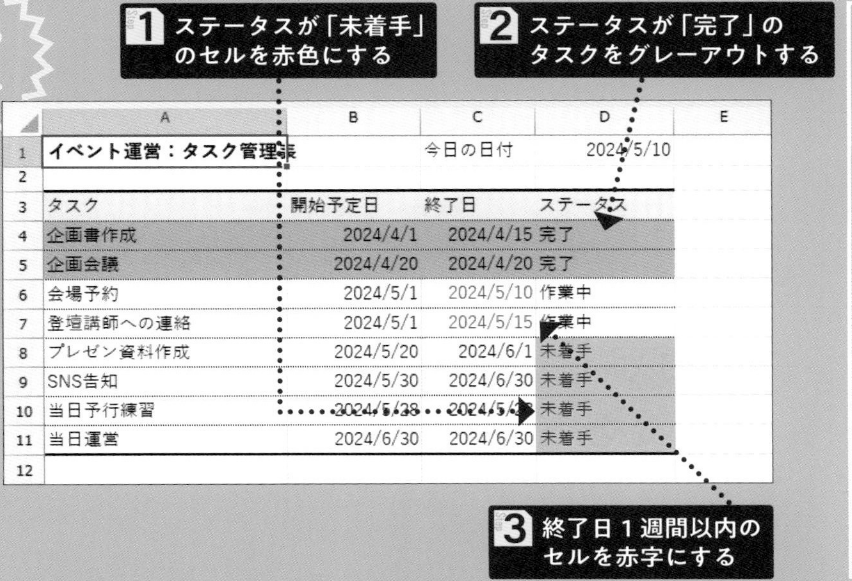

	A	B	C	D	E
1	イベント運営：タスク管理表		今日の日付	2024/5/10	
2					
3	タスク	開始予定日	終了日	ステータス	
4	企画書作成	2024/4/1	2024/4/15	完了	
5	企画会議	2024/4/20	2024/4/20	完了	
6	会場予約	2024/5/1	2024/5/10	作業中	
7	登壇講師への連絡	2024/5/1	2024/5/15	作業中	
8	プレゼン資料作成	2024/5/20	2024/6/1	未着手	
9	SNS告知	2024/5/30	2024/6/30	未着手	
10	当日予行練習	2024/5/28	2024/5/[illegible]	未着手	
11	当日運営	2024/6/30	2024/6/30	未着手	
12					

Hint ［条件付き書式］の設定をしよう

条件付き書式は、［ホーム］タブ→［条件付き書式］から設定できます。事前に用意されている条件だけではなく、独自の条件を設定したい場合は、［新しいルール］から作成可能です。

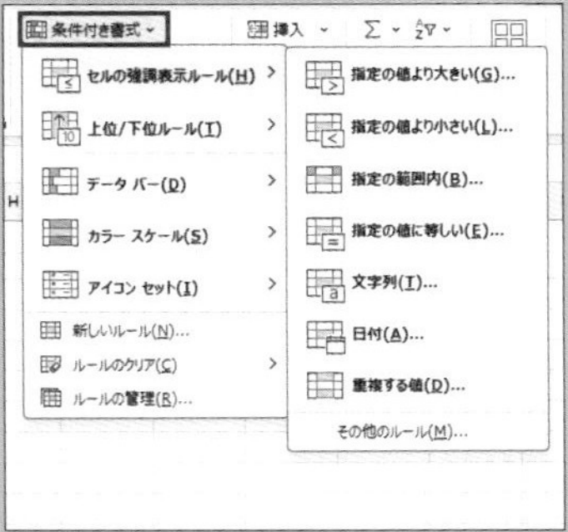

1回目 □ 2回目 □

Step 1 ステータスが「未着手」のセルを赤色にする

まずは、タスク管理表のステータスが「未着手」のセルを赤く塗りつぶす設定をしましょう。書式で強調させることで、タスク漏れを防ぐことに役立ちます。

❶セルD4からD11を範囲選択

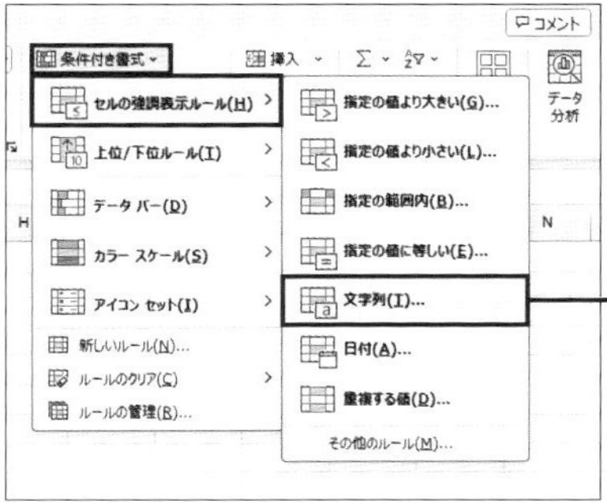

❷［ホーム］タブの［条件付き書式］→［セルの強調表示ルール］→［文字列］をクリック

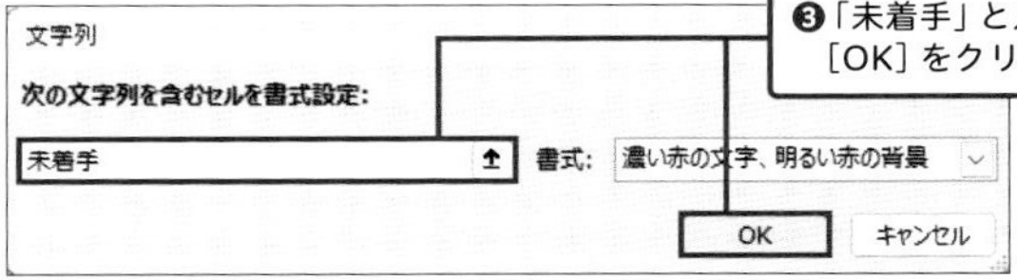

❸「未着手」と入力し、［OK］をクリック

❹「未着手」のセルだけ［濃い赤の文字、明るい赤の背景］に設定された

Memo

「未着手」という文字列と一致する条件を設定しているので、ステータスが「作業中」に切り替わると自動で書式が外れます。

■ シートからデータの書式を解除する場合

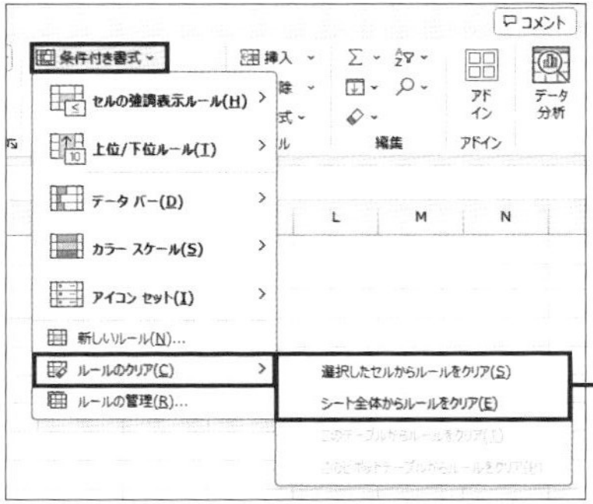

［条件付き書式］→［ルールのクリア］→［選択したセルからルールをクリア］もしくは［シート全体からルールをクリア］をクリック

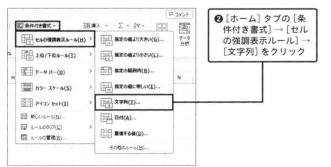

1回目 □ 2回目 □

Step 2 ステータスが「完了」のタスクをグレーアウトする

完了したタスクをひと目でわかるようにしたい場合は、行ごとグレーアウトするのがよいでしょう。条件に一致した行全体の色を変えるには、表全体に条件付き書式を設定することがポイントです。

	A	B	C	D
1	イベント運営：タスク管理表		今日の日付	2024/5/10
2				
3	タスク	開始予定日	終了日	ステータス
4	企画書作成	2024/4/1	2024/4/15	完了
5	企画会議	2024/4/20	2024/4/20	完了
6	会場予約	2024/5/1	2024/5/10	作業中
7	登壇講師への連絡	2024/5/1	2024/5/15	作業中
8	プレゼン資料作成	2024/5/20	2024/6/1	未着手
9	SNS告知	2024/5/30	2024/6/30	未着手
10	当日予行練習	2024/5/28	2024/5/28	未着手
11	当日運営	2024/6/30	2024/6/30	未着手
12				

❶セルA4からD11を範囲選択

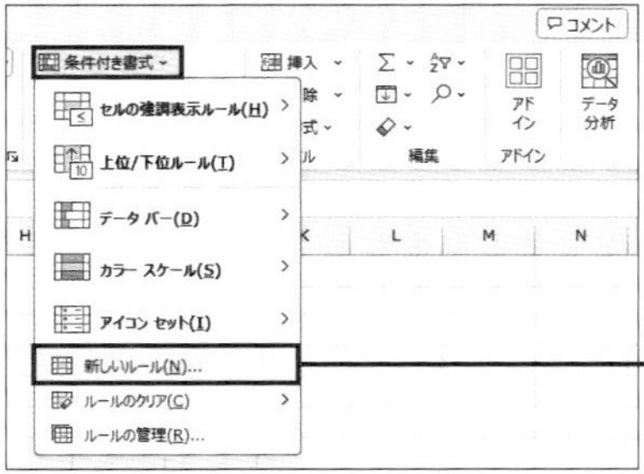

❷［ホーム］タブの［条件付き書式］→［新しいルール］をクリック

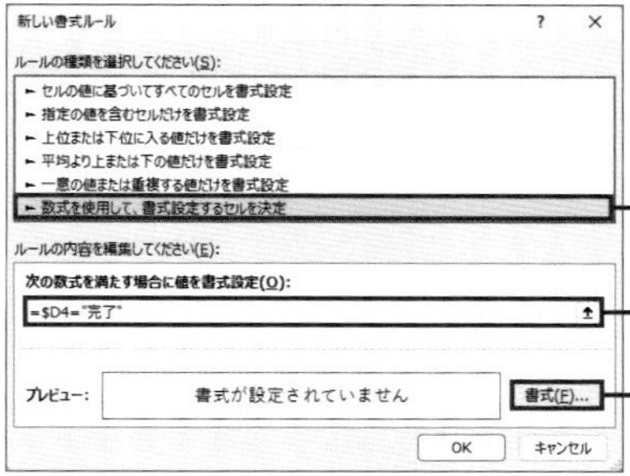

❸［数式を使用して～］を選択し、「=$D4="完了"」と入力

❹［書式］をクリック

Memo

「=$D4="完了"」の数式では、D列を絶対参照としています。こうすることで、D列に「完了」の文字列が入力されている場合、行全体（AからD列）に書式が適用されるようになります。

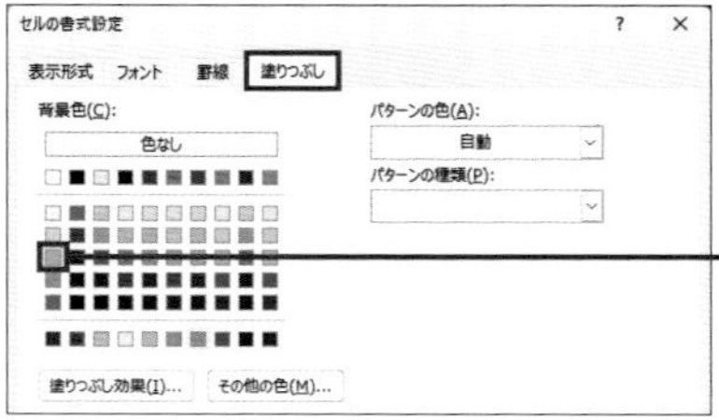

❺［塗りつぶし］タブの背景色のグレー（左列上から3番目）を選択し、［OK］→［OK］をクリック

❻4、5行目がグレーで塗りつぶされた

1回目 □　2回目 □

Step 3 終了日１週間以内のセルを赤字にする

最後に、タスクの終了日の１週間以内の日付を赤字にして強調させましょう。条件付き書式には、「今日の日付以上かつ今日から７日後以内」となるような数式を入力します。

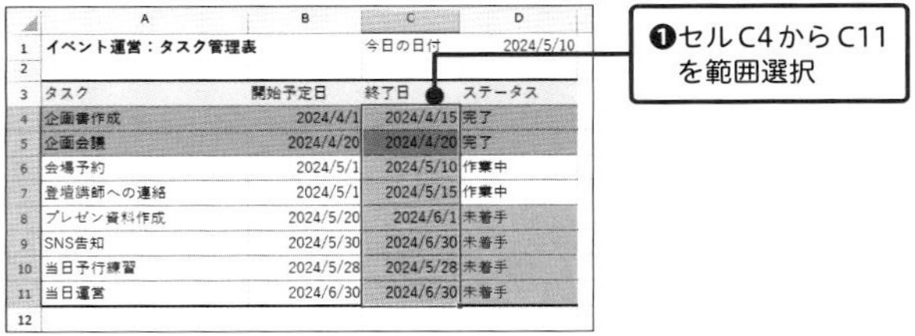
❶セルC4からC11を範囲選択

Memo

「ch4-30.xlsx」のセルD1では便宜上固定の日付として「2024/5/10」と入力していますが、実際の運用では、「=TODAY()」と入力し、当日の日付を表示させましょう。

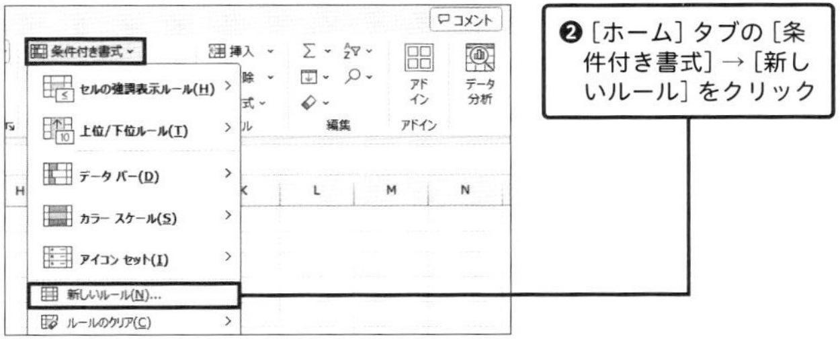
❷［ホーム］タブの［条件付き書式］→［新しいルール］をクリック

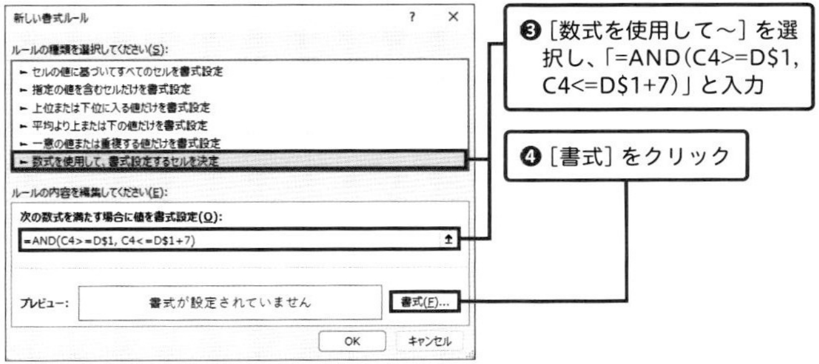
❸［数式を使用して～］を選択し、「=AND(C4>=D$1, C4<=D$1+7)」と入力
❹［書式］をクリック

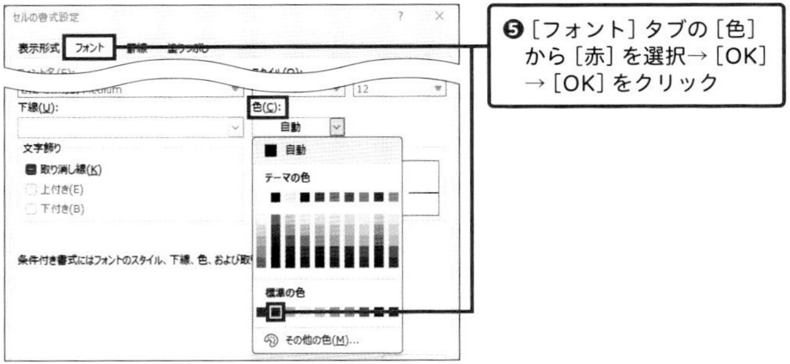
❺［フォント］タブの［色］から［赤］を選択→［OK］→［OK］をクリック

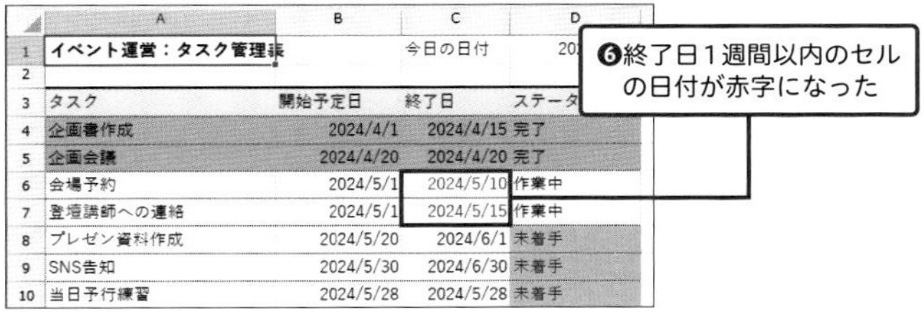
❻終了日１週間以内のセルの日付が赤字になった

Drill 31

ch4-31.xlsx

月 日

条件付き書式

ひと目で売上の大小がわかる分析表を作る

データをただ表にまとめただけでは、値の大小や前年比などがひと目で読み取りにくい表になってしまうことが多いです。そこで、条件付き書式における、データバーやアイコン表示機能を使って、直感的に読み取れる売上分析表を作成してみましょう。

Let's Try!

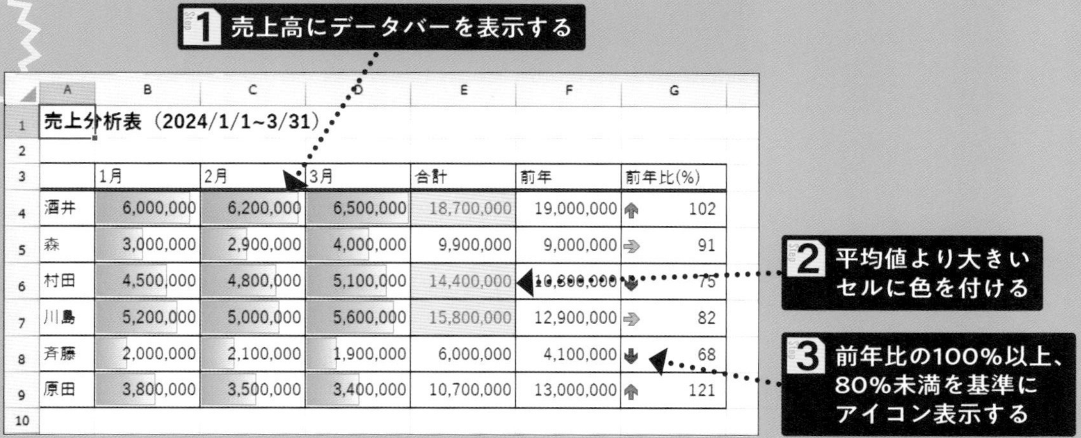

Step 1 売上高にデータバーを表示する
Step 2 平均値より大きいセルに色を付ける
Step 3 前年比の100%以上、80%未満を基準にアイコン表示する

売上分析表（2024/1/1~3/31）

	1月	2月	3月	合計	前年	前年比(%)
酒井	6,000,000	6,200,000	6,500,000	18,700,000	19,000,000	102
森	3,000,000	2,900,000	4,000,000	9,900,000	9,000,000	91
村田	4,500,000	4,800,000	5,100,000	14,400,000	[illegible]	75
川島	5,200,000	5,000,000	5,600,000	15,800,000	12,900,000	82
斉藤	2,000,000	2,100,000	1,900,000	6,000,000	4,100,000	68
原田	3,800,000	3,500,000	3,400,000	10,700,000	13,000,000	121

Hint 条件付き書式の多用には注意しよう

条件付き書式のカラーバーやアイコンなどは、使いすぎると表がごちゃついた印象になってしまいます。表のデータのうち、特に伝えたい箇所にだけ適用したり、使用する色味を同系色で統一したりして、本当に重要なデータが際立つような書式を設定するよう意識しましょう。

Step 1 売上高にデータバーを表示する

まずは、1月から3月の売上高の数値にデータバーを設定しましょう。
これにより、数値の大きさに合わせたバーがセルに表示され、データの
大小をバーの長さでひと目で判断できるようになります。

❶セル B4 から D9 を
範囲選択

❸データバーが
表示された

❷[ホーム] タブの [条件付
き書式] → [データバー]
→ [塗りつぶし (グラデー
ション) の緑] をクリック

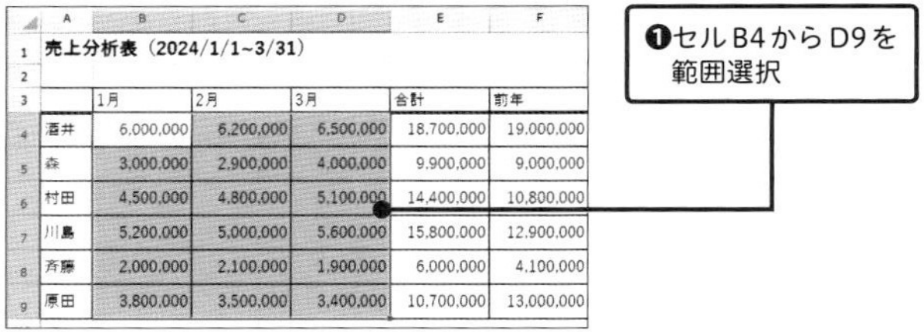

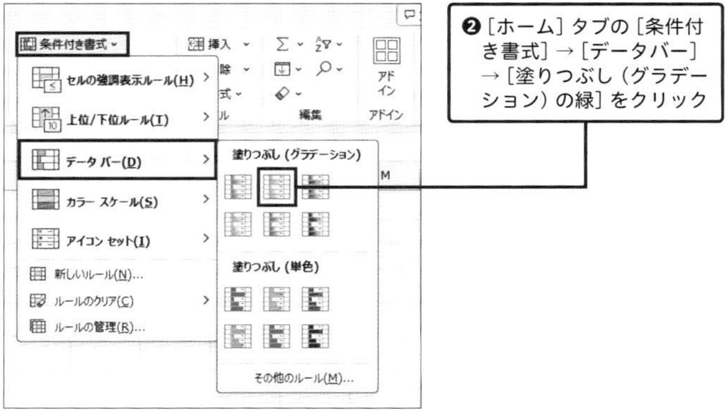

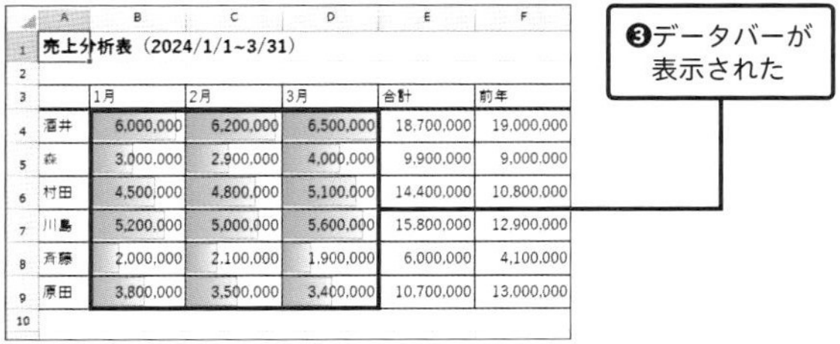

■ クイック設定から書式を設定する場合

セル範囲を選択すると、右
下に [クイック分析] アイ
コンが表示される。[デー
タバー] をクリックすると、
データバーが表示される

Point

設定した条件付き書式を編集・削除などしたいときは、[ホーム] タ
ブ→ [条件付き書式] → [ルールの管理] から操作できます。

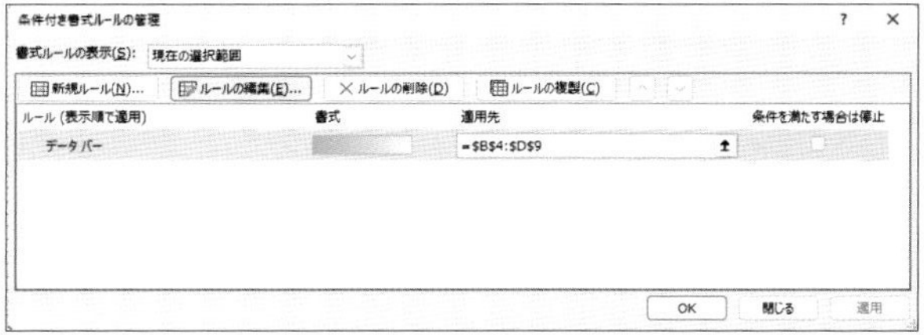

1回目 □ 2回目 □

Step 2 平均値より大きいセルに色を付ける

条件付き書式には、数値の大小を判定する［上位/下位ルール］も用意されています。ここでは、この機能を利用して、売上が社内平均を上回る担当者の合計値を強調させましょう。

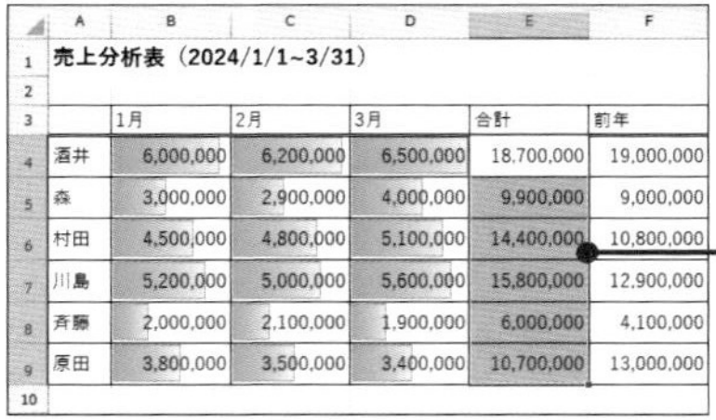

❶セルE4からE9を範囲選択

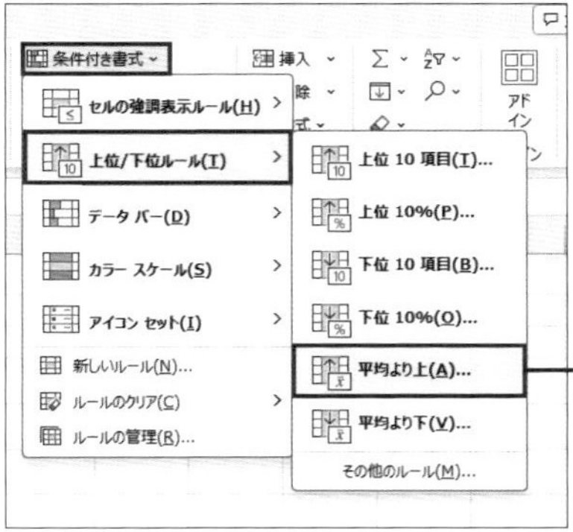

❷［ホーム］タブの［条件付き書式］→［上位/下位ルール］→［平均より上］をクリック

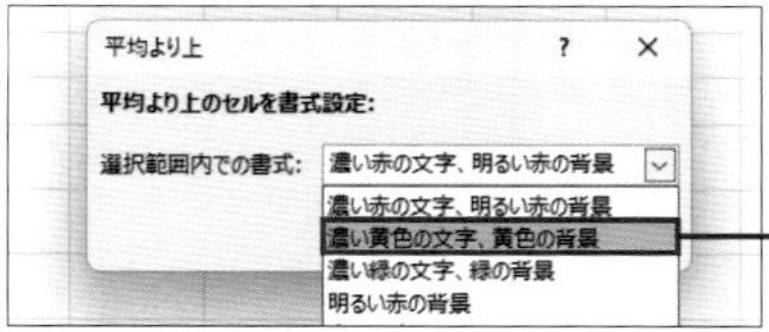

❸［濃い黄色の文字、黄色の背景］→［OK］をクリック

❹平均より上のセルに書式が設定された

Point

［上位/下位ルール］には、平均だけでなく、［上位10項目］［下位10%］など複数の設定項目が用意されています。強調したい内容に合わせて条件を変更しましょう。

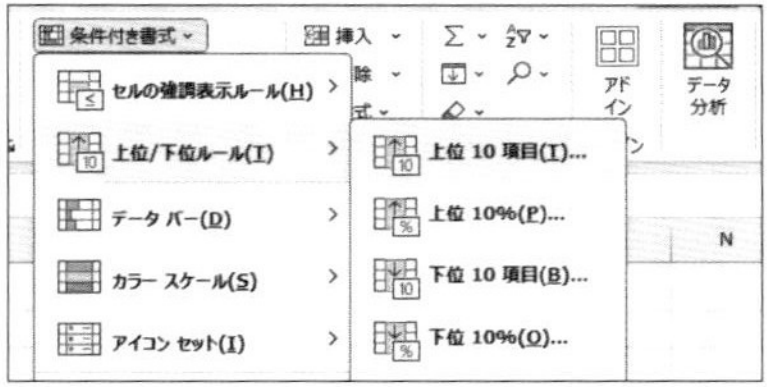

1回目 □　2回目 □

Step 3 前年比の100%以上、80%未満を基準にアイコン表示する

売上の前年比が、増減したのか、現状維持なのかがひと目でわかるように、アイコンを設定します。ここでは、増加した場合は上向き矢印、減少の場合は下向き矢印、現状維持の場合は横向き矢印を表示します。

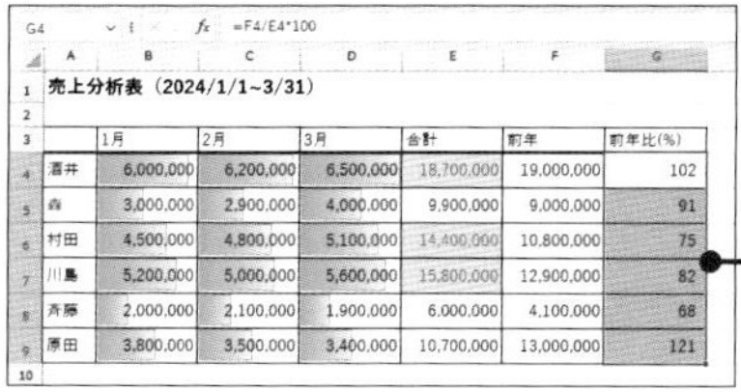

❶セルG4からG9を範囲選択

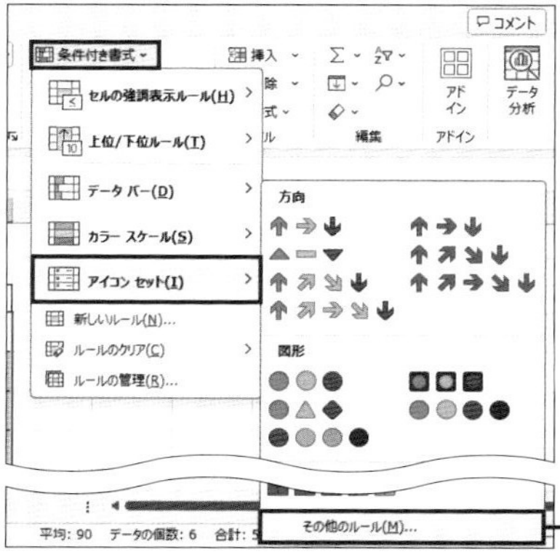

❷［ホーム］タブの［条件付き書式］→［アイコンセット］→［その他のルール］をクリック

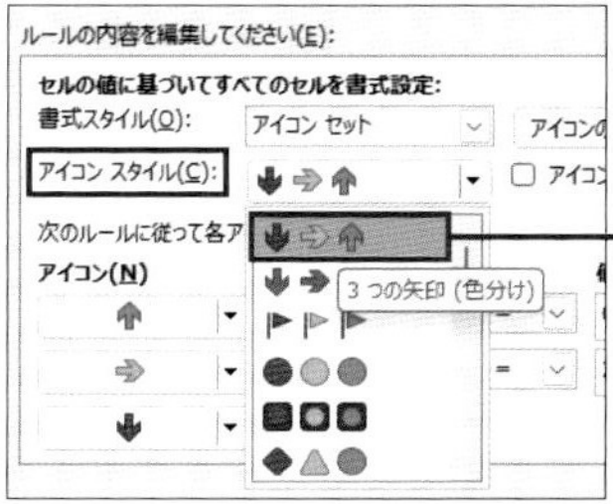

❸［アイコンスタイル］を［3つの矢印（色分け）］をクリック

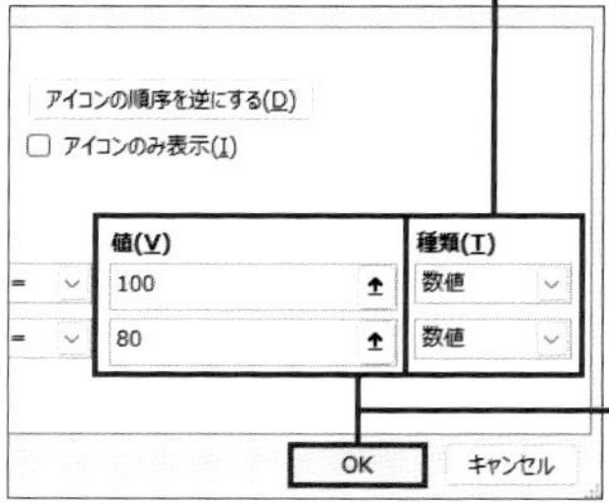

❹［種類］に［数値］を選択

❺値を「100」「80」と入力し、［OK］をクリック

Memo

［種類］の「パーセント」とは、項目内で上位何%かどうかを示しています。ここでは、すでに表のデータが割合の値になっているので、［種類］に［数値］を指定します。

❻アイコンが表示された

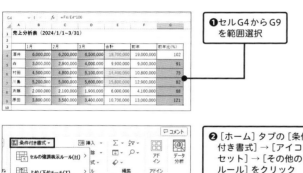

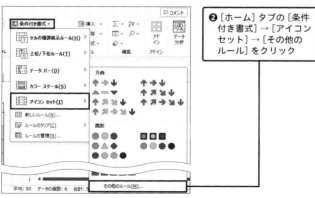

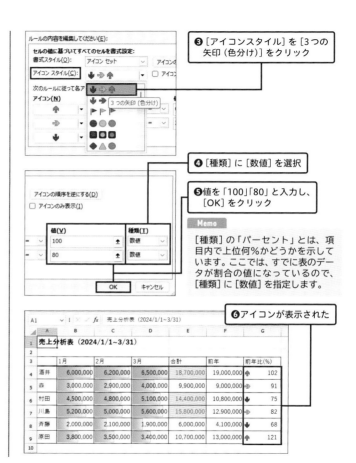

Drill

32

ch4-32.xlsx

月　日

基本的なグラフの作成方法をマスターする

たくさんあるデータをグラフにまとめると、データが視覚的に表現されるので、データの傾向や特徴がつかみやすくなります。ここでは、グラフの中でも使用頻度が高い「棒グラフ」「円グラフ」「折れ線グラフ」をExcelで作成してみましょう。

Let's Try!

1 支店別売上金額の棒グラフを作成する

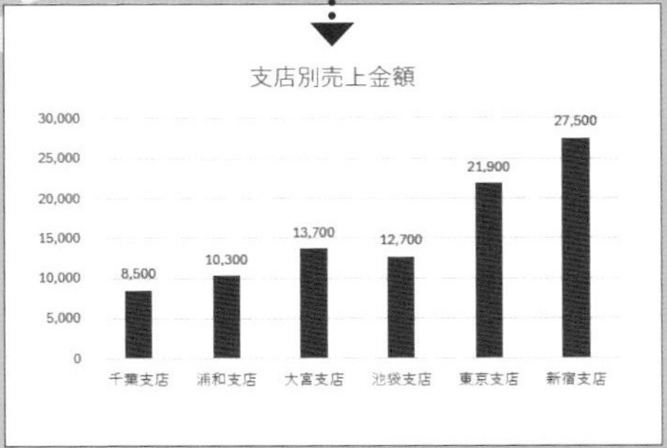

2 支店別売上構成比の円グラフを作成する

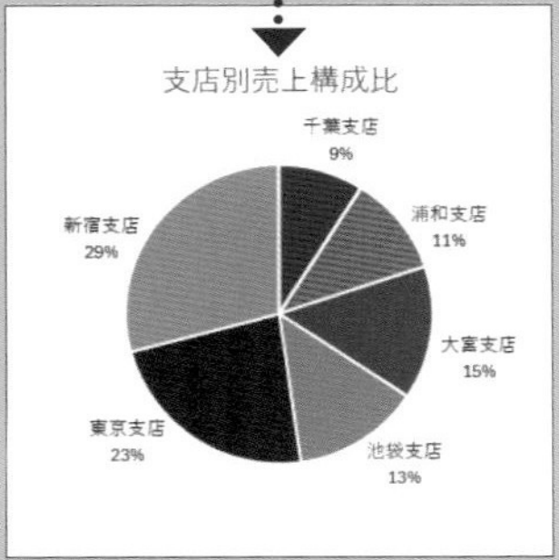

3 月別売上金額の折れ線グラフを作成する

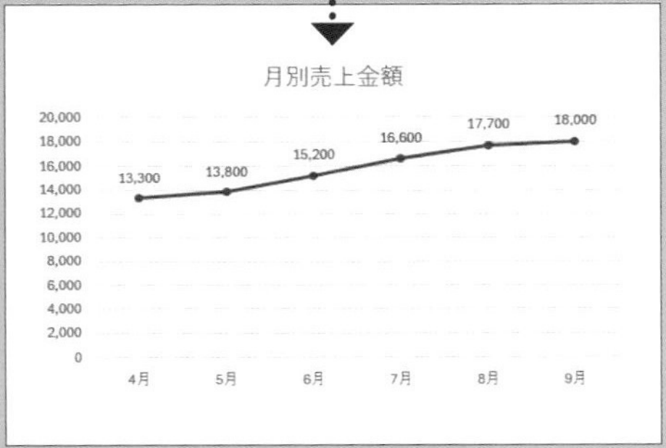

Hint ［挿入］タブのアイコンからグラフを作成しよう

Excelでグラフを作成する場合は、事前にグラフのもとになる表などのデータを用意しましょう。表のうち、グラフにしたい範囲を選択したら、［挿入］タブの指定のグラフアイコンをクリックすると、グラフが作成されます。Excelで作れる表にはさまざまな種類がありますが、どのような場合にどのグラフが適しているかは、このあと詳しく解説していきます。

1回目 □ 2回目 □

Step 1 支店別売上金額の棒グラフを作成する

まずは、支店別の売上金額を表す棒グラフを作成してきましょう。棒グラフは、棒の高さでデータの大小を表すグラフで、項目間のデータの大小や順位を見たいときに適しています。

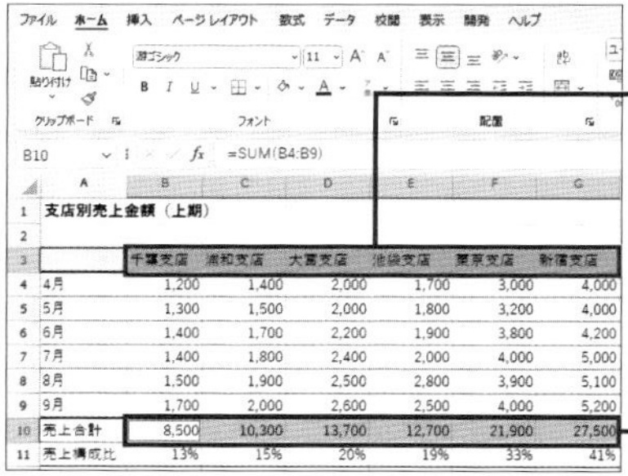

❶「棒グラフ」シートを開き、セルB3からG3、セルB10からG10を範囲選択

Memo

Ctrl キーを押しながらセルをクリックすると、離れたセル範囲を選択できます。

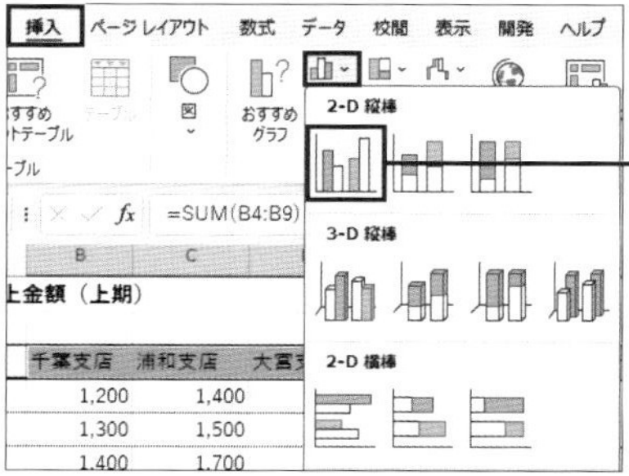

❷［挿入］タブの →［集合縦棒］をクリック

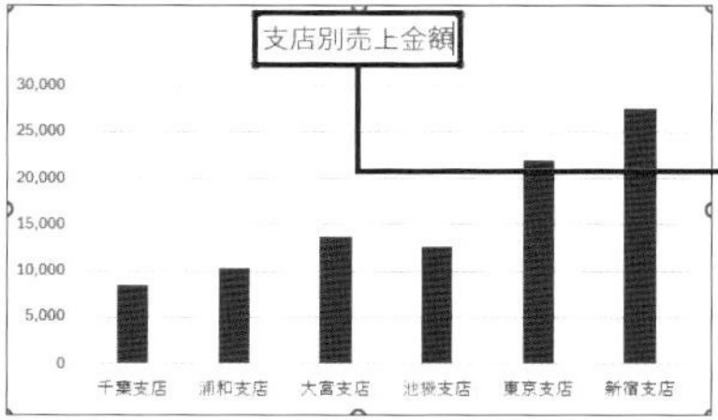

❸棒グラフが作成された

❹［グラフタイトル］に「支店別売上金額」と入力

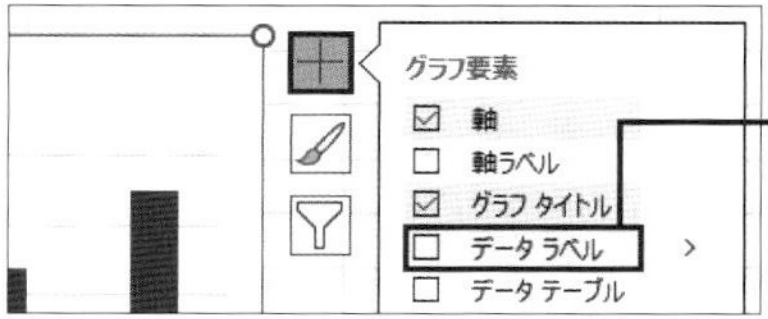

❺グラフを選択し、をクリックし、［データラベル］にチェックを入れる

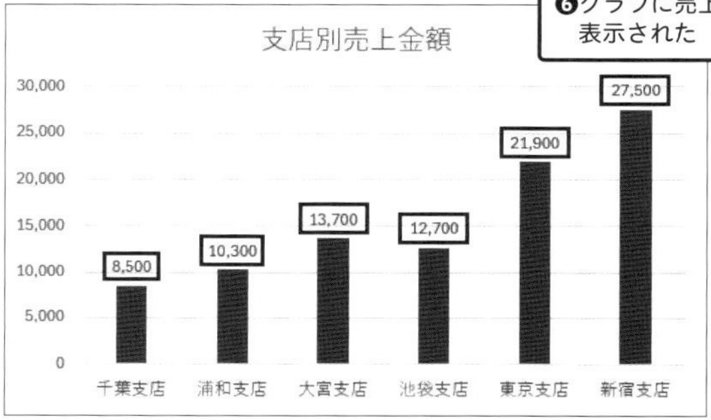

❻グラフに売上金額が表示された

Memo

グラフを作ったあとに、もとの表の値が変更された場合、グラフの値も自動で更新されます。

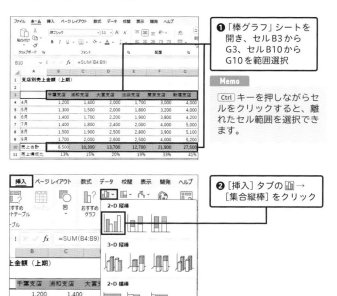

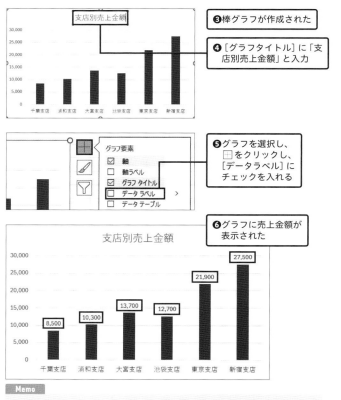

1回目 □　2回目 □

Step 2 支店別売上構成比の円グラフを作成する

続いて、円グラフを作成します。円グラフは、数字の大小ではなく、各項目の全体に対する割合を表したい際によく利用します。ここでは、支店別の売上構成比を円グラフで表しましょう。

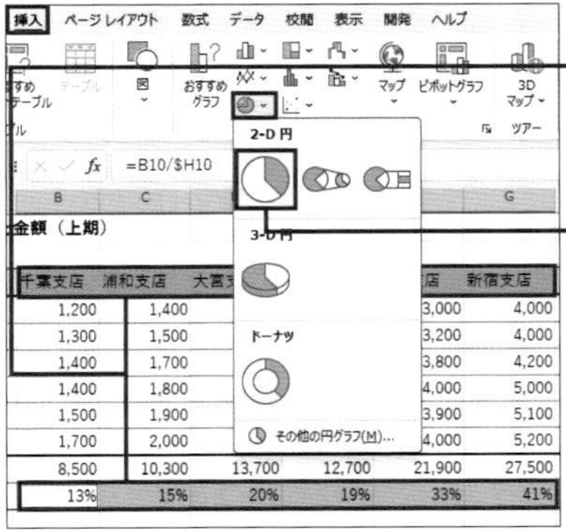

❶「円グラフ」シートを開き、セルB3からG3、セルB11からG11を範囲選択

❷［挿入］タブの→ □ →［円］をクリック

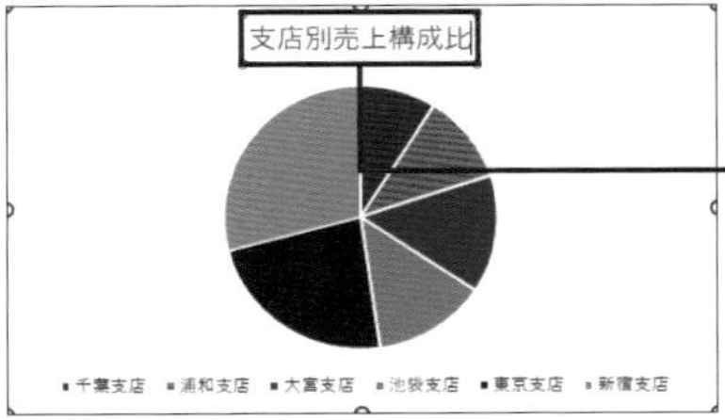

❸円グラフが作成された

❹［グラフタイトル］に「支店別売上構成比」と入力

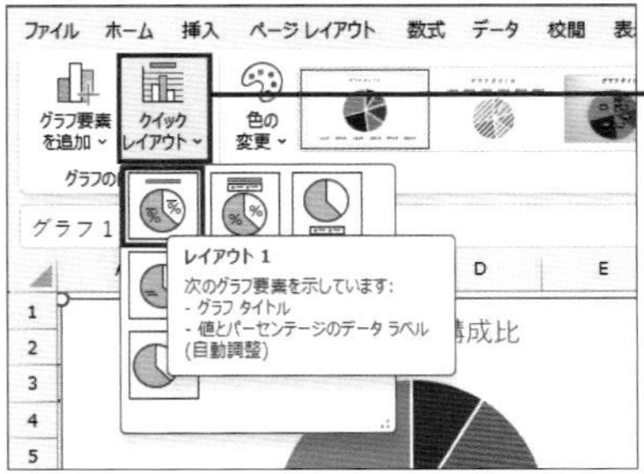

❺グラフを選択し、［グラフのデザイン］タブの［クイックレイアウト］→［レイアウト1］をクリック

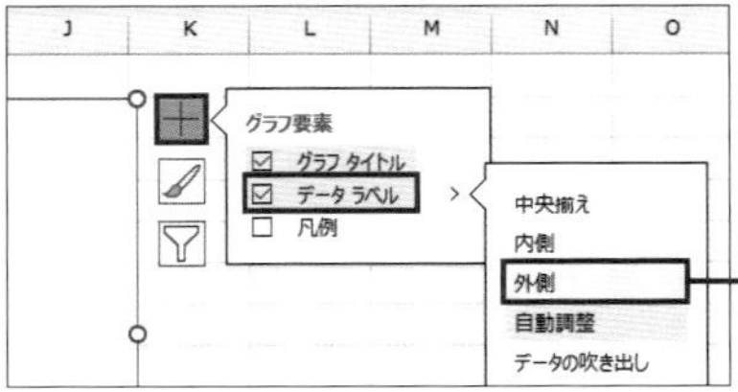

❻ □ →［データラベル］→［外側］をクリック

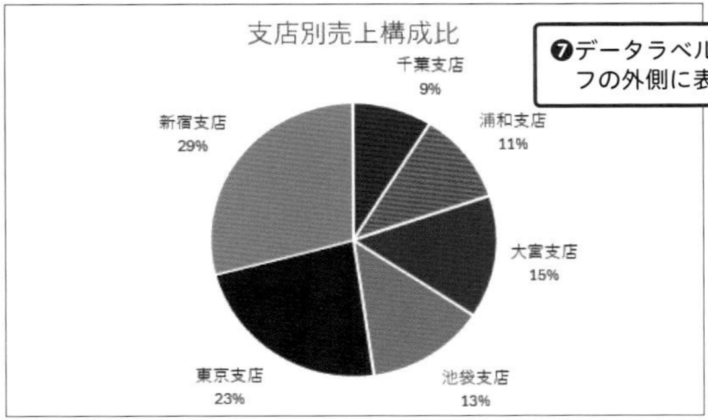

❼データラベルが円グラフの外側に表示された

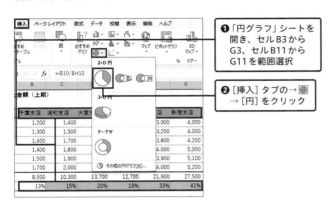

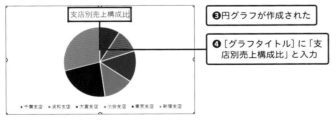

1回目 □ 2回目 □

Step 3 月別売上金額の折れ線グラフを作成する

最後に、折れ線グラフを作成しましょう。折れ線グラフは、時系列によるデータの推移を表したいときに適したグラフです。たとえば、月別の平均気温や売り上げ金額などを表す際によく使います。

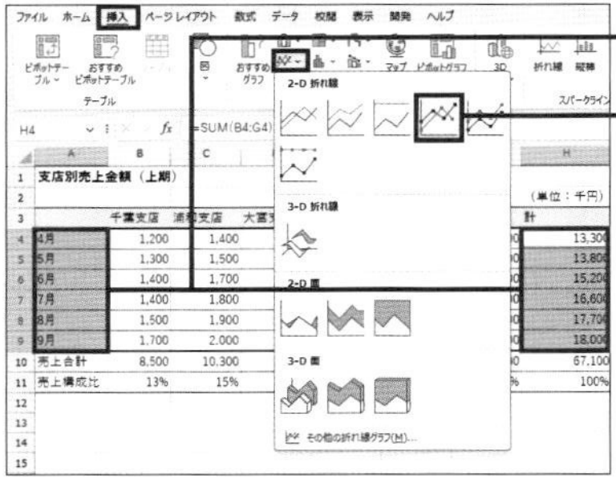

❶「折れ線グラフ」シートを開き、セルA4からA9、セルH4からH9を範囲選択

❷［挿入］タブの→ → ［マーカー付き折れ線］をクリック

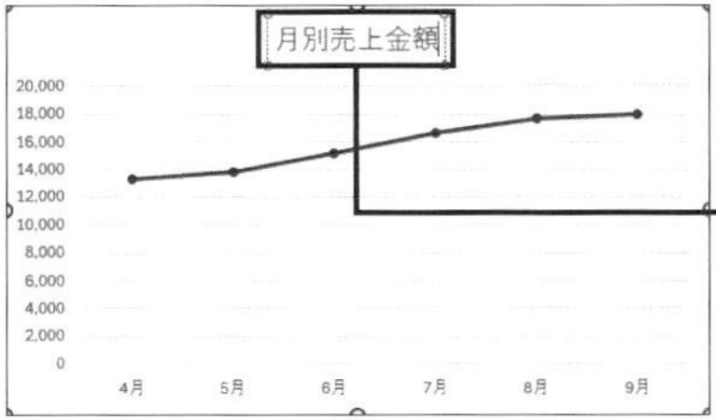

❸折れ線グラフが作成された

❹［グラフタイトル］に「月別売上金額」と入力

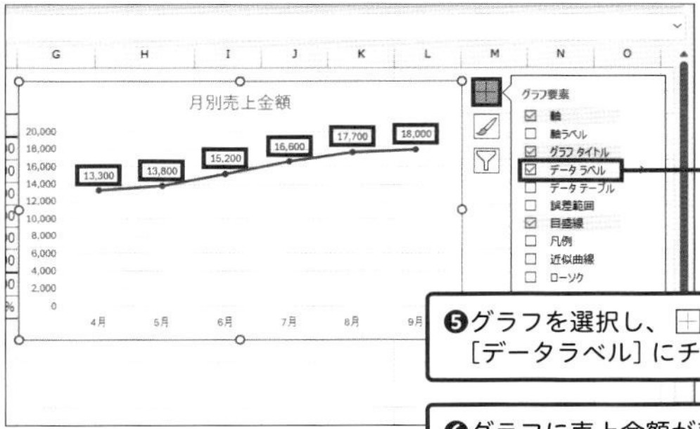

❺グラフを選択し、 をクリックし、［データラベル］にチェックを入れる

❻グラフに売上金額が表示された

Point

作成したグラフを別のシートに移動すると、シートの内容がすっきりとして見やすくなります。なお、グラフを移動してももとのデータとリンクされたままのため、データが変更されるとグラフにも反映されます。

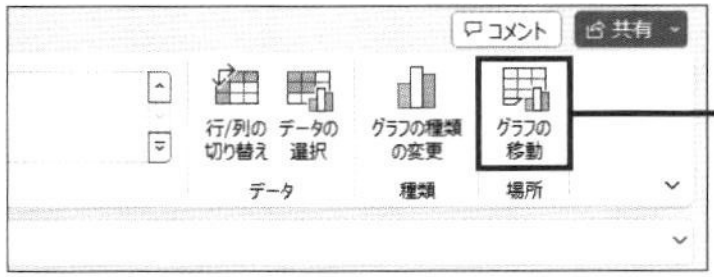

❶グラフを選択し、［グラフのデザイン］タブの［グラフの移動］をクリック

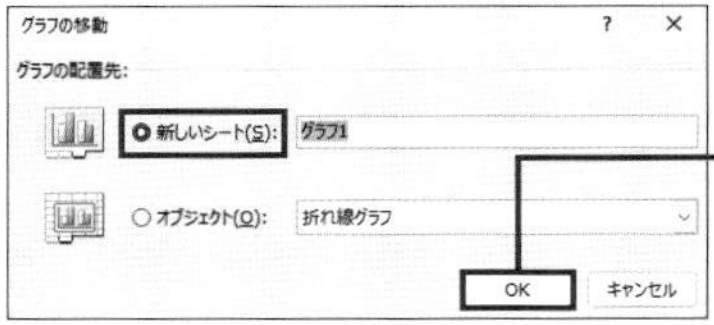

❷「新しいシート」にチェックを入れ、［OK］をクリックすると、「グラフ1」シートが作成され、グラフが移動する

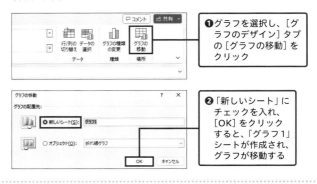

Drill 33

ch4-33.xlsx

月　日

内容や目的にあったグラフのデザインにする

Drill32では、基本的な3つのグラフについて作成方法を学びました。ここでは、伝えたい情報をより明確に表せるようにそれらのグラフのデザインを調整していきましょう。具体的には、強調したい部分のみ色を変える、グラフスタイルを変更する、軸の最小値を変更するといった操作を練習してきます。

Let's Try!

Step 1 棒グラフの太さと色を変更する

Step 2 円グラフのデザインを変更する

Step 3 y軸の最小値を変更する

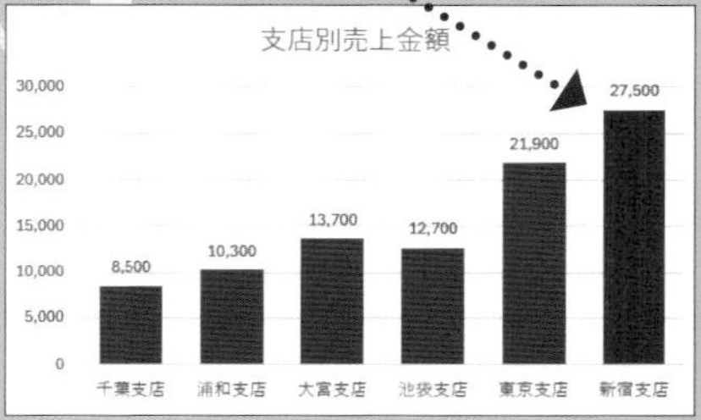

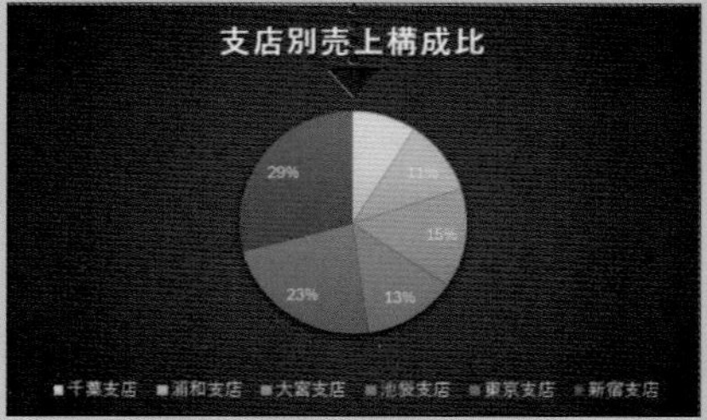

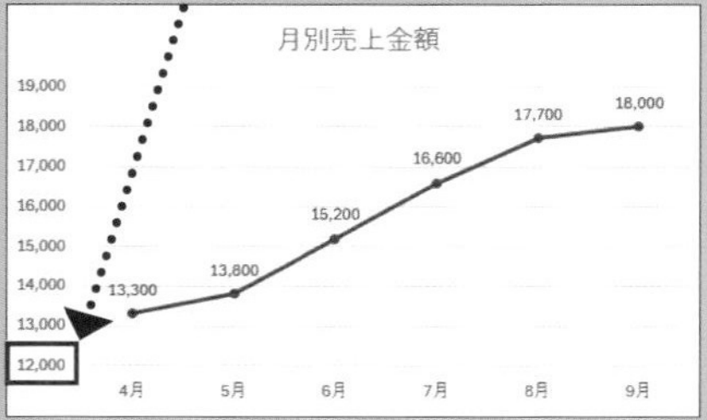

Hint グラフの書式設定画面から調整しよう

グラフの書式などのデザインを変更したい場合は、基本的には変更したい部分を選択し、ダブルクリックすると表示される画面から調整できます。この画面は選択した項目により表示内容が異なります。また、Step2のようにグラフ全体のスタイルを変更する場合は、グラフの右側に表示されるアイコンか、［グラフのデザイン］タブから操作できます。

1回目 □ 2回目 □

Step 1 棒グラフの太さと色を変更する

Excelでは、グラフのデザインを細かく調整することが可能です。ここでは、棒グラフの棒の幅を太くし、売り上げ金額が一番大きい支店のみ、赤色にしてみましょう。

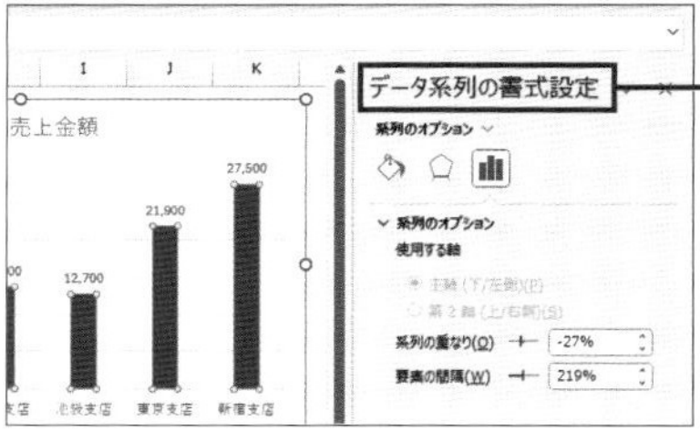

❶「棒グラフ」シートを開き、グラフ内の棒（どれでも可）をダブルクリックし、[データ系列の書式設定] を表示する

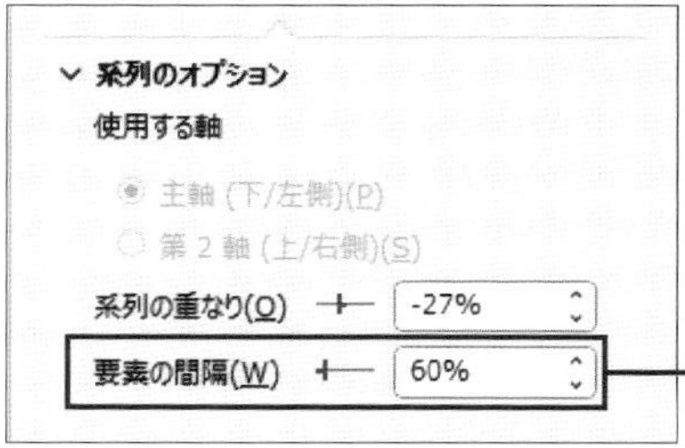

❷ [要素の間隔] に「60」と入力し Enter キーを押す

Memo

[要素の間隔] の値を小さくすると棒が太くなり、値を大きくすると棒が細くなります。

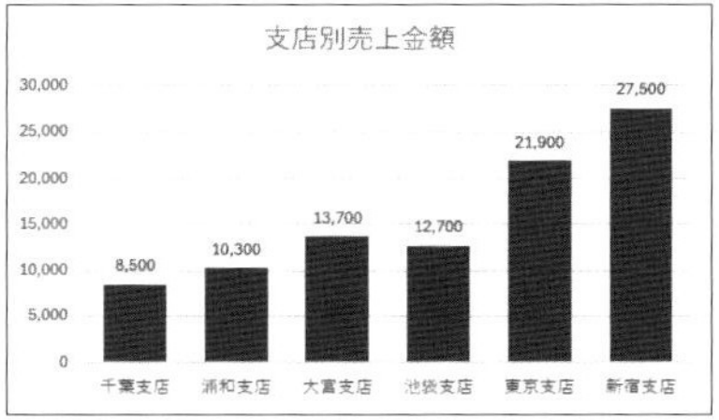

❸グラフの棒が太く表示された

これ以降の手順で、最大のデータの「新宿」支店の棒のみ色を変更して強調させます。

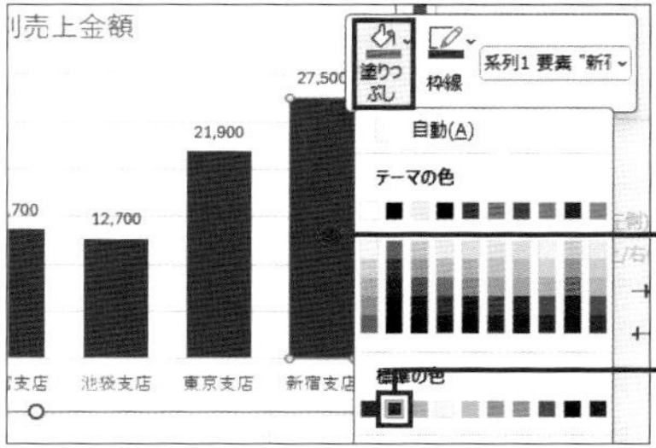

❹「新宿支店」の棒をゆっくり２回クリックすると「新宿支店」の棒のみ選択される

❺右クリックし、[塗りつぶし] の [赤] を選択

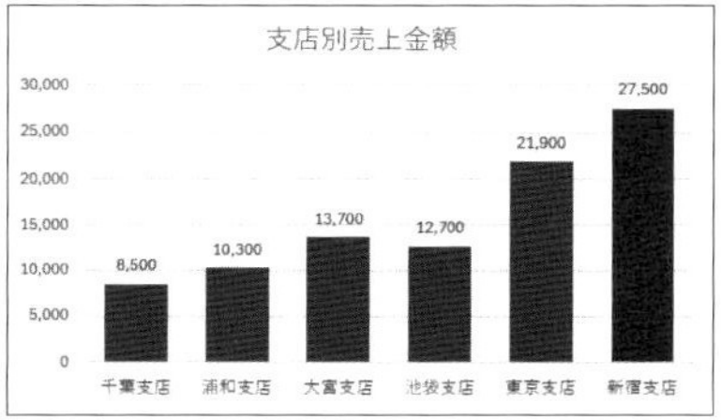

❻「新宿支店」のみ赤く塗りつぶされた

1回目 □ 2回目 □

Step 2 円グラフのデザインを変更する

Excelにはデフォルトで、グラフのスタイルがたくさん用意されています。スタイルを変更すると、グラフ全体のデザインががらっと変わるので、目的にあったものを探してみるとよいでしょう。

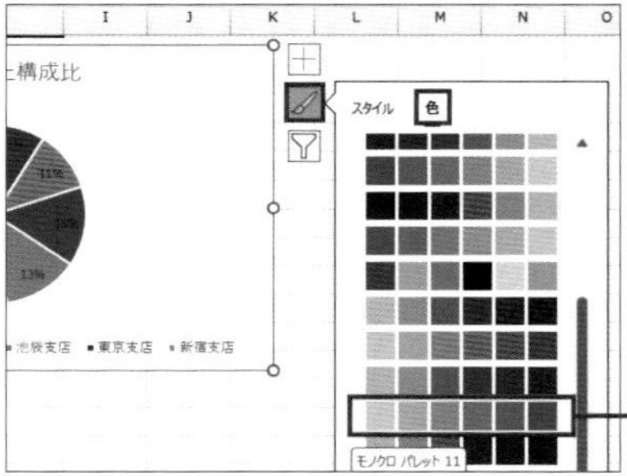

❶「円グラフ」シートを開き、グラフを選択し、🖌→［色］→「モノクロパレット11」をクリック

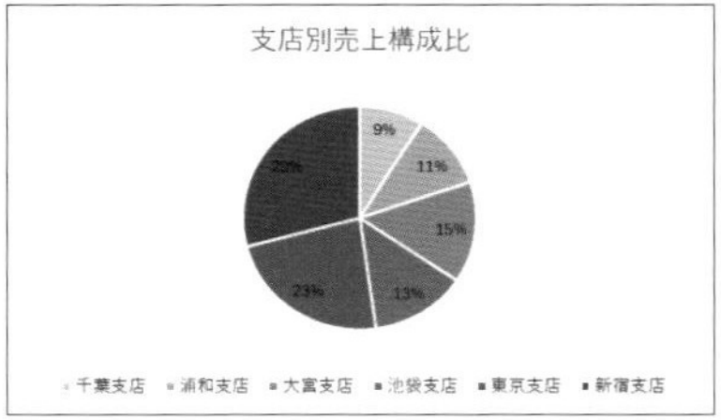

❷グラフの色が変更された

Memo

棒グラフのように、円グラフも特定の項目だけ色を変えられます。目立たせたい項目を選択し、塗りつぶしで色を設定しましょう。

これ以降の手順で、グラフスタイルを変更していきます。

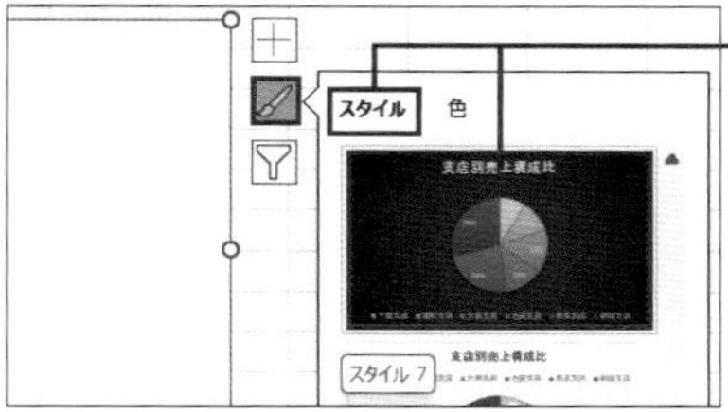

❸グラフを選択し、🖌→［スタイル］→［スタイル7］をクリック

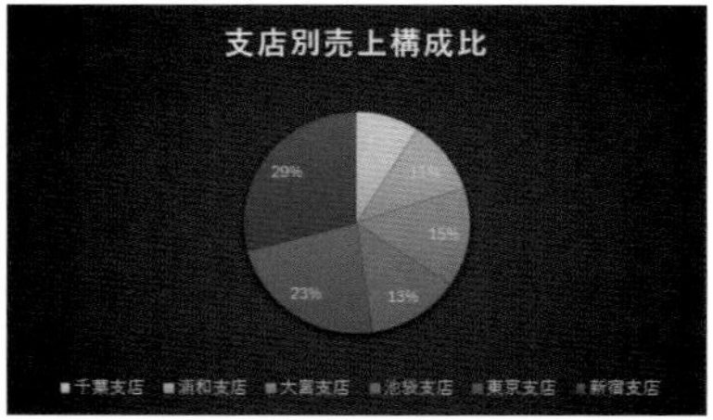

❹グラフのスタイルが変更された

Point

円グラフを利用する場合、「3D円グラフ」の選択は控えましょう。3Dグラフはその厚みにより手前の項目のほうが大きく見えてしまうため、読み手に誤った印象を与えてしまいます。たとえば下のグラフでは23%の東京支店のほうが29%の新宿支店より大きく見えます。

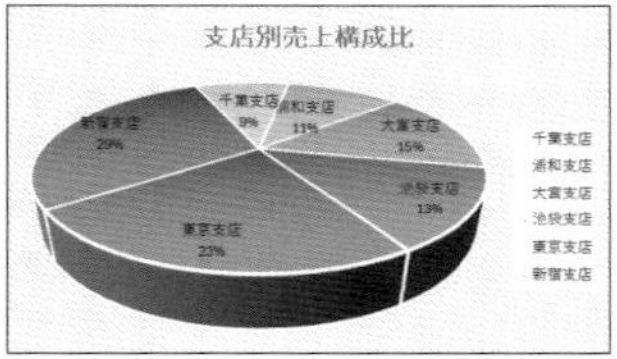

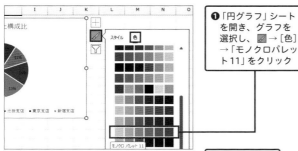

1回目 □ 2回目 □

Step 3 y軸の最小値を変更する

グラフのx軸やy軸の最小値や最大値は自動で設定されますが、この値は変更可能です。たとえば、データの桁数が大きい場合などに、y軸の最小値を0より大きい値に設定すると、わかりやすくなります。

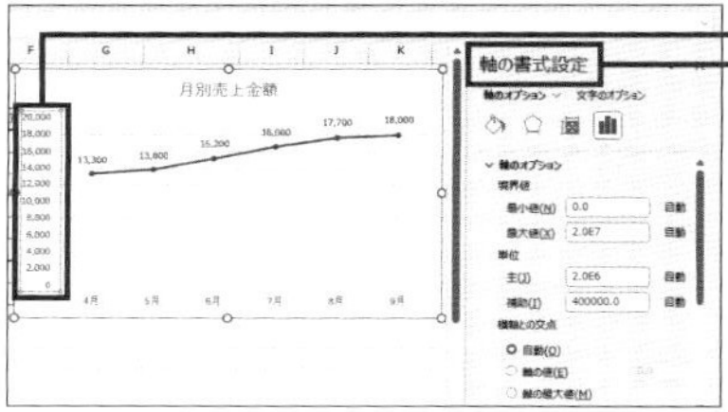

❶「折れ線グラフ」シートを開き、グラフの縦軸をダブルクリック

❷［軸の書式設定］が開く

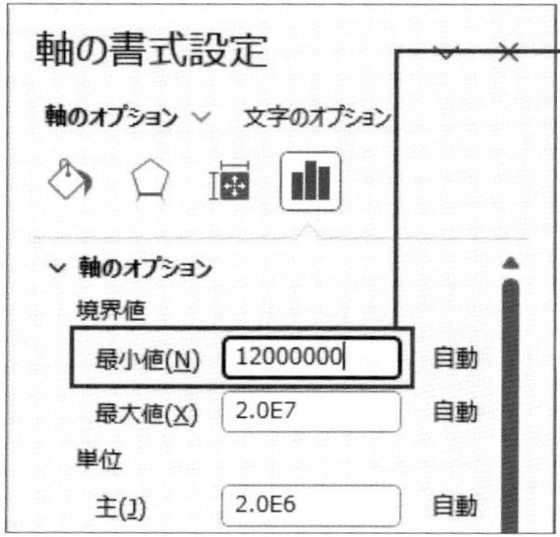

❸最小値に「12000000」と入力し Enter キーを押す

Memo

もとの表の数値は「千」単位で表示されているので、注意しましょう。

❹最小値に合わせて折れ線の傾きが変化した

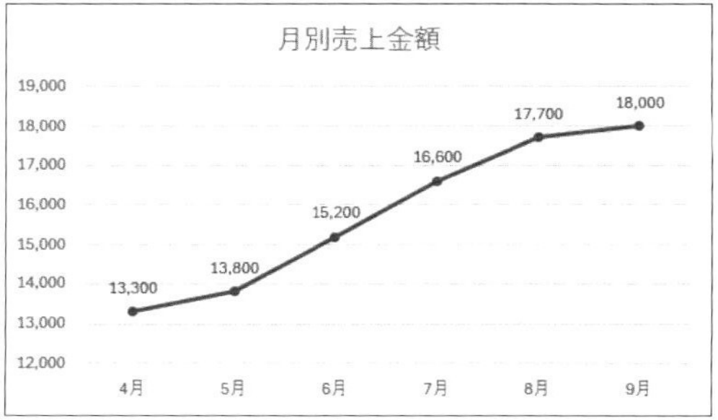

Point

グラフの最小値を変更すると、見た目の印象に大きな影響を与えられますが、棒グラフの場合は特に注意が必要です。棒グラフは値の大きさを棒の長さで表現するので、実際の値との比較が難しくなります。下の2つのグラフを比較すると、最小値を変更した右のグラフの場合、4月と9月の値に3倍の差があるように見えます。読み手に誤解がないグラフを作成することを常に意識しましょう。

■ **最小値が0のグラフ**

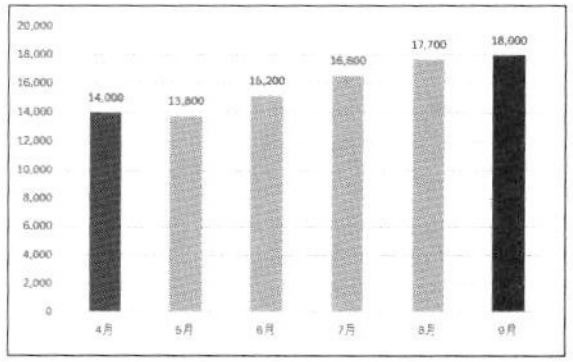

■ **最小値を設定したグラフ**

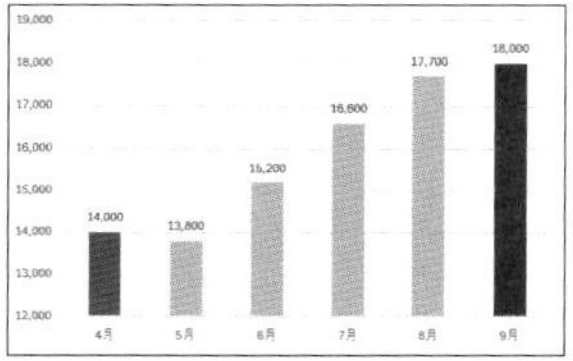

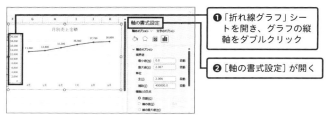

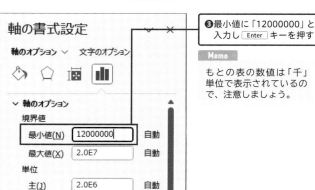

Drill

34

ch4-34.xlsx

月　日

グラフ

グラフ操作の実践テクニック

Drill32から33では、基本的なグラフの作成方法と、グラフの効果的なデザインについて練習しました。最後は、より実践的なグラフの編集操作です。具体的には、作成したグラフ種類の変更、グラフの参照するデータ範囲の変更、複数のデータを1つのグラフにまとめた複合グラフの作成方法について練習します。

Let's Try!

1 円グラフを棒グラフに変更する

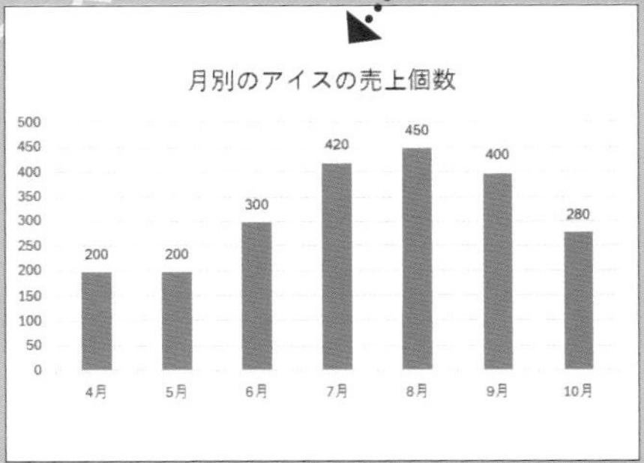

2 グラフの表示範囲を変更する

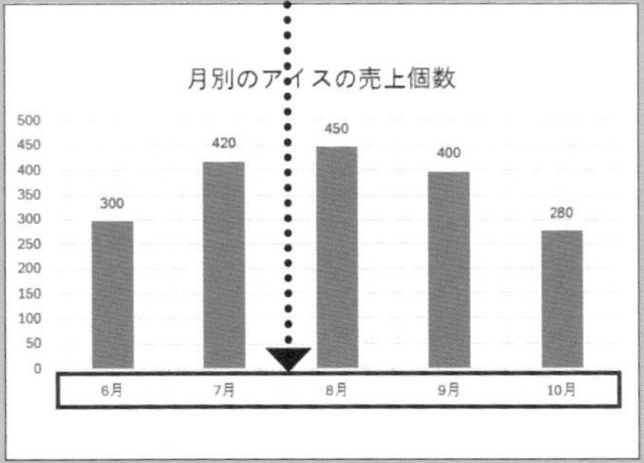

3 異なる種類のグラフを組み合わせた複合グラフを作成する

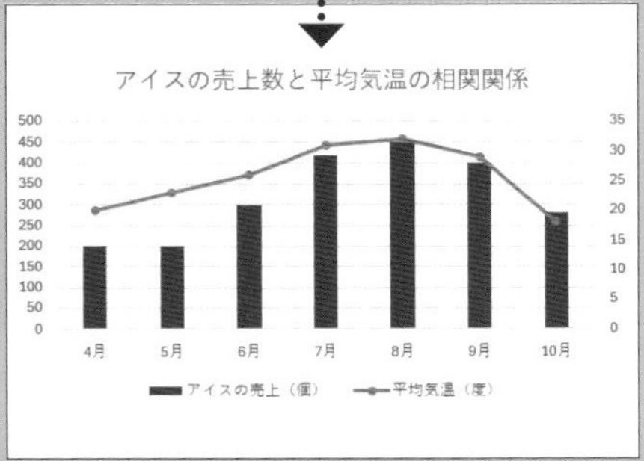

Hint　グラフの編集機能を知ろう

グラフの編集機能を活用することで、一度作成したグラフを作り直すことなく、グラフで伝えたい内容や範囲を変更することができます（Step1、2）。なお、グラフの基本的な編集ツールは、グラフを選択している間に表示される［グラフのデザイン］タブからアクセスできます。

1回目 □　2回目 □

Step 1 円グラフを棒グラフに変更する

Excelでは、作成したグラフの種類をあとから変更することが可能です。[グラフのデザイン] タブの [グラフの種類の変更] から新しいグラフの種類を選択するだけで簡単に変更できます。

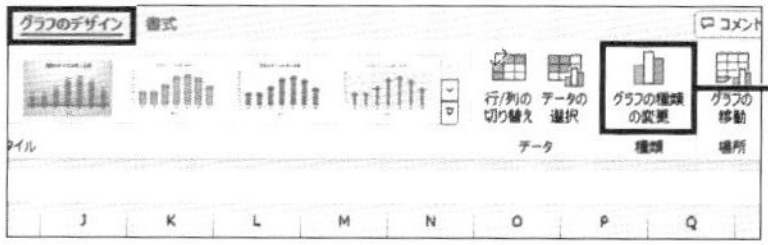

❶「円-棒グラフ」シートを開き、円グラフを選択し、[グラフのデザイン] タブの [グラフの種類の変更] をクリック

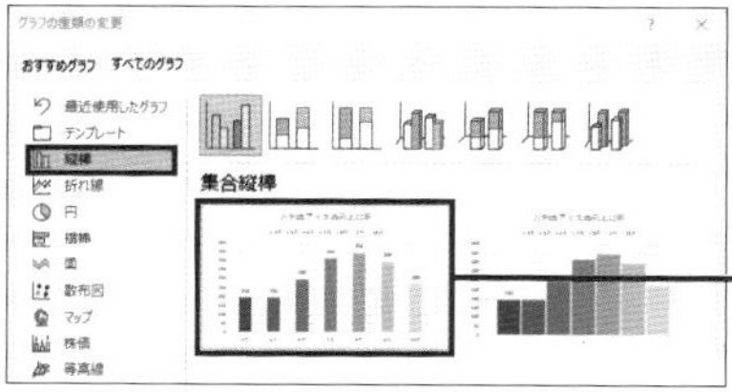

❷ [縦棒] → [集合縦棒] → [OK] をクリック

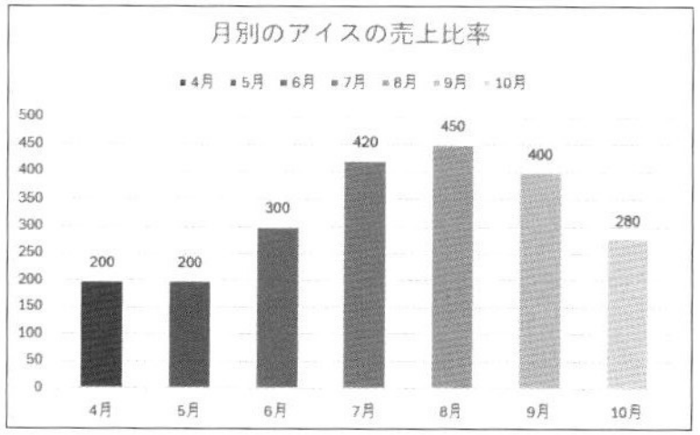

❸棒グラフに変更された

グラフのスタイルや表示項目を棒グラフに対応した内容に変更しましょう。

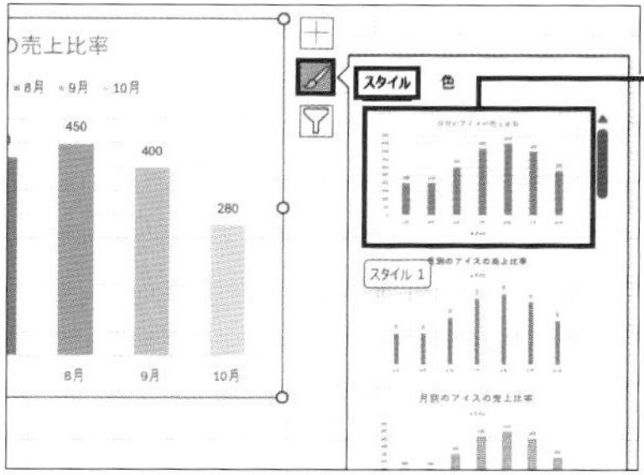

❹グラフを選択し、 → [スタイル] → [スタイル1] をクリック

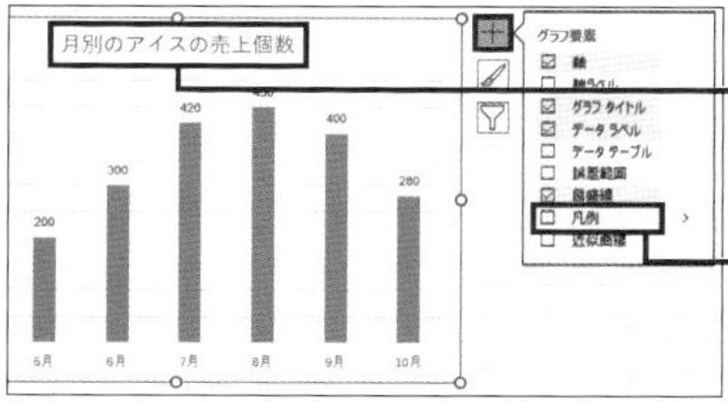

❺ [グラフタイトル] を [月別のアイスの売上個数] に変更

❻ → [凡例] のチェックを外す

Point

グラフ種類の選択についてはDrill32で解説した通りですが、そのグラフがよいか迷ってしまったときは、[挿入] タブの [おすすめグラフ] をクリックしましょう。

画面右側にグラフのプレビューが反映されるので、完成図をイメージしながら適切なグラフを選択できます。

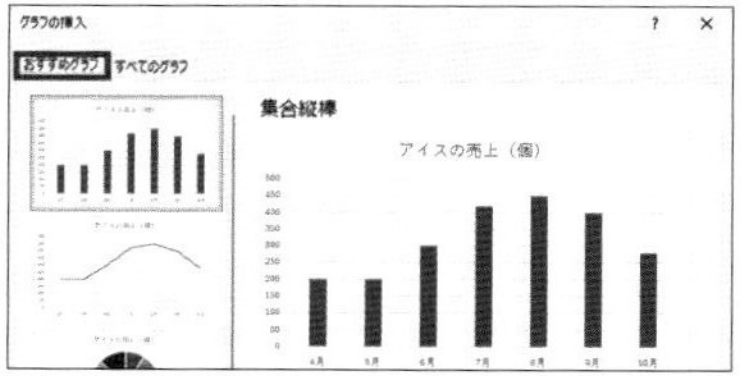

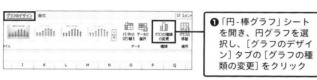

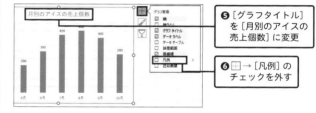

1回目 □　2回目 □

Step 2 グラフの表示範囲を変更する

グラフを作成したあとに、データを追加したい場合や、特定の期間のデータに変更したい場合もあるでしょう。Excelでは、グラフの作成後であってもグラフのデータ範囲を簡単に変更できます。

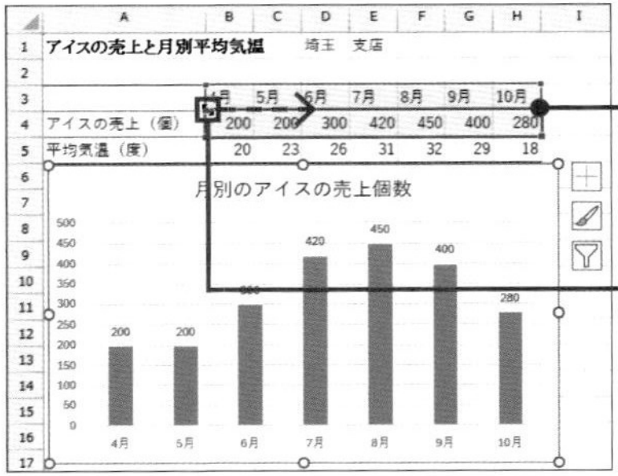

❶「棒グラフ」シートを開き、グラフを選択すると、もとの表に色枠が表示される

❷色枠の四隅にマウスを合わせると、カーソルの形が ↖ に変わるので、6月までドラッグ

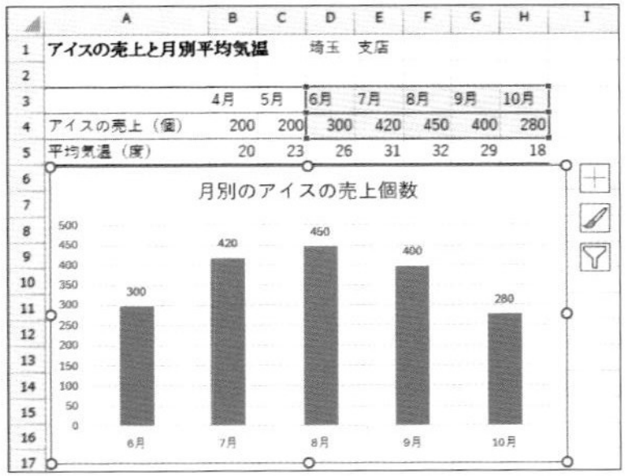

❸グラフの範囲が変更された

■［データソースの選択］ダイアログから変更する場合

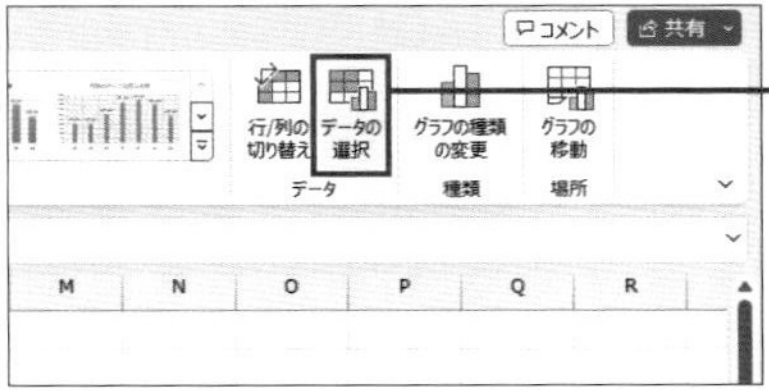

❶［グラフのデザイン］タブの［データの選択］をクリック

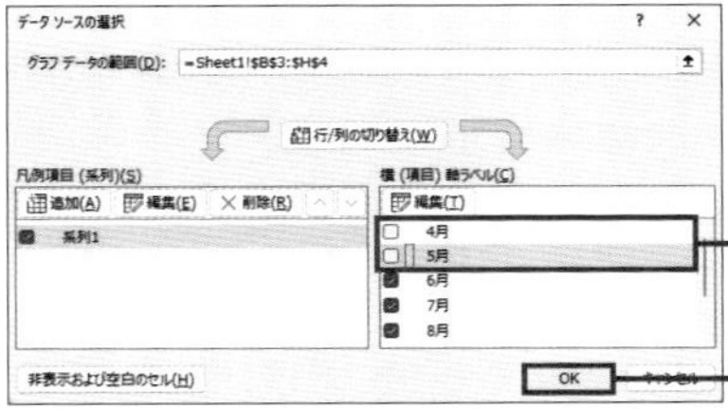

❷「4月」「5月」のチェックを外し、［OK］をクリック

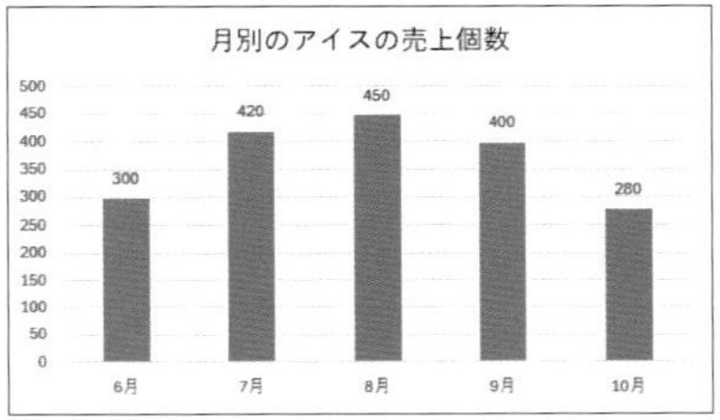

❸グラフの範囲が変更された

Memo

［データソースの選択］ダイアログから操作する場合、グラフに表示される項目が一覧で表示されるので、もとのデータが離れた箇所にある場合や、異なるシートにある場合でも、表示項目の切り替えがわかりやすいメリットがあります。

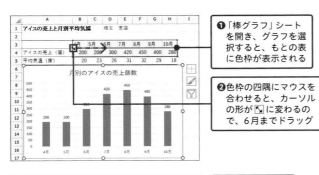

1回目 □ 2回目 □

Step 3 異なる種類のグラフを組み合わせた複合グラフを作成する

最後に、少し応用的なテクニックとして複合グラフを紹介します。複合グラフは、異なるタイプのグラフを１つに組み合わせたもので、複数のデータを同時に分析、比較する際に役立ちます。

ここでは、アイスの売上個数を棒グラフに、月別の平均気温を折れ線グラフでそれぞれ表示させ、1つの複合グラフを作成します。

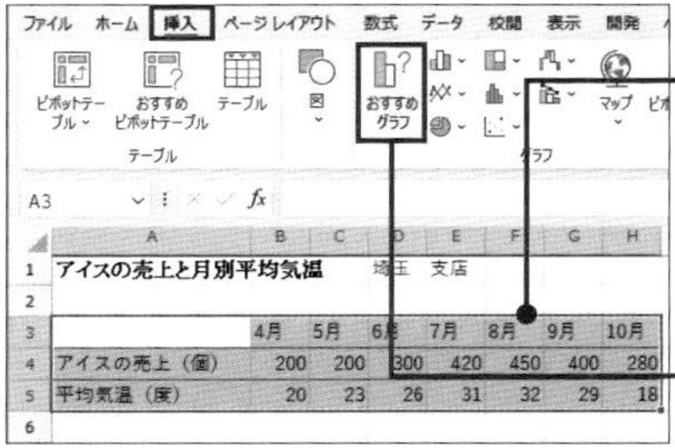

❶「複合グラフ」シートを開き、セルA3からH5を範囲選択

❷［挿入］タブの［おすすめグラフ］をクリック

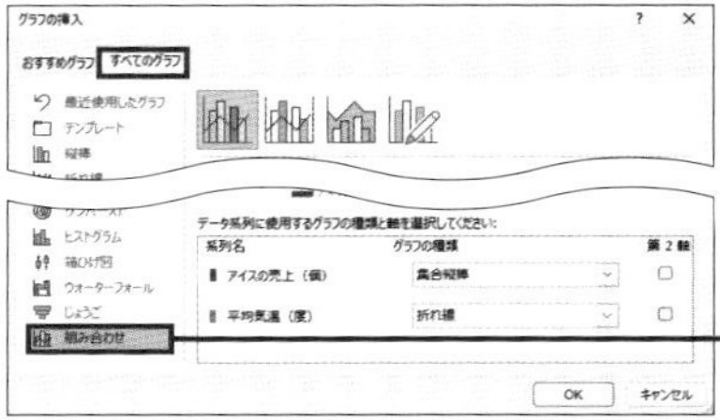

❸［すべてのグラフ］→［組み合わせ］をクリック

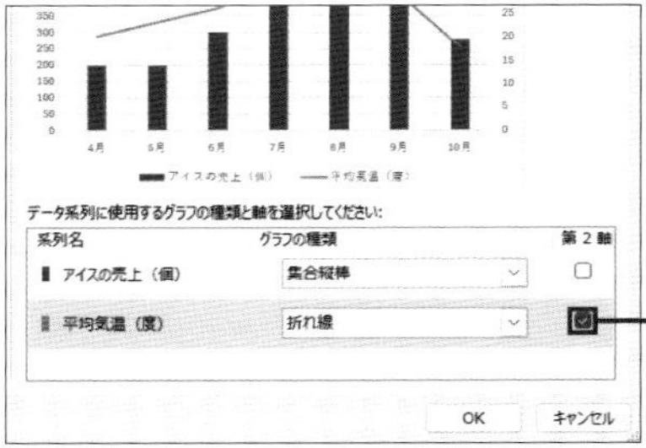

❹［平均気温］の［第2軸］にチェックを入れる

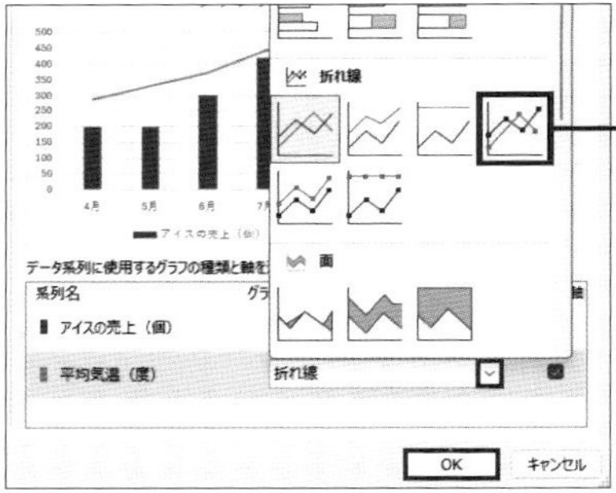

❺［平均気温］の［グラフの種類］に［マーカー付き折れ線］→［OK］をクリック

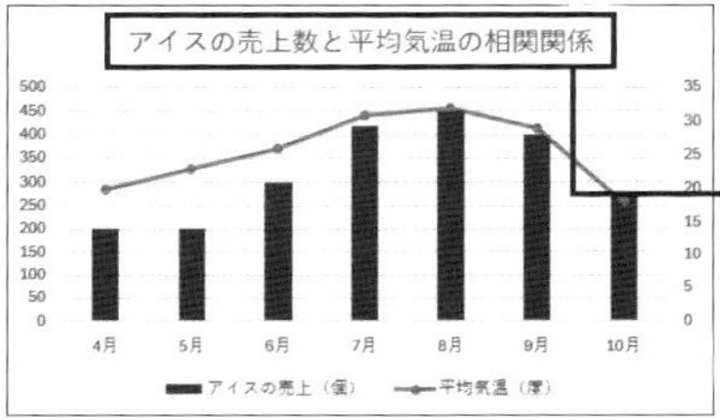

❻複合グラフが作成された

❼［グラフタイトル］に［アイスの売上数と平均気温の相関関係］と入力

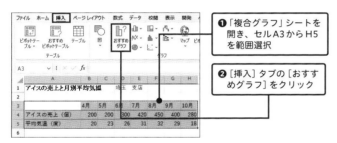

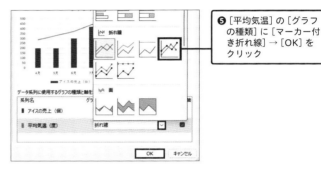

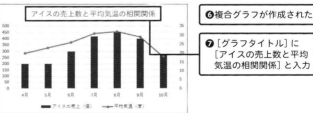

Drill
35

ch5-35.xlsx

月　日

思い通りに印刷するための基礎知識

Excelのシートを印刷する際に、必要な箇所だけ印刷するつもりがすべての範囲を印刷してしまったり、改ページがうまくいかなかったりした経験はないでしょうか。印刷してもレイアウトが崩れないようにするためには、シートの内容にあわせて印刷の設定をする必要があります。ここで、基本の印刷設定を練習しましょう。

Let's Try!

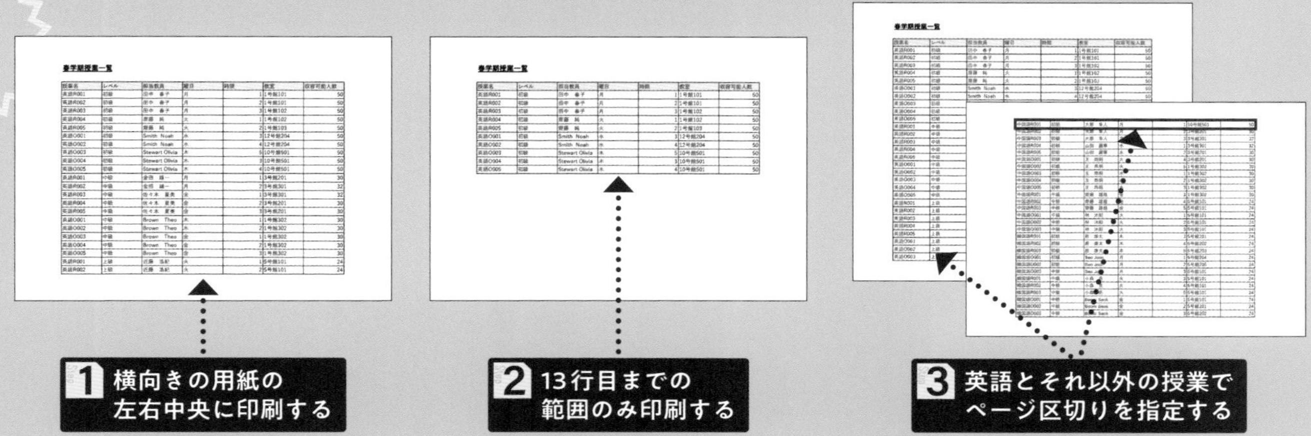
春学期授業一覧
1 横向きの用紙の左右中央に印刷する
2 13行目までの範囲のみ印刷する
3 英語とそれ以外の授業でページ区切りを指定する

Hint　印刷プレビュー画面を確認しよう

Ctrl + P キーを押すと［印刷］画面が開き、画面左側には設定項目が、右側には印刷プレビューが表示されます。設定を変更するとすぐにプレビューに反映されるので、自分の意図通りのレイアウトになっているかを都度確認するようにしましょう。

1回目 □　2回目 □

Step 1 横向きの用紙の左右中央に印刷する

表のレイアウトによっては、用紙を縦向きよりも横向きに印刷するほうが１枚に多くの情報を印刷できます。［印刷］画面の設定から用紙を横向きに変更し、さらに用紙の余白も調整して印刷しましょう。

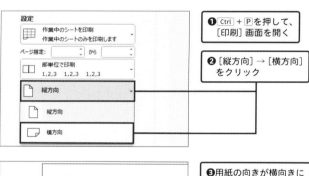

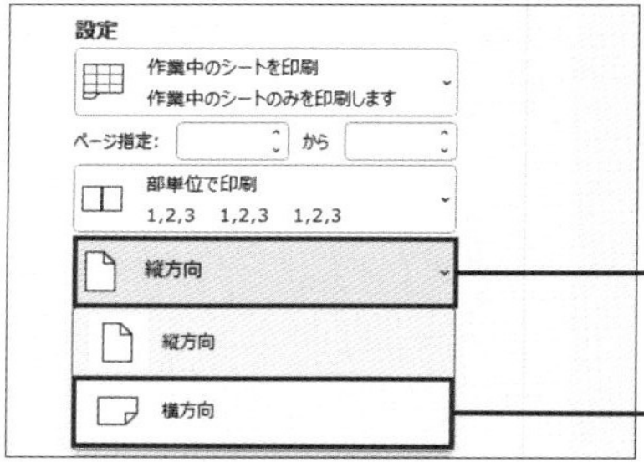

❶ Ctrl ＋ P を押して、［印刷］画面を開く

❷［縦方向］→［横方向］をクリック

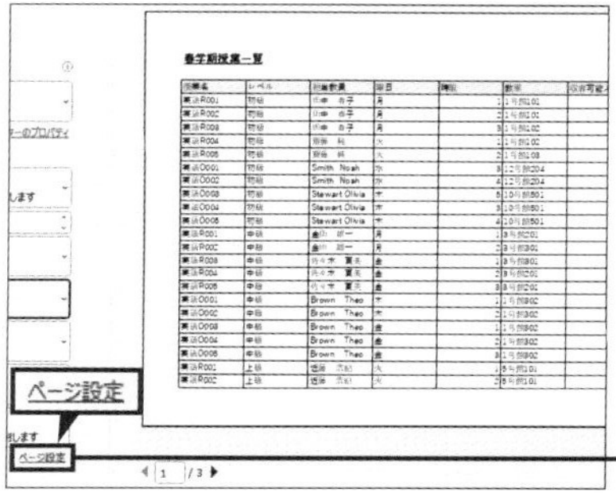

❸用紙の向きが横向きに変更された

これ以降の手順で、用紙の余白調整を行います。

❹［ページ設定］をクリック

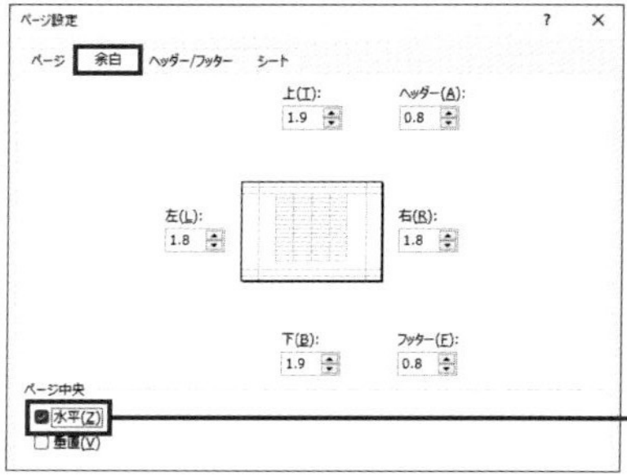

❺［余白］タブをクリックし、［水平］にチェックを入れ、［OK］をクリック

❻左右の余白が均等な状態になる

Memo

ページごとの印刷範囲は、お使いのディスプレイ環境によって異なる場合があります。

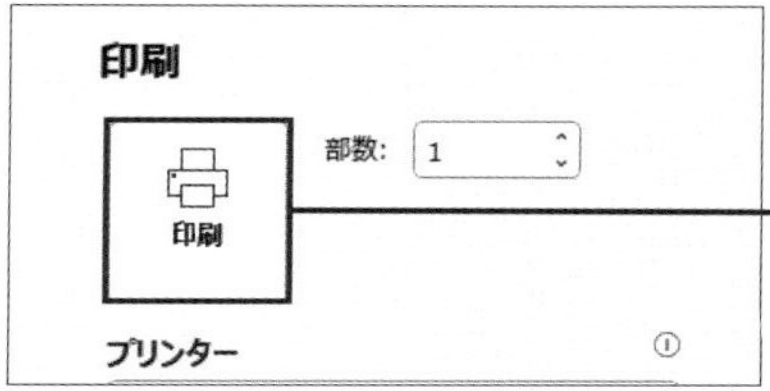

❼［印刷］をクリックすると、印刷される

Short Cut

Ctrl ＋ P　［印刷］画面を開く

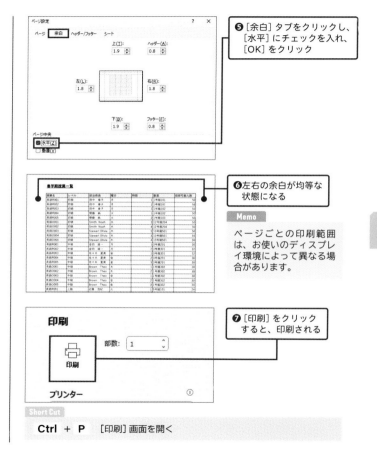

1回目 □　2回目 □

Step 2 13行目までの範囲のみ印刷する

表のすべてではなく必要な部分だけを印刷したいこともあるでしょう。印刷の設定では、指定の範囲のみ印刷することも可能です。ここでは、英語初級授業のみ（13行目まで）を印刷する操作を練習します。

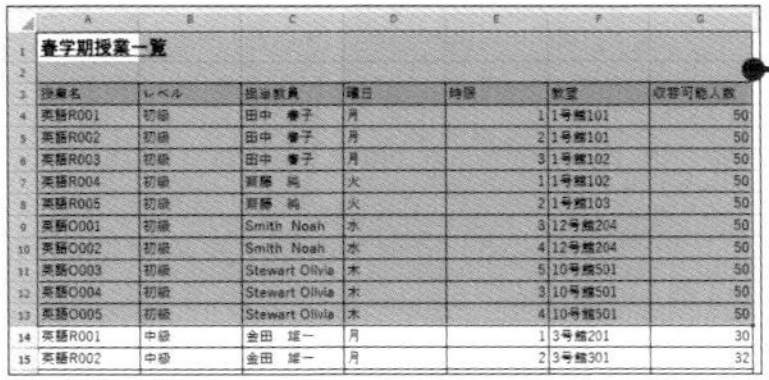

	A	B	C	D	E	F	G
1	春学期授業一覧						
2							
3	授業名	レベル	担当教員	曜日	時限	教室	収容可能人数
4	英語R001	初級	田中　春子	月	1	1号館101	50
5	英語R002	初級	田中　春子	月	2	1号館101	50
6	英語R003	初級	田中　春子	月	3	1号館102	50
7	英語R004	初級	齋藤　純	火	1	1号館102	50
8	英語R005	初級	齋藤　純	火	2	1号館103	50
9	英語O001	初級	Smith Noah	水	3	12号館204	50
10	英語O002	初級	Smith Noah	水	4	12号館204	50
11	英語O003	初級	Stewart Olivia	木	5	10号館501	50
12	英語O004	初級	Stewart Olivia	木	3	10号館501	50
13	英語O005	初級	Stewart Olivia	木	4	10号館501	50
14	英語R001	中級	金田　雄一	月	1	3号館201	30
15	英語R002	中級	金田　雄一	月	2	3号館301	32

❶セルA1からG13を範囲選択

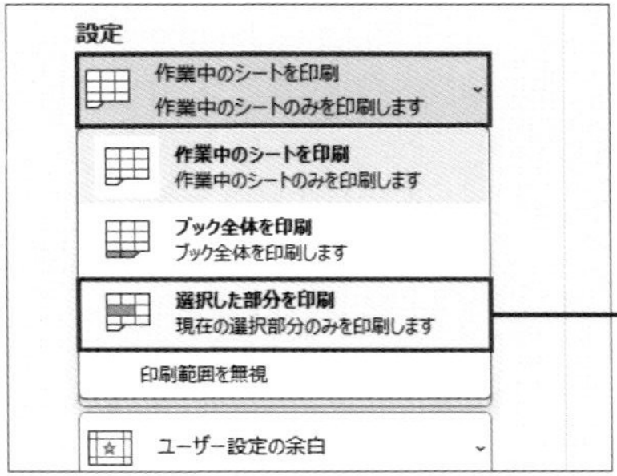

❷［印刷］画面を開く

❸［作業中のシートを印刷］→［選択した部分を印刷］をクリック

Memo

［ブック全体を印刷］をクリックすると、そのファイルにあるすべてのシートが印刷されます。

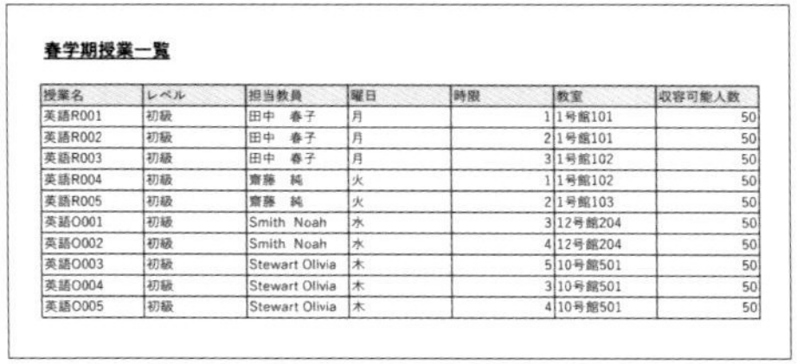

春学期授業一覧

授業名	レベル	担当教員	曜日	時限	教室	収容可能人数
英語R001	初級	田中　春子	月	1	1号館101	50
英語R002	初級	田中　春子	月	2	1号館101	50
英語R003	初級	田中　春子	月	3	1号館102	50
英語R004	初級	齋藤　純	火	1	1号館102	50
英語R005	初級	齋藤　純	火	2	1号館103	50
英語O001	初級	Smith Noah	水	3	12号館204	50
英語O002	初級	Smith Noah	水	4	12号館204	50
英語O003	初級	Stewart Olivia	木	5	10号館501	50
英語O004	初級	Stewart Olivia	木	3	10号館501	50
英語O005	初級	Stewart Olivia	木	4	10号館501	50

❹印刷対象が手順❶で指定した範囲のみになる

Point

［印刷］画面から、拡大縮小の設定も可能です。［拡大縮小なし］をクリックすると、3種類の設定が表示されます。表の1部の列のみ次のページに印刷されてしまう場合には、［すべての列を1ページに印刷］を、行の場合は、［すべての行を1ページに印刷］を選択しましょう。行列ともに1ページに収まるよう調整したい場合は［シートを1ページに印刷］が最適です。

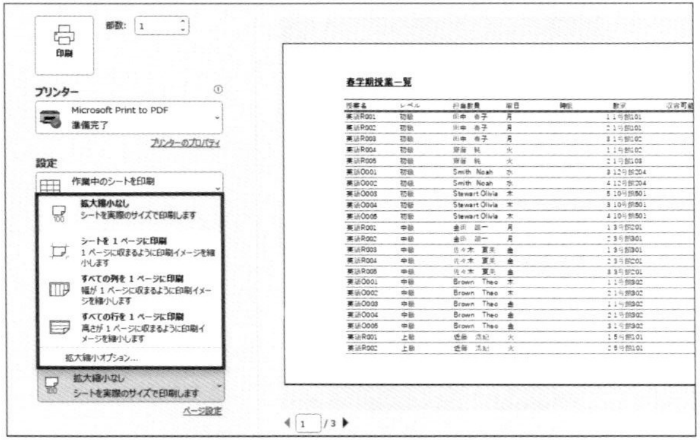

Step 3 英語とそれ以外の授業でページ区切りを指定する

複数ページにわたって印刷する場合は、自分の思い通りの位置でページが区切られるように設定しましょう。ここでは、改ページプレビューの機能を使って、英語の授業とそれ以外の授業でページを分けて印刷します。

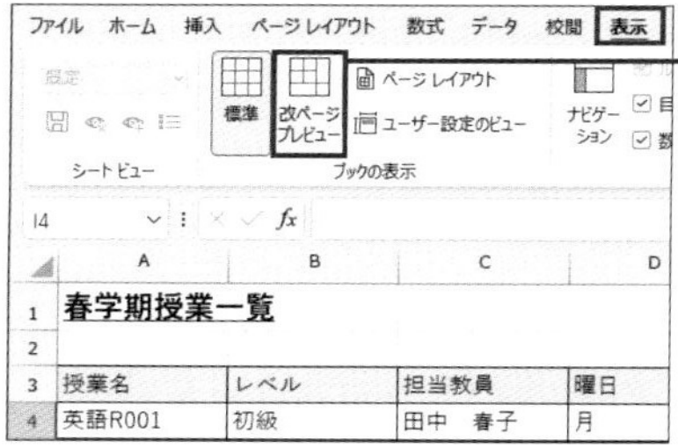

❶ [表示] タブ→ [改ページプレビュー] をクリック

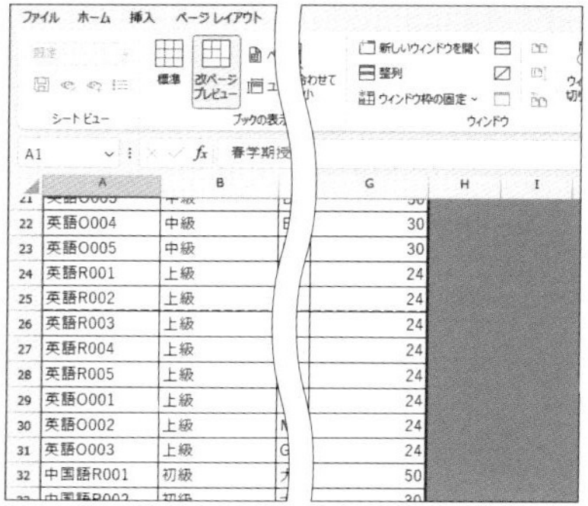

❷印刷範囲が表示された

Memo

青い実線は印刷範囲、青い点線は改ページ位置を表しています。また右側の灰色の範囲は印刷対象外であることを示しています。

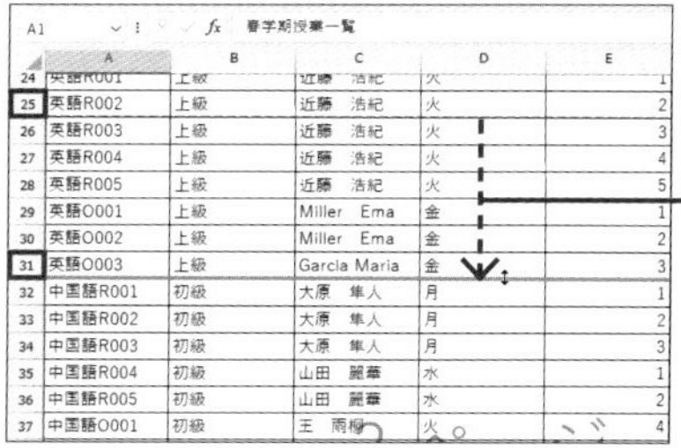

❸ 25行目の点線を31行目までドラッグして移動する

Memo

開始の行数 (ここでは25行目) は、お使いのディスプレイ環境によって異なる場合があります。

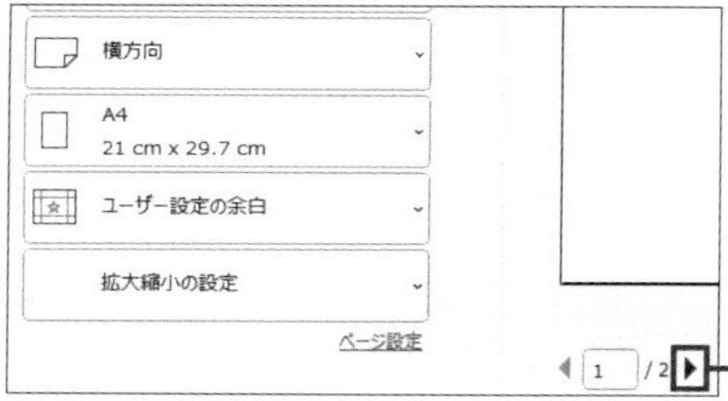

❹ [印刷] 画面を開き、印刷プレビューの▶をクリック

❺手順❸で指定した位置でページが区切られた

中国語R001

英語O003

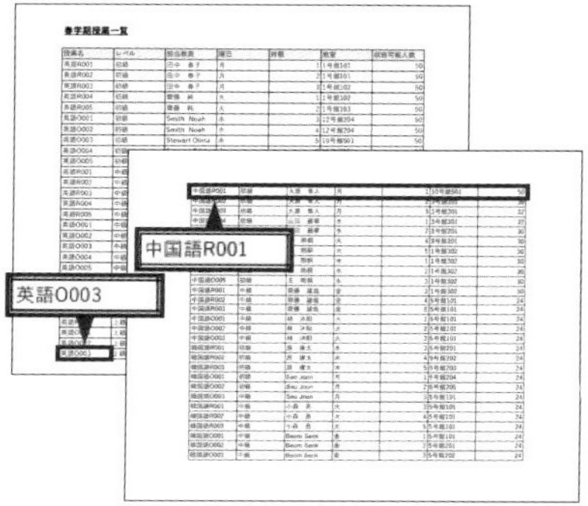

Drill

36

ch5-36.xlsx

月　　日

ヘッダー　# フッター

ヘッダーとフッターを設定して印刷する

Excelで作成した資料を印刷する場合は、ヘッダーに資料名、フッターにページ番号を設定しておくのがおすすめです。ヘッダーやフッターにそれらの情報が表示されていると、「どのファイルの、何ページ目の資料なのか」をひと目で確認できるようになるためです。ここでは、ヘッダーやフッターの基本的な設定方法を練習します。

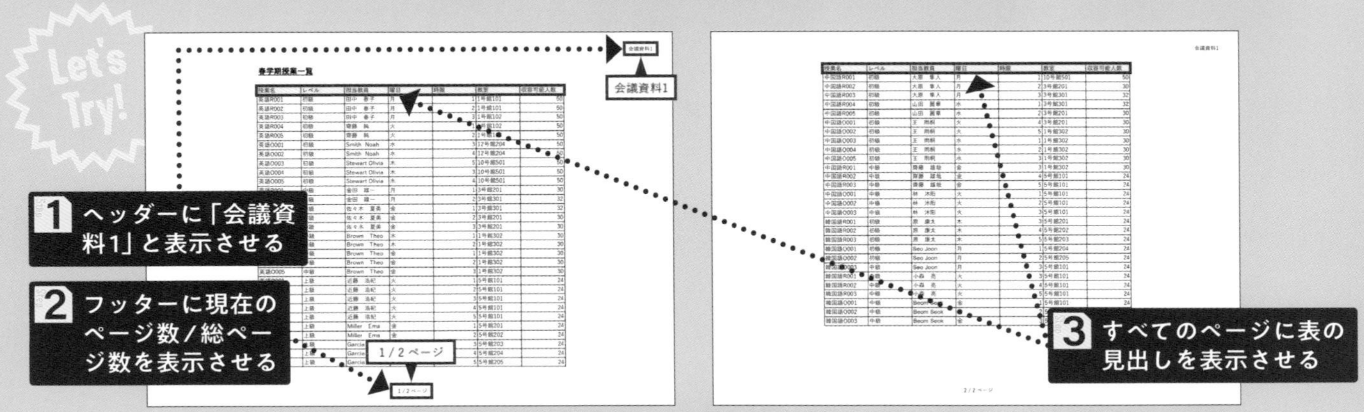

Let's Try!
会議資料1
春学期授業一覧
1 ヘッダーに「会議資料1」と表示させる
2 フッターに現在のページ数/総ページ数を表示させる
1/2ページ
3 すべてのページに表の見出しを表示させる

Hint　印刷の細かい設定は［ページ設定］ダイアログから設定しましょう

［ページレイアウト］タブの［ページ設定］をクリックすると、［ページ設定］ダイアログが開くので、ここからヘッダーやフッターの調整を行いましょう。なお、Step3はヘッダーとフッターの設定ではありませんが、このダイアログの［シート］タブから同様に設定できます。資料が複数ページある場合、ヘッダーなどと同様に便利な機能なのでここであわせて覚えておきましょう。

1回目 □ 2回目 □

Step 1 ヘッダーに「会議資料１」と表示させる

ヘッダーにファイル名や資料の名前を入れておくと、印刷したときにどの資料なのかがわかりやすくなります。ここではヘッダーに直接「会議資料１」と入力して表示させましょう。

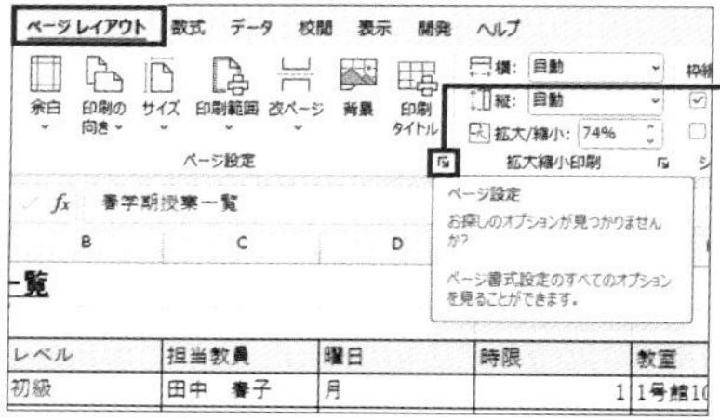

❶［ページレイアウト］タブの［ページ設定］をクリック

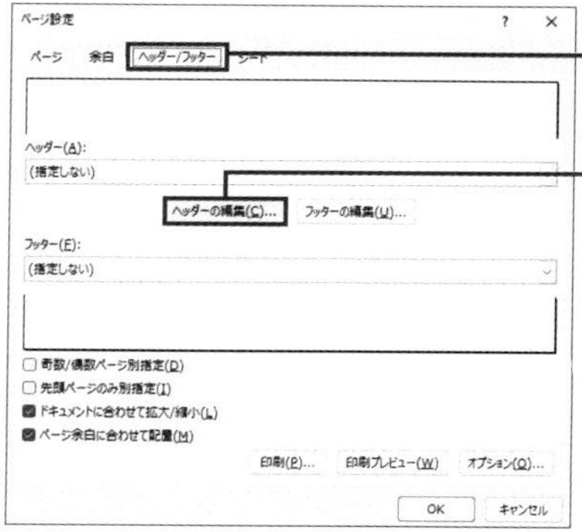

❷［ヘッダー/フッター］タブをクリック

❸［ヘッダーの編集］をクリック

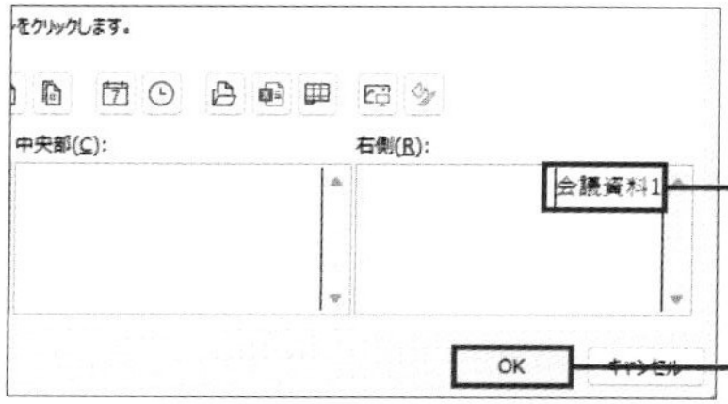

❹［右側］に「会議資料１」と入力し、［OK］をクリック

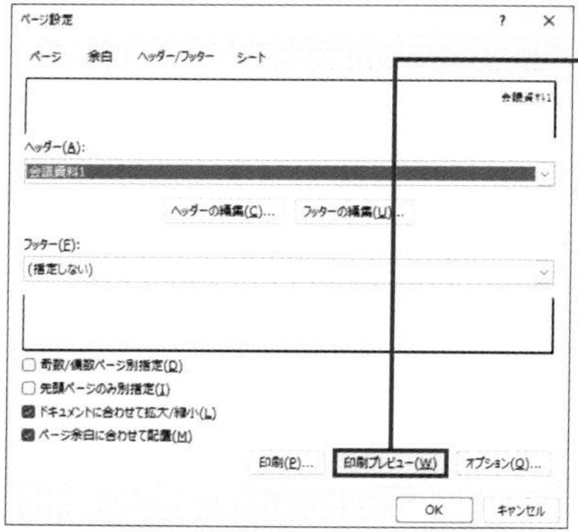

❺［印刷プレビュー］をクリック

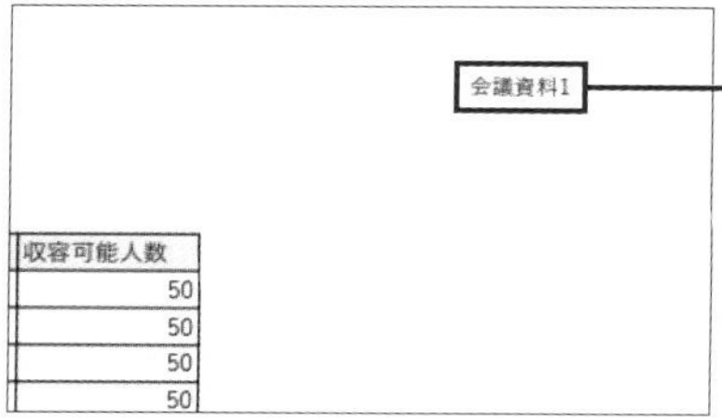

❻ヘッダーに「会議資料１」と表示された

5 印刷とファイル管理の実践テクニック

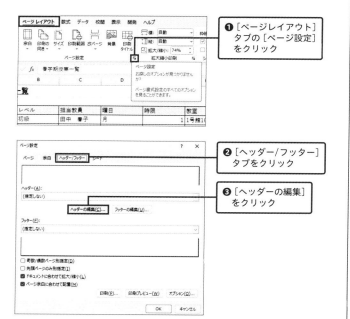

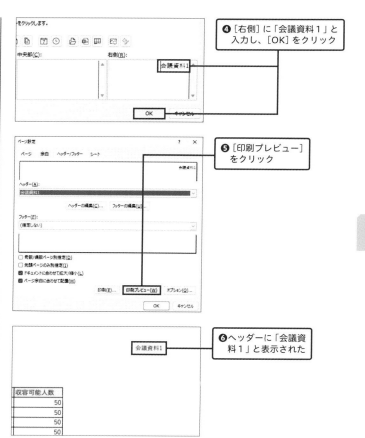

1回目 □ 2回目 □

Step 2 フッターに現在のページ数/総ページ数を表示させる

特にページ数が多い資料では、ファイル名だけではなくページ数も表示させておくと、どれが何ページ目なのかがわかって便利です。ここでは、フッターに現在のページ数と総ページ数を表示しましょう。

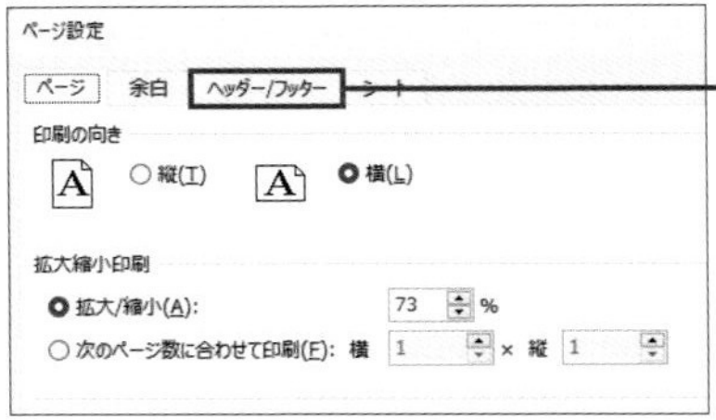

❶［ページ設定］ダイアログを表示し、［ヘッダー/フッター］タブをクリック

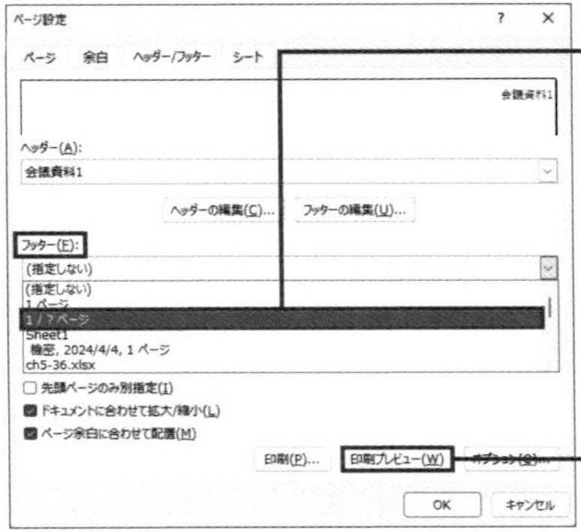

❷フッターの「1/ ? ページ」を選択

❸［印刷プレビュー］をクリック

❹フッターに現在のページ数/総ページ数が表示された

Point

ここでは［現在のページ数/総ページ数］をフッターに、Step1ではヘッダーに固定の文字列を入力しました。それ以外にも、ヘッダーとフッターの編集画面では、日付、時刻、ファイル名などの挿入も設定できます。表示したい入力欄にカーソルをあわせ、対象のアイコンをクリックしましょう。

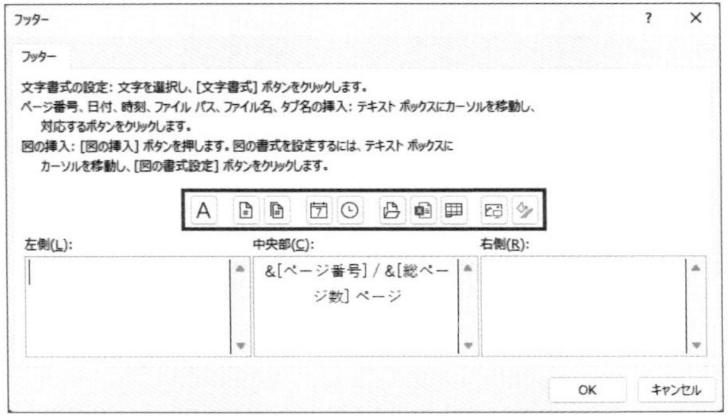

Step 3 すべてのページに表の見出しを表示させる

1つの表を複数ページに印刷する場合、2ページ目以降はタイトル行が表示されないため、表の内容が読み取りづらくなります。ここでは、タイトル行に3行目を設定し、すべてのページに表示されるようにしましょう。

❶ [ページ設定] ダイアログを表示し、[シート] タブをクリック

❷ [タイトル行] にカーソルを合わせてから、シート内の3行目を選択すると、「$3:$3」と入力される

❸ [印刷プレビュー] をクリック

❹ すべてのページに表の見出しが表示された

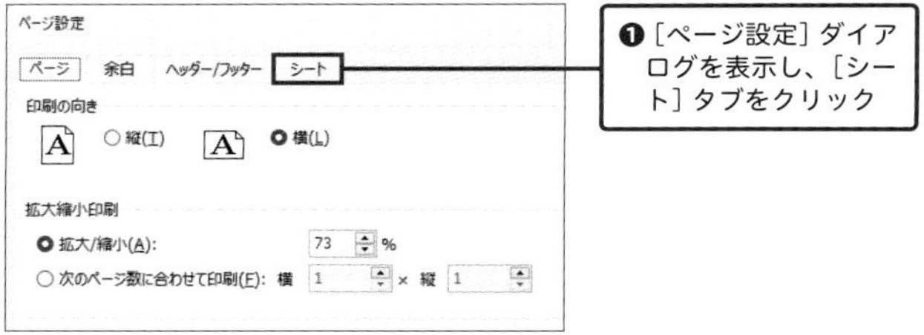

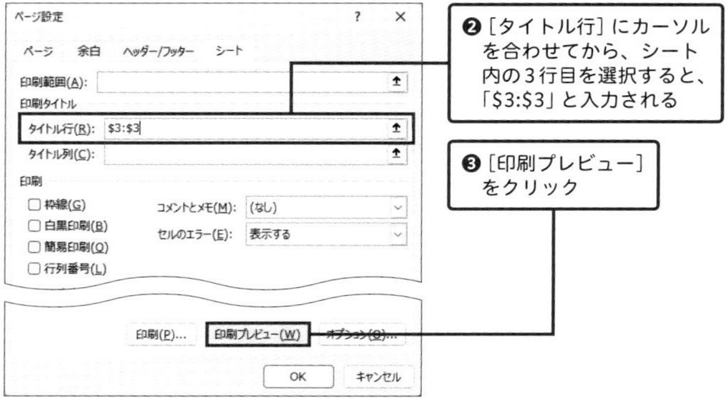

Point

[ページ設定] の [シート] タブでは、コメントの印刷も設定できます。[コメントとメモ] の [シートの末尾] を選択し、[OK] をクリックしましょう。この設定で印刷すると、コメントが一番最後のページにまとめて印刷されます。

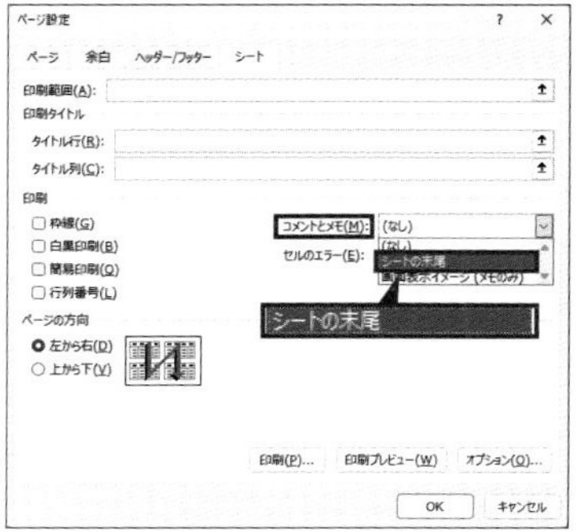

トラブルに備える！ Excel ファイルの復元操作

Excelで作業をしている際、ファイルを保存し忘れてしまったり、誤ってファイルを削除してしまったりしたことはないでしょうか。そんなときにも焦らず対処できるように、バックアップファイルの作成方法や、ファイルの復元方法を練習しておきましょう。

1 過去のバージョンから復元する

2 誤って削除してしまったファイルを復活させる

3 OneDrive外のファイルにバックアップを作成する

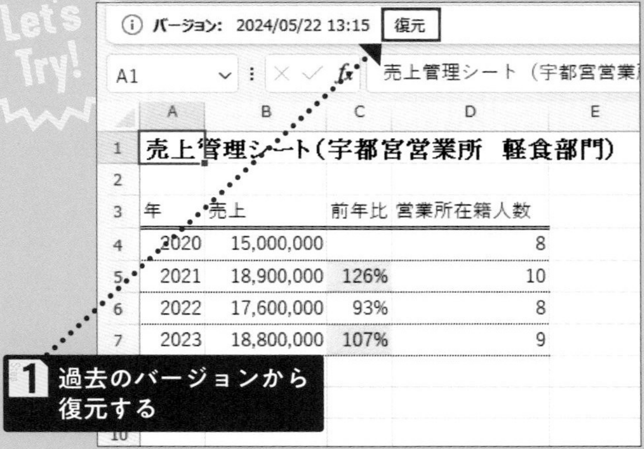

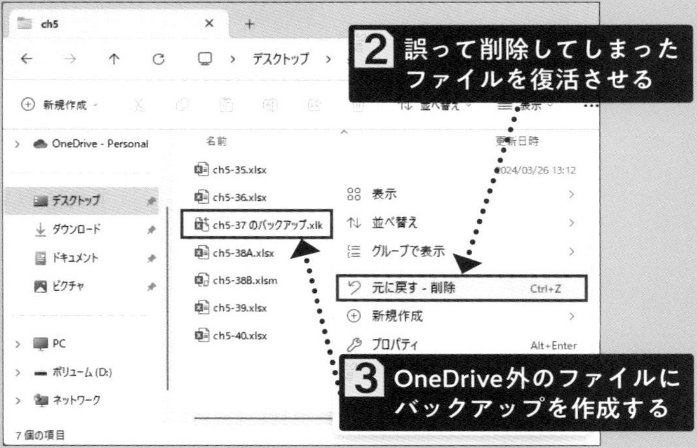

| Hint | **Excel ファイルの保存先にあわせたバックアップをしよう**

OneDrive に Excel ファイルを保存している場合は既定で自動保存が有効になります。さらに、OneDrive 外に保存しても、バックアップファイルを作成できるので、万一のトラブルに備えて、事前に設定しておくとよいでしょう。

1回目 □　2回目 □

Step 1 過去のバージョンから復元する

自動保存機能を利用し、何かあったときに過去のバージョンを復元する操作を練習します。なお、この機能はファイルをOneDriveかSharePointに保存している場合に利用できます。

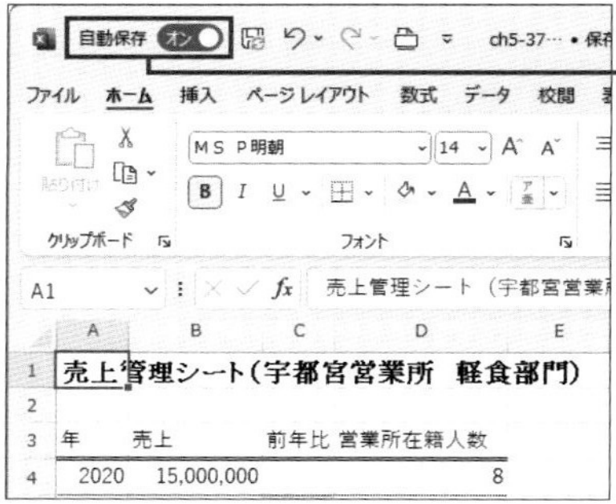

❶タイトルバーの［自動保存］をクリックしてオンにする

手順❶の操作で自動保存が有効になったので、ここから過去のバージョンを復元する操作をします。

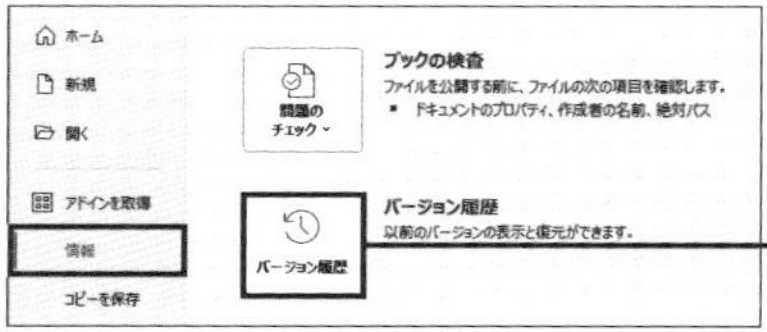

❷［ファイル］タブ→［情報］→［バージョン履歴］をクリック

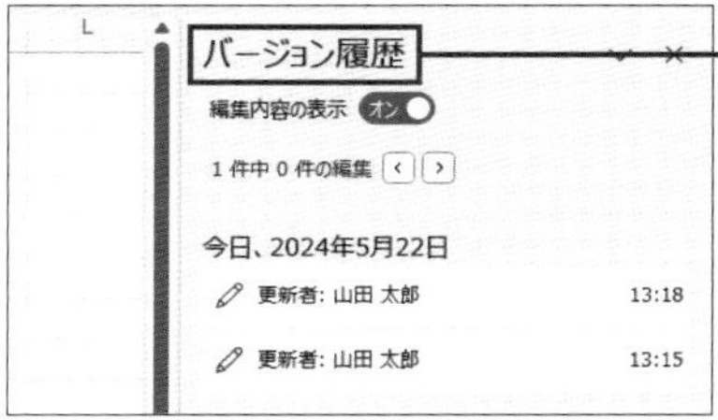

❸新しいExcelファイルが表示され、画面右側に［バージョン履歴］が表示された

❹復元したい過去のバージョンを選択し、［復元］をクリック

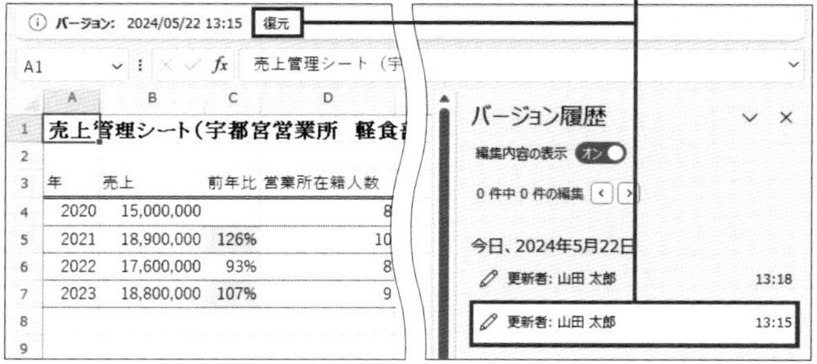

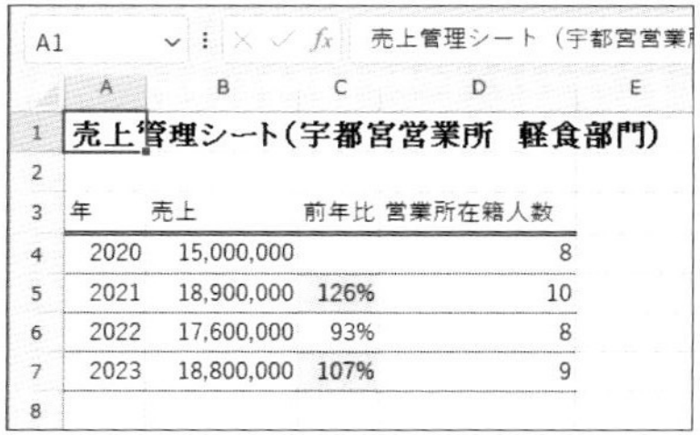

❺Excelファイルが統合され、過去のバージョンが復元された

1回目 □ 2回目 □

Step 2 誤って削除してしまったファイルを復活させる

ファイルを削除した直後なら、エクスプローラの「元に戻す」機能から復元できます。また直後でなくても30日以内であれば、Windowsのごみ箱から復元できる可能性があります。

これ以降の手順で復元するので、エクスプローラーのサンプルファイルが保存されているフォルダを開き、「ch5-37.xlsx」ファイルを選択し、削除してください。

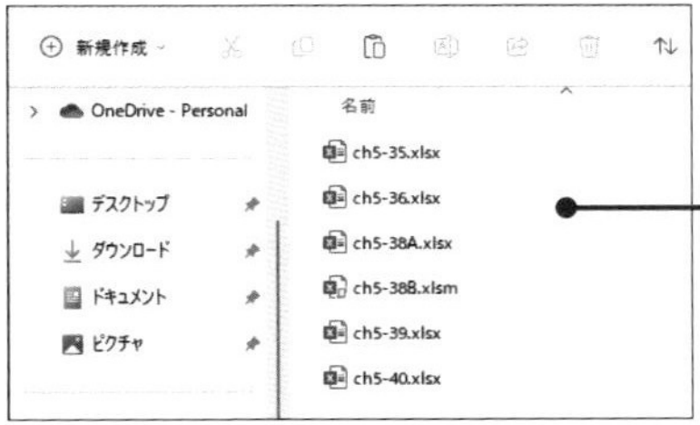

❶ファイルが保存されていたフォルダを開く

❷フォルダ内で右クリック

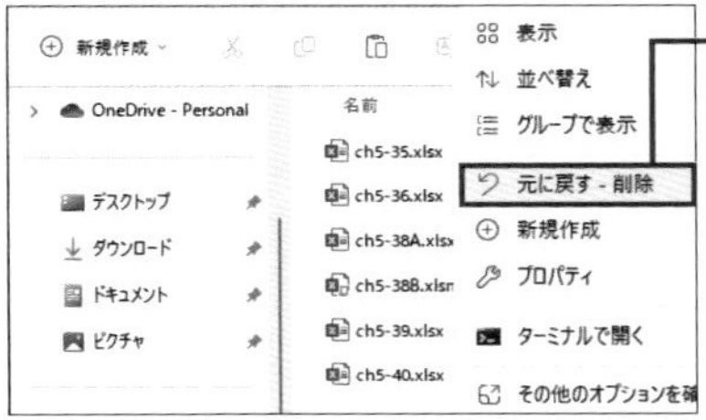

❸表示されたメニューの［元に戻す - 削除］をクリック

Memo

フォルダを開いている状態で Ctrl ＋ Z キーを押しても、元に戻す（ファイルを復元する）ことができます。

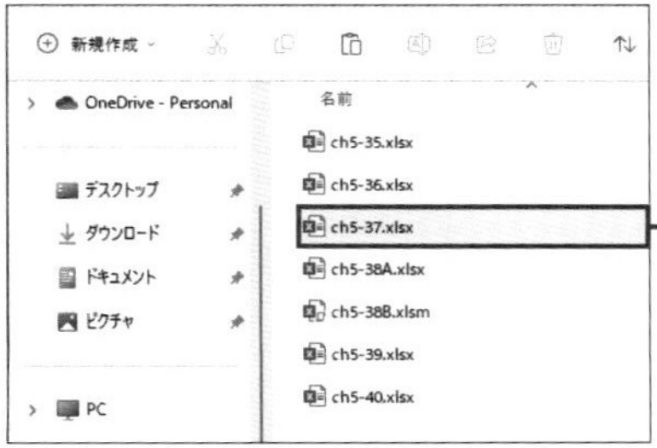

❹ファイルがもとのフォルダに表示された

削除してしばらくしてから気づいた場合

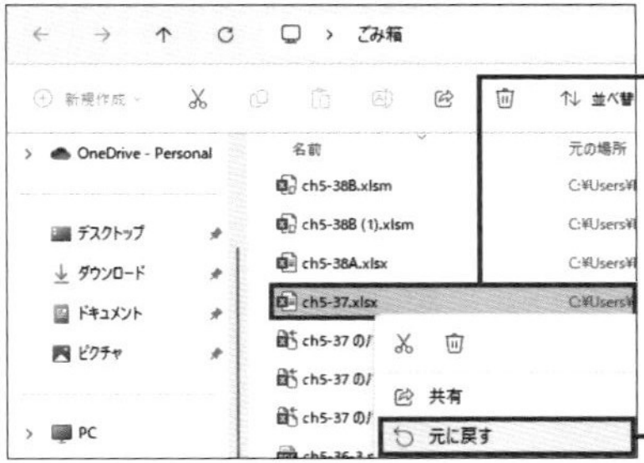

❶［ごみ箱］を開き、「ch5-37.xlsx」を選択し右クリック

❷［元に戻す］をクリック

❸ファイルが［ごみ箱］から移動し、もとのフォルダに復元される

Point

Windowsの［設定］アプリの［システム］→［ストレージ］→［ストレージセンサー］→［ユーザーコンテンツの自動クリーンアップ］を［オン］にしていると、規定では［ごみ箱］のデータは、移動してから「30日」で削除されてしまいます。間違って削除したとしても「ごみ箱にあるから大丈夫だろう」と考えるのは危険です。誤操作に気づいた時点ですぐに復元しておきましょう。

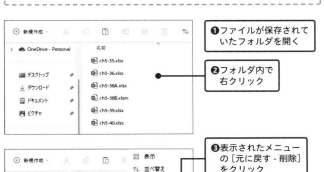

Step 3 OneDrive外のファイルにバックアップを作成する

OneDriveに保存する場合、簡単に過去のバージョンにアクセスできますが（Step1）、それ以外の場所に保存する場合は、下記の操作でバックアップファイルを作成できます。

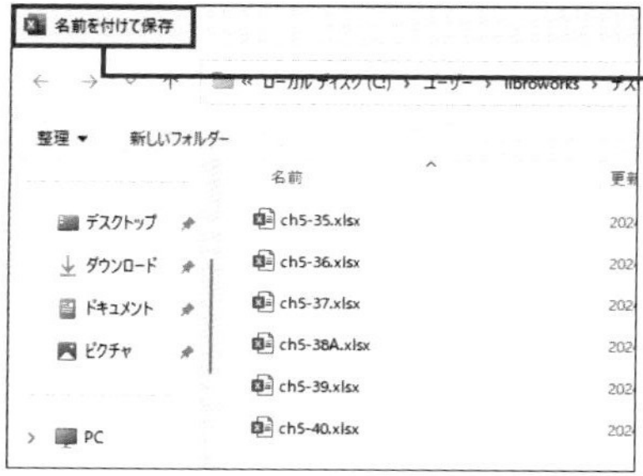

❶ F12 キーを押して、［名前を付けて保存］画面を表示

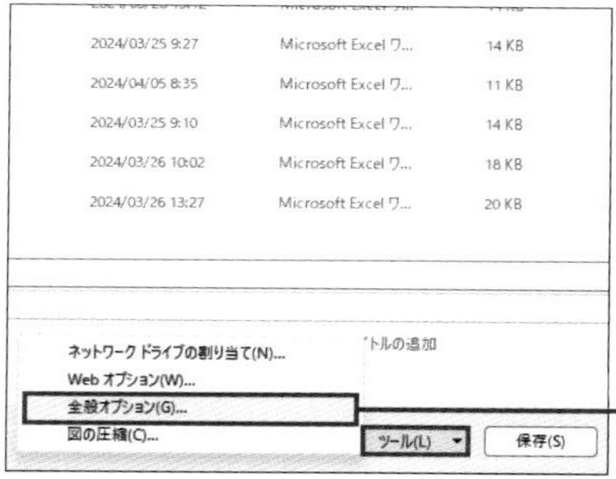

❷［ツール］→［全般オプション］をクリック

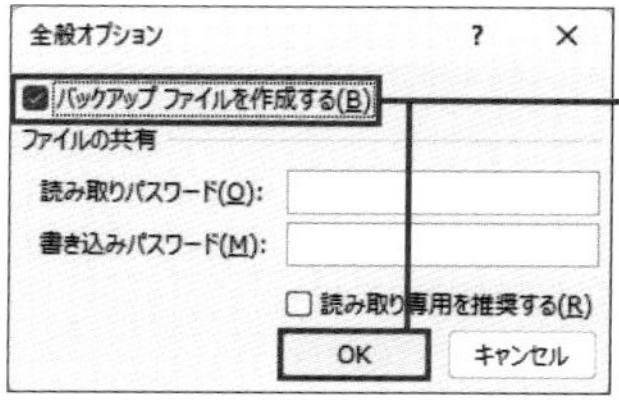

❸［バックアップファイルを作成する］にチェックを入れ［OK］をクリック

❹ファイルを上書き保存すると、「ch5-37のバックアップ.xlk」というファイルが自動で作成される（上書き保存する前の状態で保存されたデータ）

上書き保存前のファイルに戻りたい場合

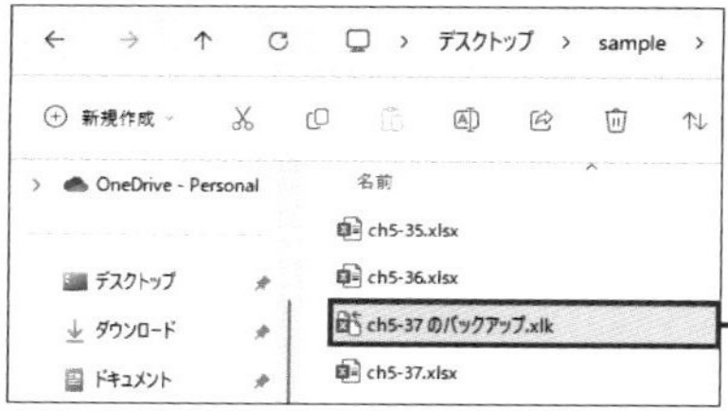

❶「ch5-27のバックアップ.xlk」をダブルクリック

❷「はい」をクリックすると上書き保存前のファイルが開くので、別名で保存する

Memo

バックアップファイルから復元したファイルは、バックアップファイル作成の設定が無効になっています。必要であれば、上記の手順で設定しておきましょう。

Short Cut

F12　［名前を付けて保存］画面を開く

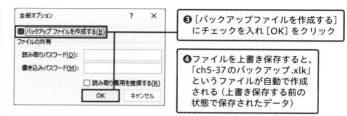

Drill
38

ch5-38A.xlsx(38B.xlsm)

月　日

ファイル管理

複数人でファイルを利用するときのポイント

複数人でファイルをやりとりする場合、PDF形式での送付を求められたり、マクロを含むファイルを共有されたりすることもあるでしょう。ここでは、チームや社外の人とファイルをやりとりする場合に知っておきたい、読み取り専用にする設定やPDF形式への変換、さらにマクロを有効化する操作を練習しましょう。

Let's Try!

1 ファイルを読み取り専用にする

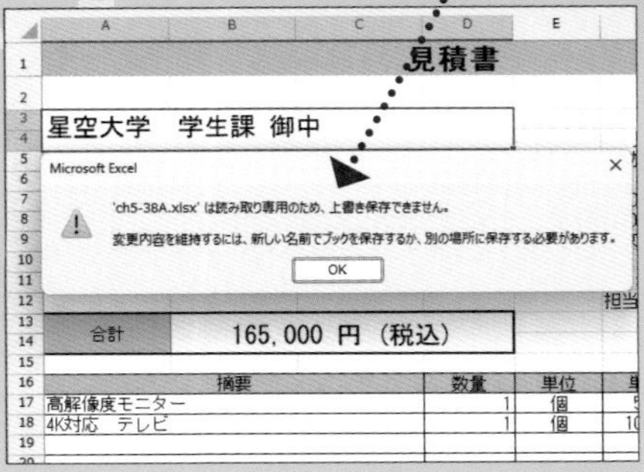

2 ExcelファイルをPDFファイルとして保存する

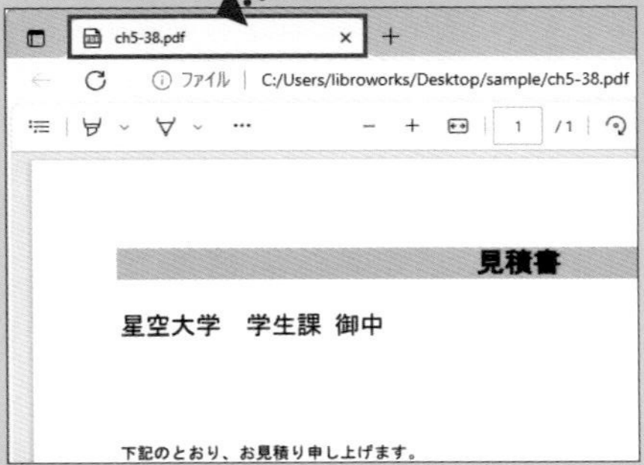

3 マクロを有効化してファイルを開く

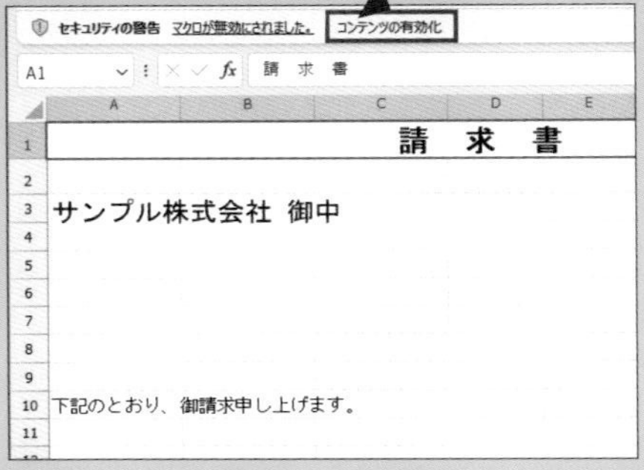

Hint　目的に応じてファイルの設定をしよう

複数人でファイルを利用する場合は、目的に応じて「読み取り専用を推奨」したり、「PDFファイルに変換」したりして、意図しないファイルの変更を防ぐことが可能です。また、本書ではマクロについての解説はしませんが、マクロを含むファイルを受け取る場合を想定して、マクロの有効化の手順だけ練習しておきましょう。

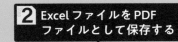

Step 1 ファイルを読み取り専用にする

ほかの人に、ファイルの内容を変更せずに内容の確認だけを依頼したい場合は、ファイルを読み取り専用にしましょう。ファイルに変更を加えて保存しようとすると、メッセージが表示され上書きが拒否されます。

❶「ch5-38A.xlsx」を右クリック

❷［プロパティ］をクリック

❸［読み取り専用］にチェックを入れ［OK］をクリック

❹ファイルを上書き保存すると、エラーメッセージが表示される

Microsoft Excel

'ch5-38A.xlsx' は読み取り専用のため、上書き保存できません。

変更内容を維持するには、新しい名前でブックを保存するか、別の場所に保存する必要があります。

OK

読み取り専用を解除する場合

［プロパティ］画面の［読み取り専用］をクリックしてチェックを外し、［OK］をクリック

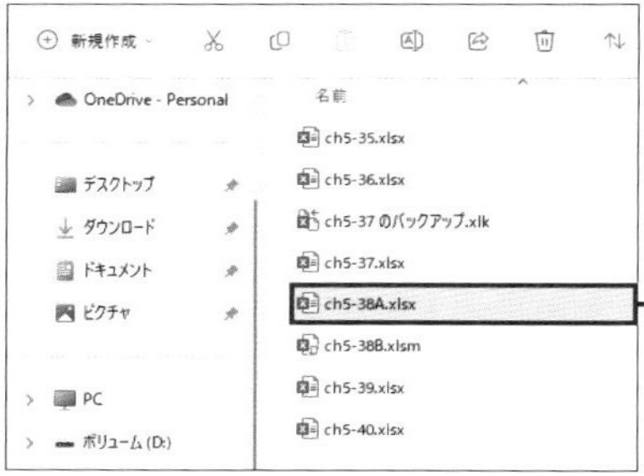

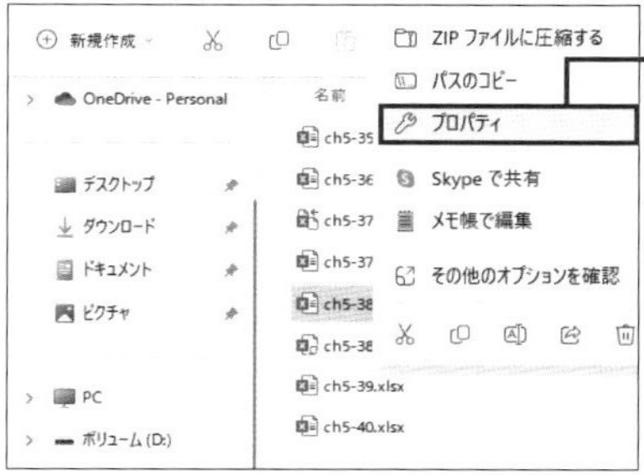

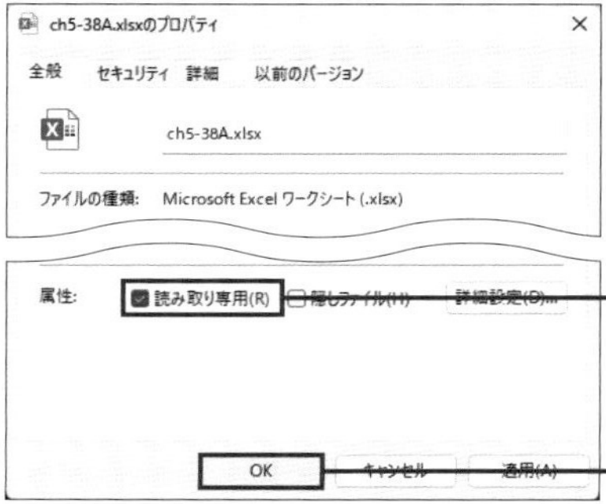

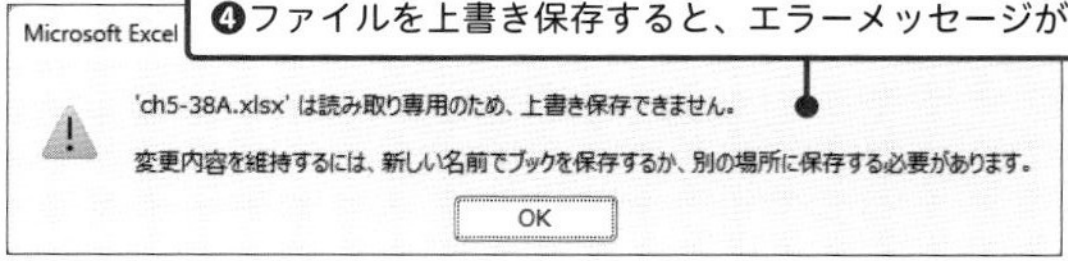

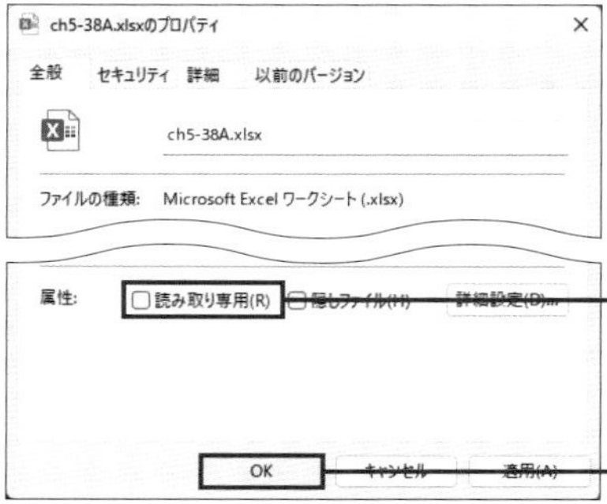

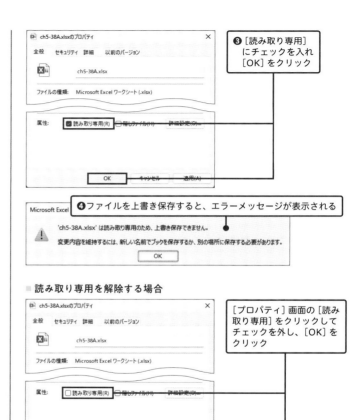

1回目 □　2回目 □

Step 2 Excel ファイルを PDF ファイルとして保存する

見積書や請求書など、相手が書き換える必要がないファイルについては、PDF にするのもよいでしょう。ファイルを保存する際、ファイルの形式に PDF を選択するだけで簡単にファイル形式を変更できます。

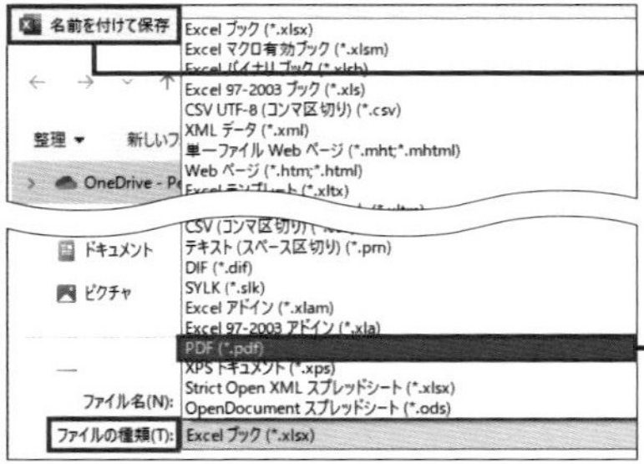

❶「ch5-38A.xlsx」を開き、F12キーを押して［名前を付けて保存］画面を開く

❷［ファイルの種類］から［PDF］をクリック

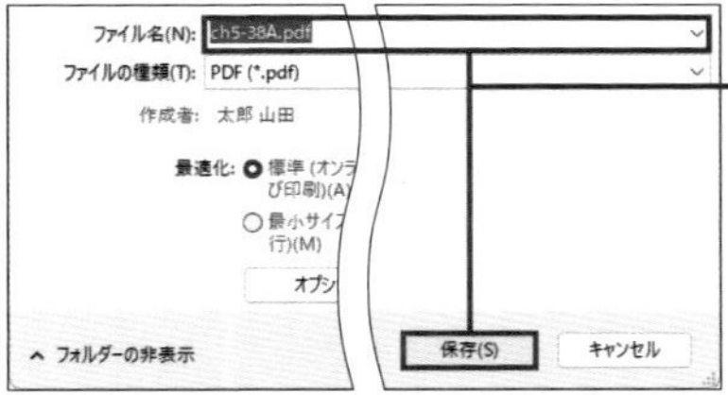

❸ファイル名を「Ch5-38A.pdf」と入力し、［保存］をクリック

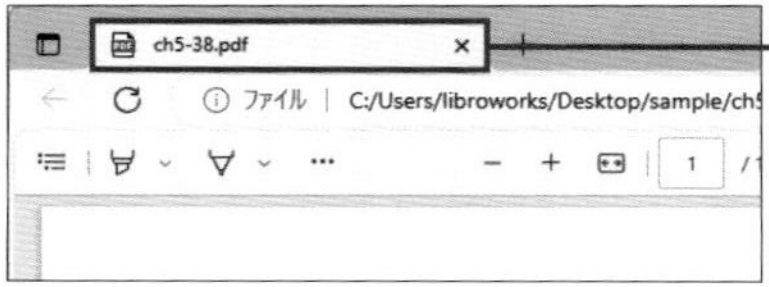

❹PDF ファイルとして保存された

Memo

PDF にすると、変更できないだけでなく、異なる OS や Excel のバージョンであっても表示が崩れないといったメリットがあります。

Point

Excel シートのすべてを PDF に変換するのではなく、一部のみ変換したい場合は、まずシートの中で変換したい部分だけ範囲選択します。次に、手順❷まで同様に進めて、画面下部に表示される［オプション］をクリックします。［発行対象］の［選択した部分］にチェックを入れ、［OK］→［保存］をクリックすると、選択範囲のみ PDF ファイルとして保存されます。

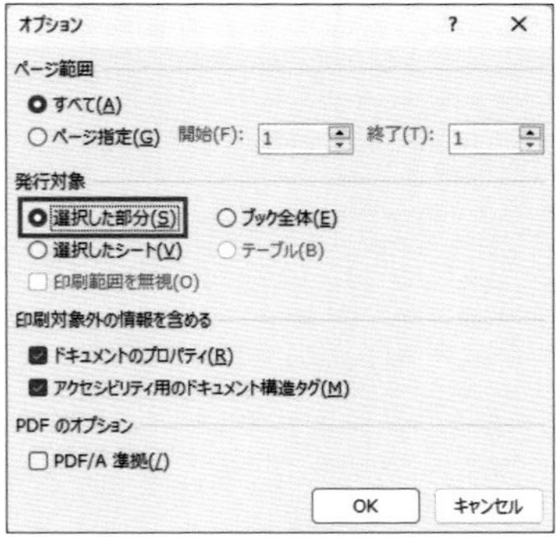

Memo

［ファイル］タブ→［エクスポート］→［PDF/XPS ドキュメントの作成］→［PDF/XPS の作成］をクリックしても、PDF ファイルとして保存できます。

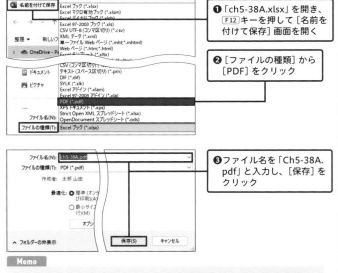

Step 3 マクロを有効化してファイルを開く

インターネット経由で取得したファイルにマクロが含まれていると、自動でマクロがブロックされます。マクロを含むファイルにはウイルス感染の恐れがあるので、信頼できるファイルのみマクロを有効化しましょう。

❶「ch5-38B.xlsm」を開くと、[セキュリティリスク]の警告バーが表示された

❷一度ファイルを閉じる

❸ファイルを右クリックし[プロパティ]をクリック

❹[許可する]にチェックを入れ[OK]をクリック

❺ファイルを開き、[コンテンツの有効化]をクリックするとマクロが有効化される

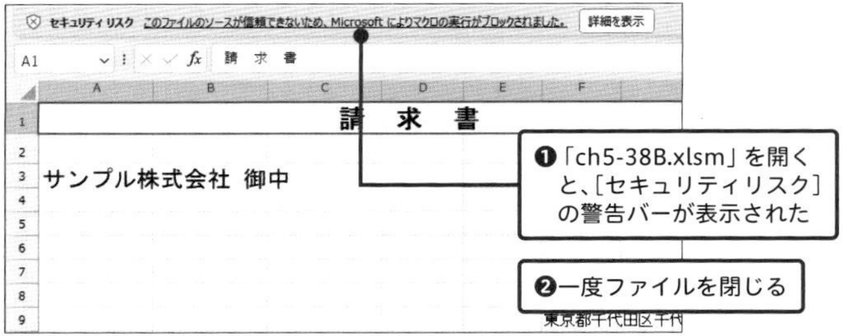

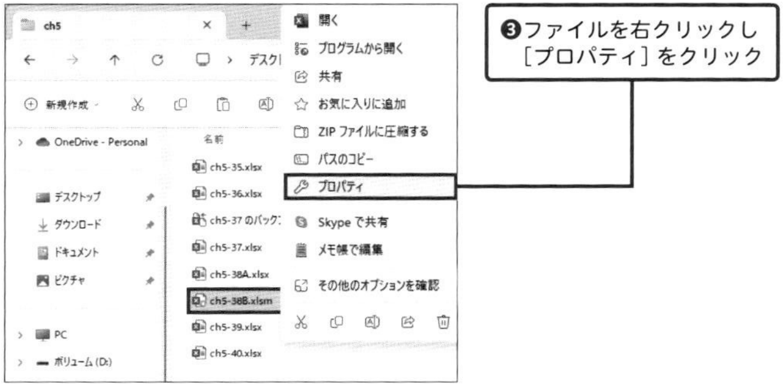

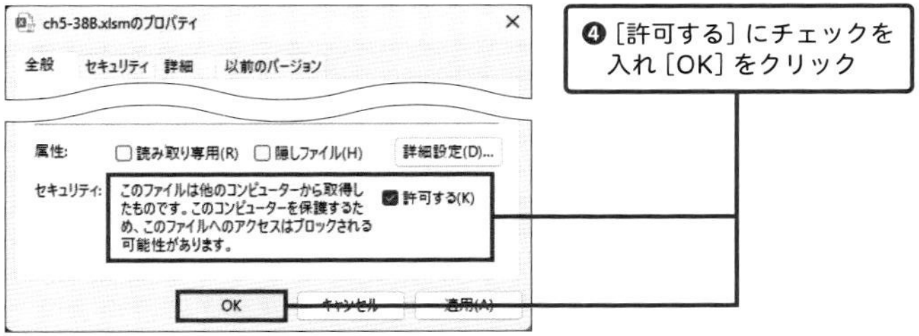

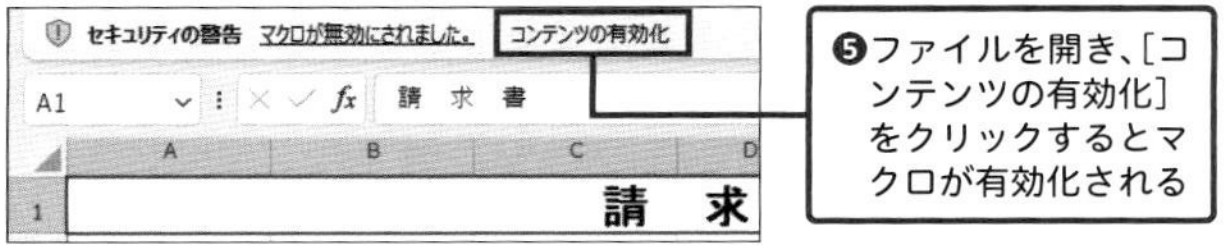

Point

頻繁にマクロ付きファイルを扱う場合は、ファイルを指定した[信頼できる場所]に移動する方法がおすすめです。[ファイル]タブ→[オプション]→[トラストセンター]→[トラストセンターの設定]→[信頼できる場所]をクリックして、[新しい場所の追加]を選択し、指定のフォルダを追加します。このフォルダに移動されたファイルはすべてマクロが有効化されます。

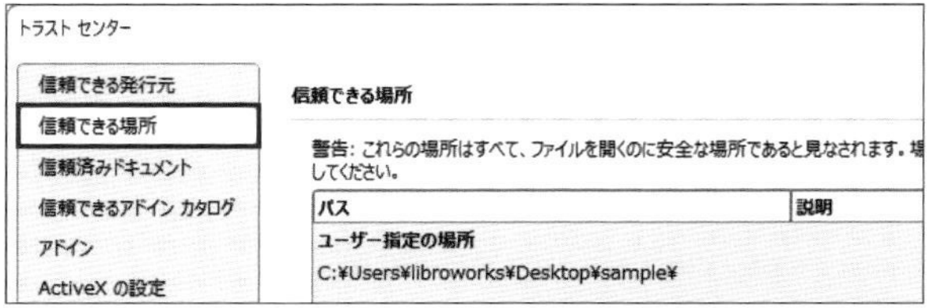

Drill 39

ch5-39.xlsx

月　日

#シートの保護　#ブックの保護

ほかの人から重要なファイルを保護する

ほかの人とファイルをやりとりする際に、一部のセルのみ入力可能にしたり、シートの追加や削除をできないようにしたりしたい場合は、シートの保護機能が役立ちます。さらに、機密情報が含まれるような重要なファイルには、不正な変更やアクセスを防ぐために、作成者の情報の削除や、ファイルにパスワードの設定をしましょう。

Let's Try!

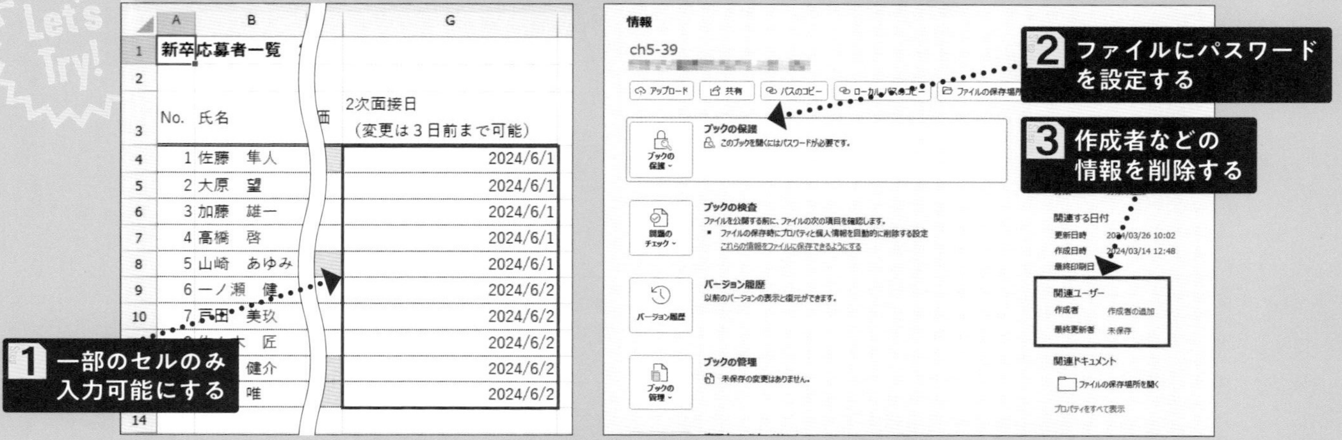

Hint　状況に応じて保護の設定を使い分けよう

Step1の操作はセルを右クリック→［セルの書式設定］と、［校閲］タブの［シートの保護］から行えます。Step2、3は［ファイル］タブ→［情報］の画面から操作します。

1回目 □ 2回目 □

Step 1 一部のセルのみ入力可能にする

Excelのシートの保護とロック機能を利用して、指定の範囲のみ編集できるように設定しましょう。シートの保護をするとセルの編集ができないので誤って内容を変更してしまうことを防げます。

ここでは、2次面接日の入力欄（セルG4からG13）のみ編集できるようにし、それ以外の部分にシートの保護設定をします。そのため、面接日の入力欄のみ、保護のロックを事前に解除します。

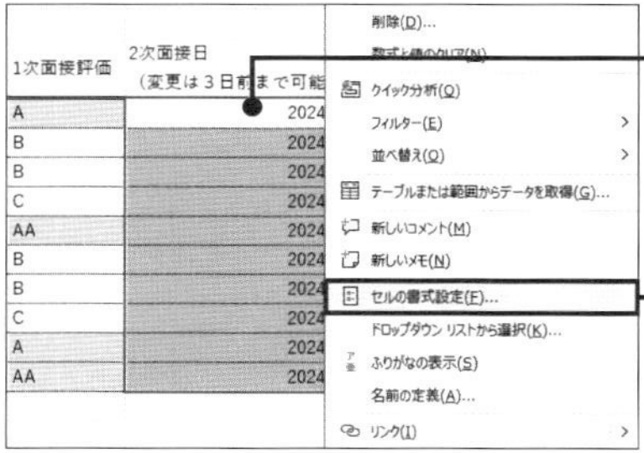

❶セルG4からG13を範囲選択し、右クリック

❷［セルの書式設定］をクリック

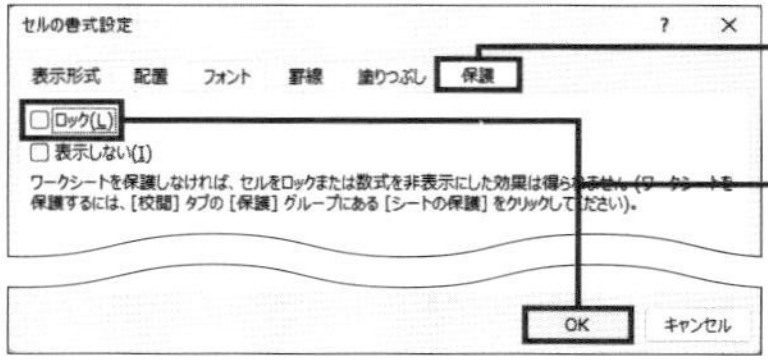

❸［保護］タブをクリック

❹［ロック］のチェックを外し、［OK］をクリック

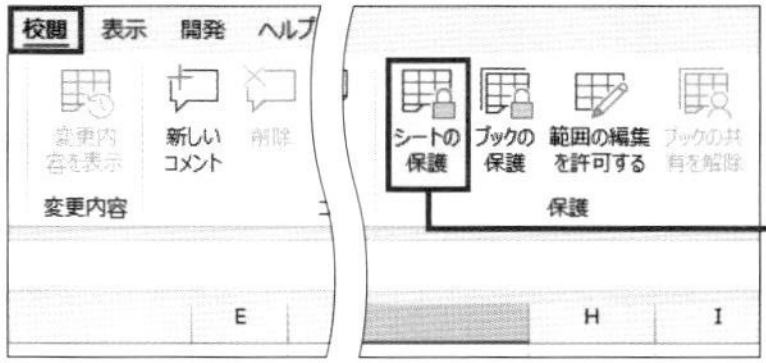

これ以降の操作でシート保護の設定をします。

❺［校閲］タブの［シートの保護］をクリック

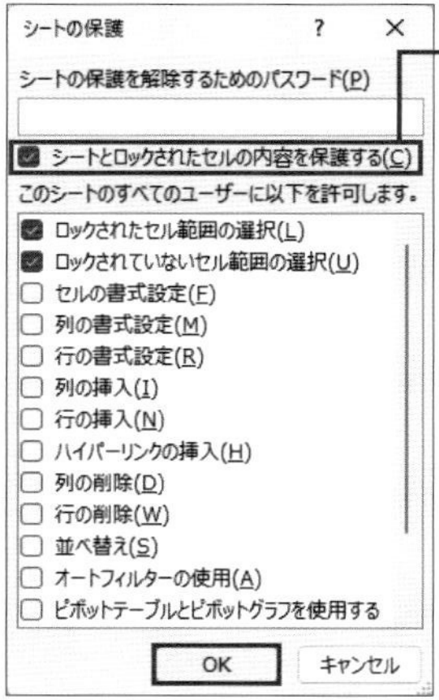

❻［シートとロックされたセルの内容を保護する］にチェックが入っているのを確認し、［OK］をクリック

❼手順❶で指定した範囲以外はシートが保護された

❽手順❶で指定した範囲以外のセルを編集しようとすると、エラーが表示される

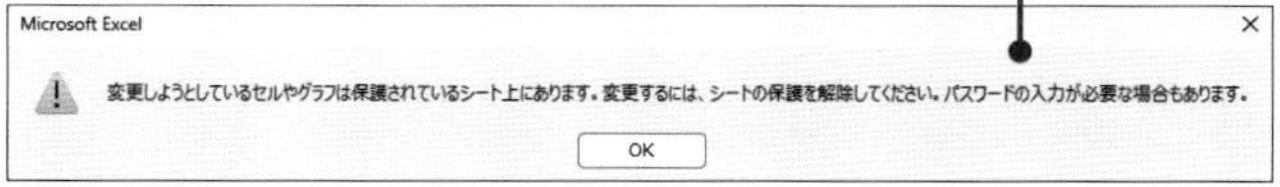

Memo

保護を解除する場合は、［校閲］タブの［シート保護の解除］をクリックしましょう。

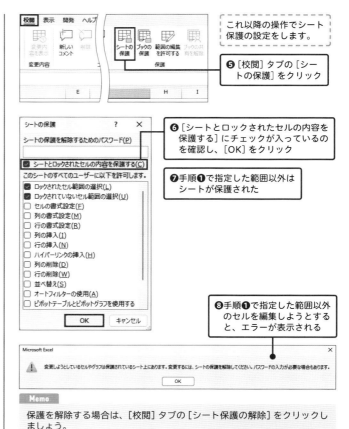

1回目 □　2回目 □

Step 2 ファイルにパスワードを設定する

続いて、Excelファイルにパスワードを設定します。これにより、パスワードを知っている人以外はファイルを開くことができなくなります。特に社外に送る場合などに設定するとよいでしょう。

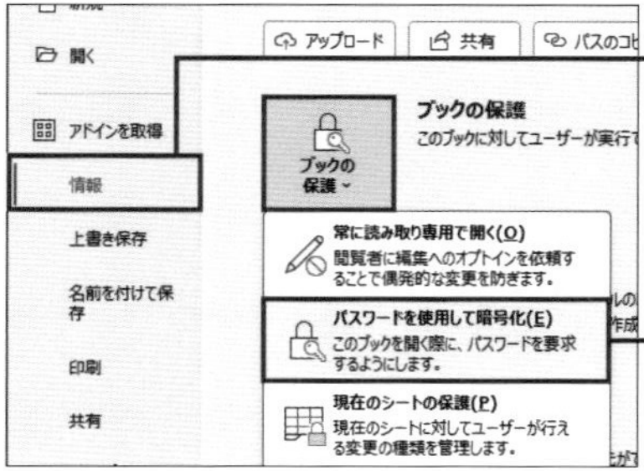

❶［ファイル］タブ→［情報］をクリック

❷［ブックの保護］→［パスワードを使用して暗号化］をクリック

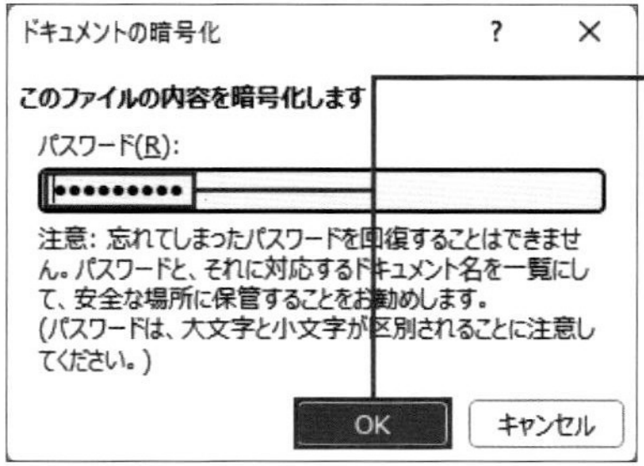

❸パスワードに「GihyoDR01」と入力し、［OK］をクリック

Memo

パスワードは大文字と小文字が区別されます。入力したら忘れないように必ずどこかにメモをとっておきましょう。

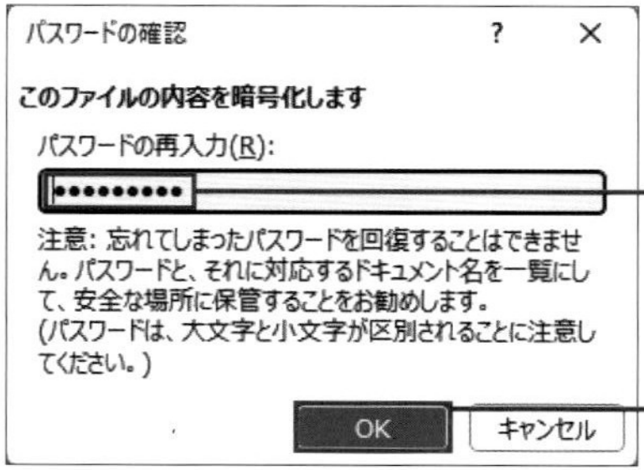

❹パスワードを再度入力して、［OK］をクリック

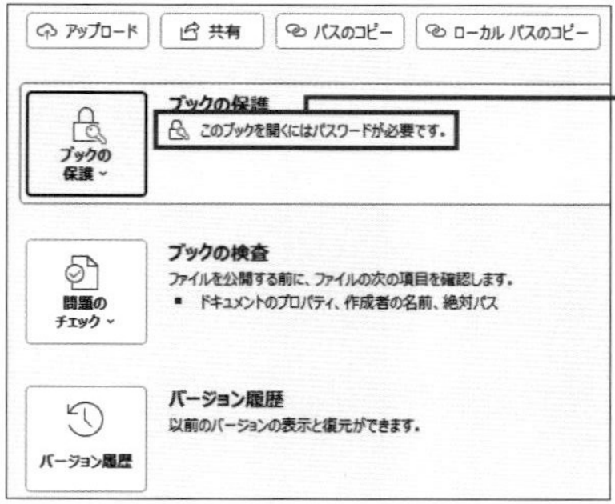

❺［このブックを開くにはパスワードが必要です。］と表示され、パスワードが設定された

Memo

パスワードを解除する場合は、手順❶～❷の操作を行い、表示された黒丸のパスワードをすべて削除して［OK］をクリックすると解除できます。

ファイルを開く場合

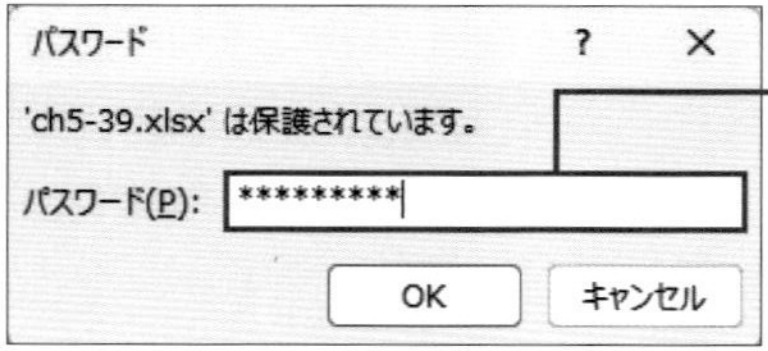

手順❸で設定したパスワードを入力するとファイルが開く

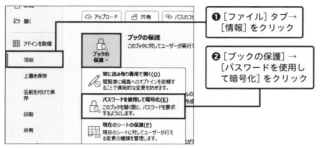

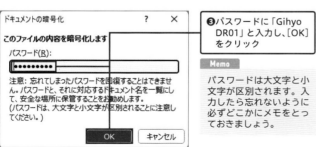

1回目 □ 2回目 □

Step 3 作成者などの情報を削除する

ファイルを作成したり変更したりすると、Excelの情報に個人名などが自動で登録されます。社外の人に送る場合などは、これらの個人情報は事前に消しておくほうが安全です。

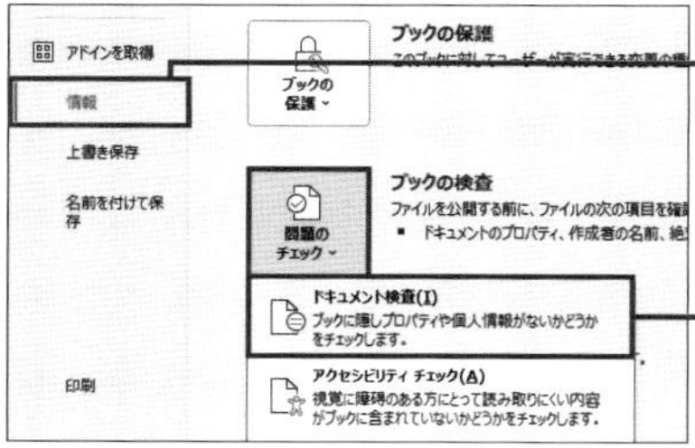

❶［ファイル］タブ→［情報］をクリック

❷［問題のチェック］→［ドキュメント検査］をクリック

Memo

シートの保護をしている場合、［ドキュメント検査］がグレーアウトされます。一度保護を解除してから操作しましょう。

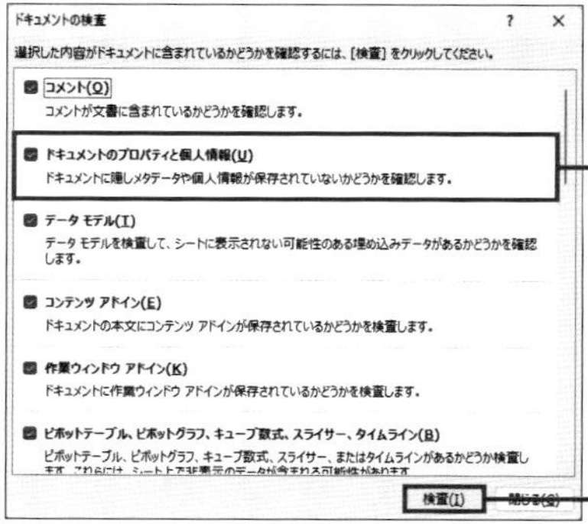

❸［ドキュメントのプロパティと個人情報］にチェックが入っていることを確認

❹［検査］をクリック

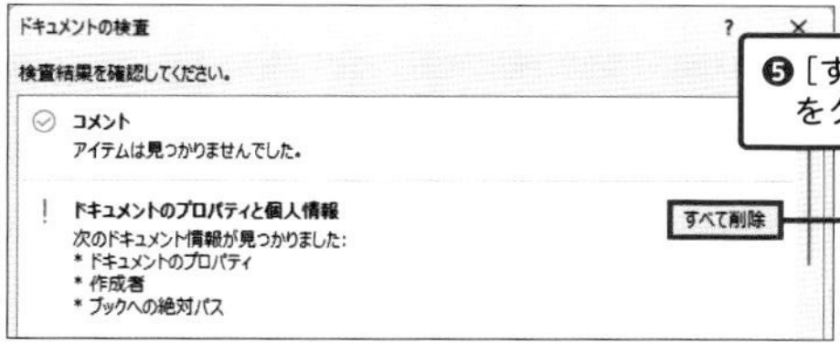

❺［すべて削除］をクリック

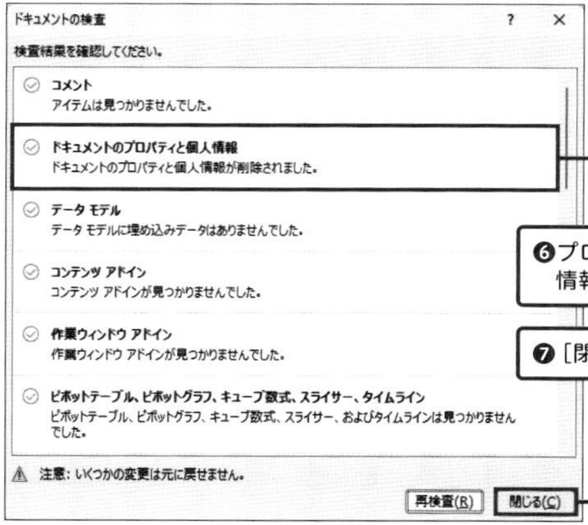

❻プロパティと個人情報が削除された

❼［閉じる］をクリック

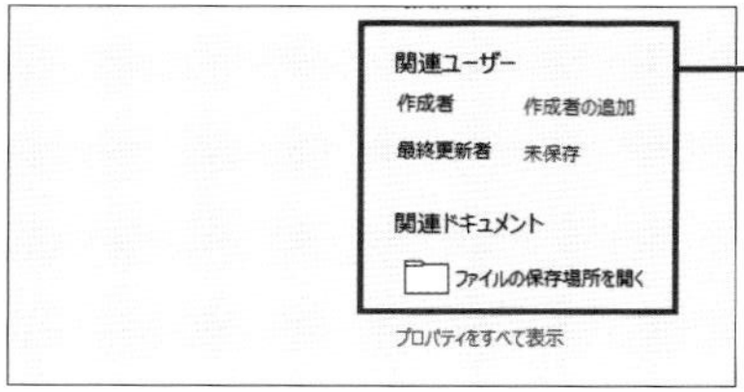

❽作成者の個人情報などが削除された

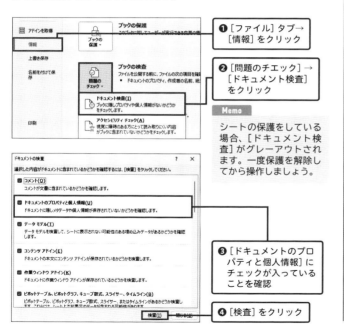

Drill

40

ch5-40.xlsx

月　日

画面表示

作業効率を上げる画面レイアウト

本書の最後に、もっと作業効率を向上するための画面表示テクニックを紹介します。具体的には、同ブック内のシートを左右に整列、シートの目盛線やリボンの非表示、クイックアクセスツールバーの登録についての操作を練習していきます。

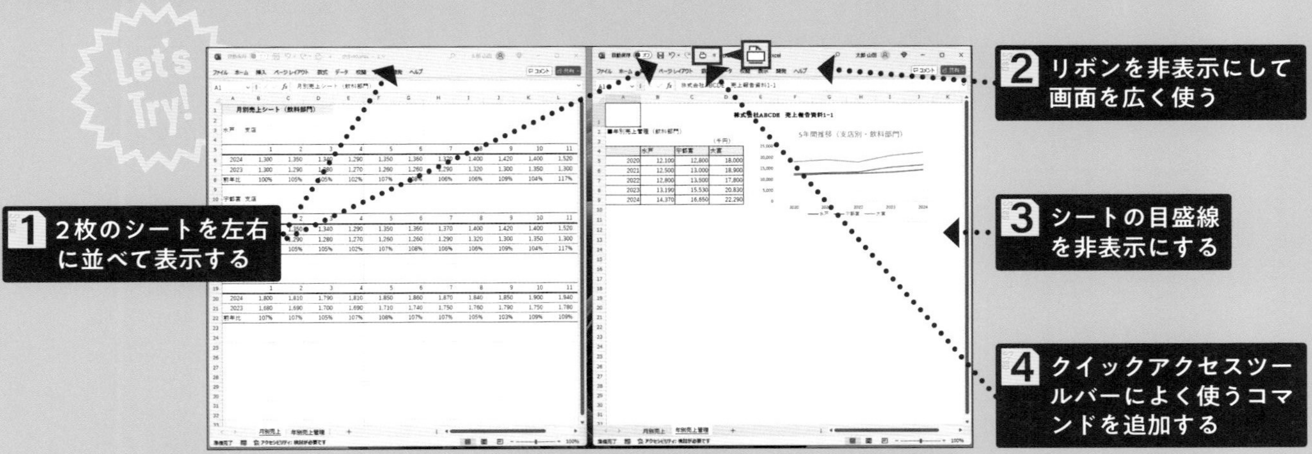
Let's Try!
1 2枚のシートを左右に並べて表示する
2 リボンを非表示にして画面を広く使う
3 シートの目盛線を非表示にする
4 クイックアクセスツールバーによく使うコマンドを追加する

Hint　見やすく、使いやすい画面設定に調整しよう！

[表示] タブでは、Step1の複数シートの整列表示や、Step3の目盛線を非表示にするといったシートの表示方法を調整することができます。またExcelでは、画面を広く使いたいときはリボンを非表示（Step2）にしたり、よく使う機能があるときはクイックアクセスツールバーを登録（Step4）したりといった、画面設定の変更も可能です。目的やよく行う作業にあわせて使いやすい画面表示にしておくとよいでしょう。

1回目 □ 2回目 □

Step 1 2枚のシートを左右に並べて表示する

Excelでは、同ファイル内の複数シートを並べて表示することが可能です。複数シートの内容を同時に参照や比較をしながら作業したい場合に便利な機能です。

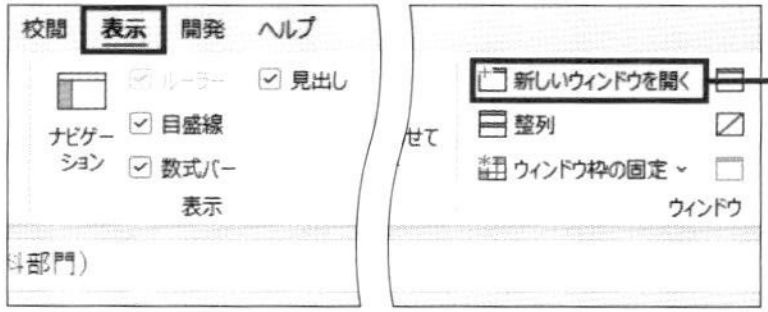

❶［表示］タブの［新しいウィンドウを開く］をクリック

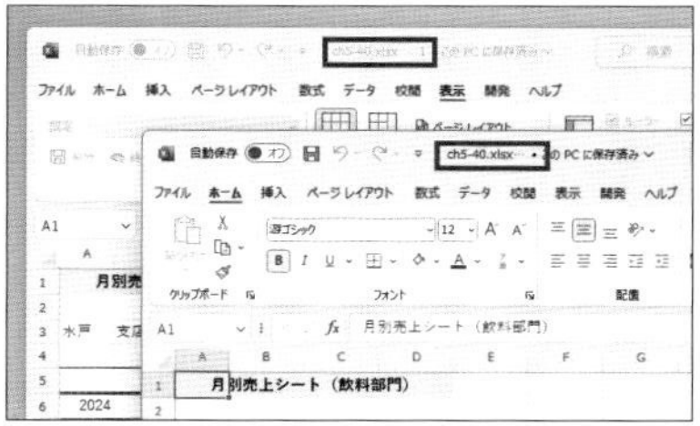

❷「ch5-40.xlsx - 1」「ch5-40.xlsx - 2」の2つのウィンドウが表示された

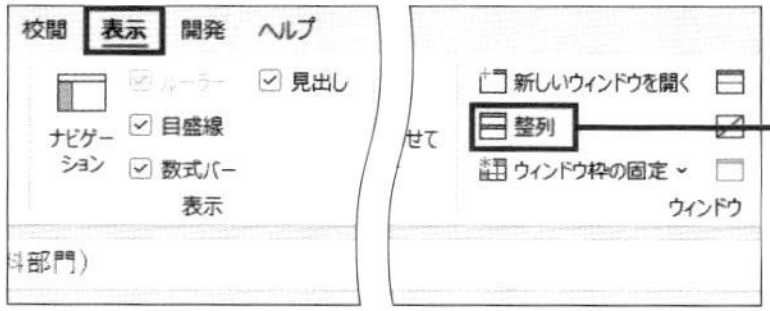

❸「ch5-40.xlsx - 1」の［表示］タブの［整列］をクリック

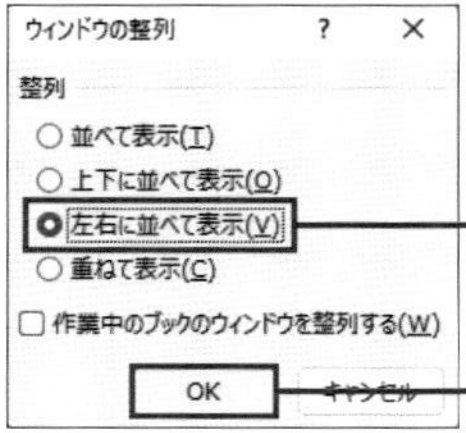

❹［左右に並べて表示］→［OK］をクリック

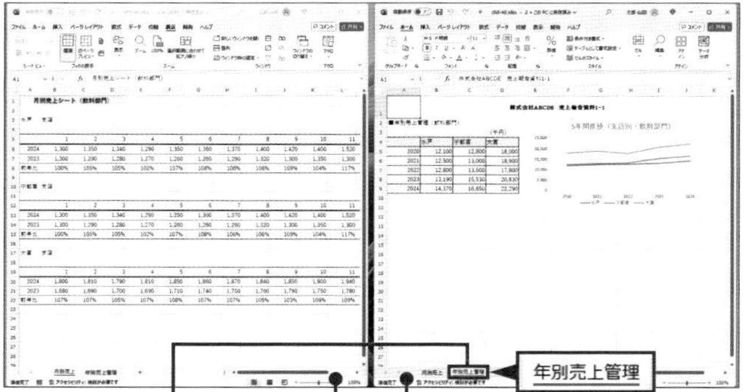

❺「ch5-40.xlsx - 2」の「年別売上管理」シートをクリックする

❻「月別売上」シートと「年別売上管理」シートを左右に並べられた

Memo

2つのファイルが作成されたように見えますが、表示を分けているだけなので、どちらを編集しても問題なくもとのファイルに保存されます。また、どちらかの画面右上の「×」をクリックすると、ウインドウの整列が解除されます。

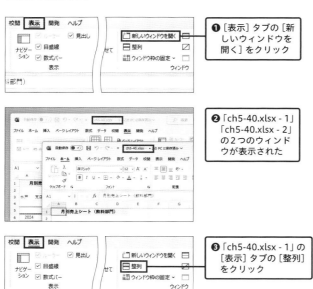

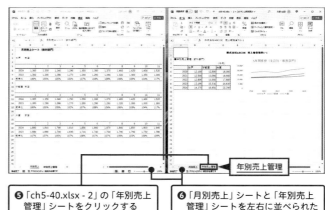

1回目 □　2回目 □

Step 2 リボンを非表示にして画面を広く使う

リボンを使わない場合は非表示にしておくと、画面を広く使えます。タブをダブルクリックして非表示にしましょう。なお、再度タブをダブルクリックすると、表示をもとに戻せます。

❶［ホーム］タブ（どのタブでも可）をダブルクリック

Memo

リボンの表示／非表示の設定は、Excelの各ファイル単位ではなくExcel環境全体に反映されます。

❷リボンが非表示になった

Memo

リボンを非表示にしていていても、タブをクリックするとリボンが開くので、基本は非表示にしていて、使いたいときだけタブから開くようにすると、画面が広く使えるのでおすすめです。

1回目 □　2回目 □

Step 3 シートの目盛線を非表示にする

Excelの初期設定では、セルに目盛線が表示されていますが、これを非表示にすることもできます。グラフ入りの会議資料などには、印刷時のイメージが湧くように目盛線を非表示にするのもよいでしょう。

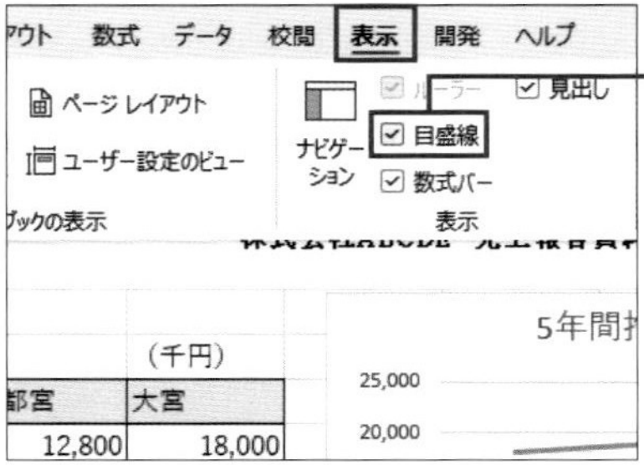

❶［表示］タブ→［目盛線］をクリックしてチェックを外す

❷目盛線が非表示になった

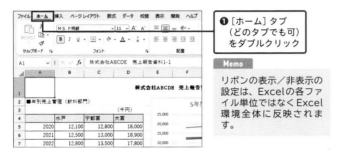

1回目 □ 2回目 □

Step 4 クイックアクセスツールバーによく使うコマンドを追加する

クイックアクセスツールバーを利用すると、1クリックでその操作にアクセスできます。そのため、ExcelをPDFとして保存するなど、よく使用する操作を登録しておくとよいでしょう。

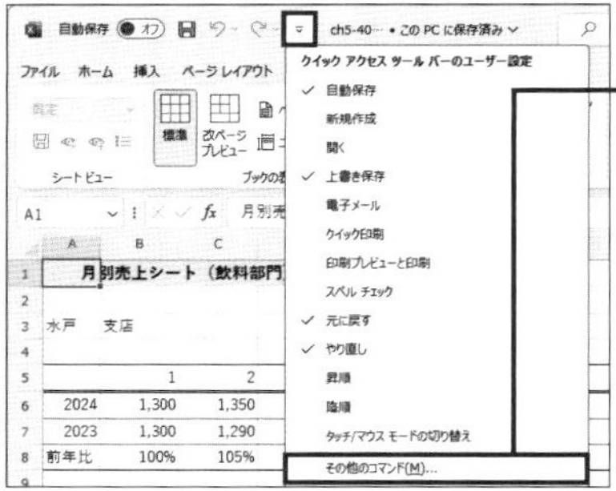

❶［クイックアクセスツールバーのユーザー設定］→［その他のコマンド］をクリック

Memo

コマンドアイコンの表示は、Excelの各ファイル単位ではなくExcel環境全体に反映されます。

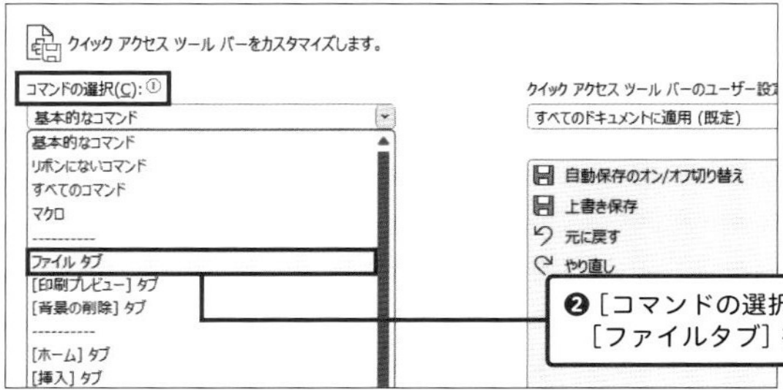

❷［コマンドの選択］から［ファイルタブ］をクリック

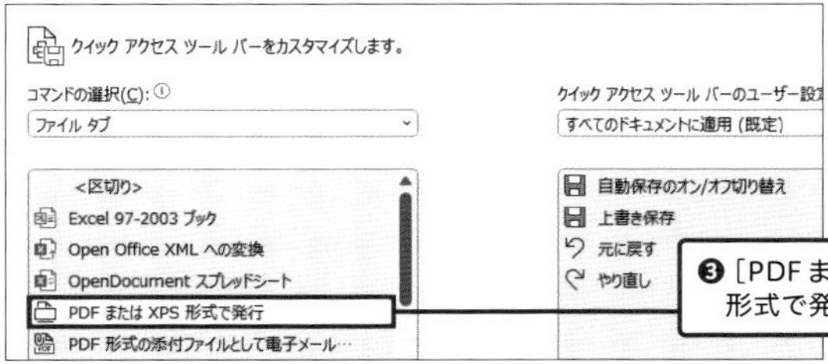

❸［PDFまたはXPS形式で発行］を選択

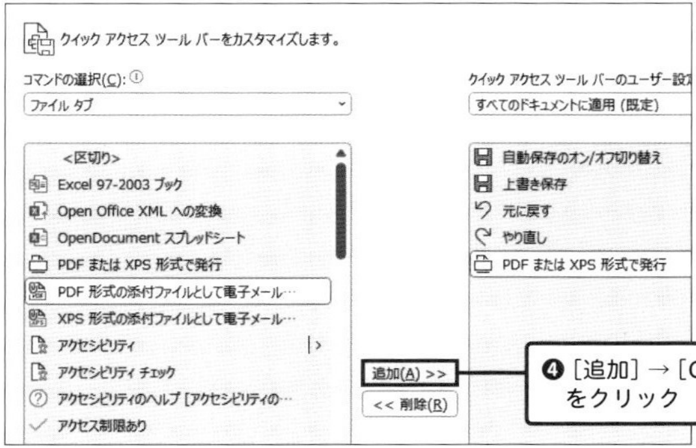

❹［追加］→［OK］をクリック

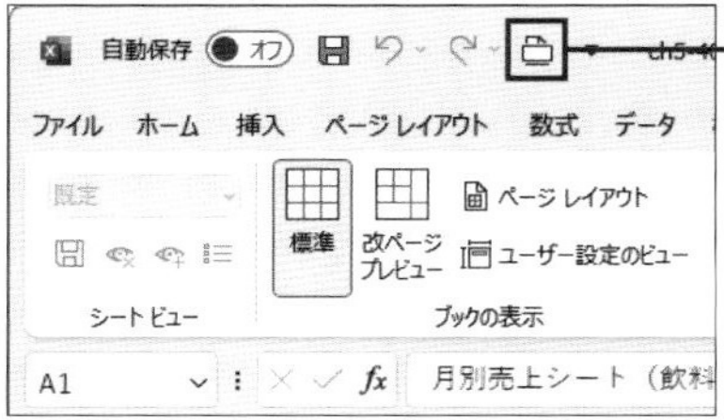

❺クイックアクセスツールバーにアイコンが表示された

❻アイコンをクリックすると［PDFまたはXPS形式で発行］ダイアログが表示される

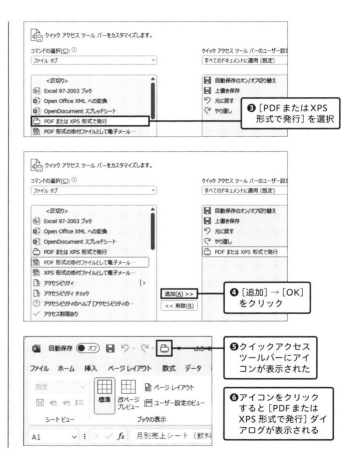

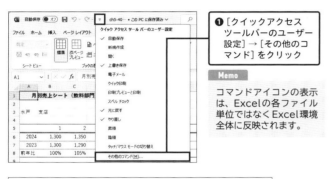

Excel シゴトのドリル
本格スキルが自然と身に付く

2024 年 7 月 20 日　　初版　第 1 刷発行

著　　　者●リブロワークス
発　行　者●片岡巌
発　行　所●株式会社 技術評論社
　　　　　　東京都新宿区市谷左内町 21-13
　　　　　　電話　03-3513-6150　販売促進部
　　　　　　　　　03-3513-6185　書籍編集部
装　　　丁●田村梓 (ten-bin)
本文デザイン●風間篤士 (リブロワークス)
編　　　集●山田瑠梨花 (リブロワークス)
Ｄ　Ｔ　Ｐ●松澤維恋 (リブロワークス)
担　　　当●石井亮輔 (技術評論社)
製 本 ／ 印 刷●日経印刷株式会社

定価はカバーに表示してあります。

落丁・乱丁がございましたら、弊社販売促進部までお送りください。交換いたします。
本書の一部または全部を著作権法の定める範囲を超え、無断で複写、複製、転載、
テープ化、ファイルに落とすことを禁じます。

©2024　リブロワークス

ISBN978-4-297-14253-7　C3055

Printed in Japan

お問い合わせについて

本書の内容に関するご質問は、Web か書面、FAX にて受け付けて
おります。電話によるご質問、および本書に記載されている内容
以外の事柄に関するご質問にはお答えできかねます。あらかじめ
ご了承ください。
ご質問の際に記載いただいた個人情報は、ご質問の返答以外の目
的には使用いたしません。また、ご質問の返答後は速やかに破棄
させていただきます。

問い合わせ先

〒162-0846
東京都新宿区市谷左内町 21-13
株式会社技術評論社　書籍編集部
「Excel シゴトのドリル」
質問係

Web：https://book.gihyo.jp/116
FAX：03-3513-6181